Odontoglossum Sunpahia 1¼ nat. Größe

ORCHIDEEN

Miltonia Peach Blossom 1½ nat. Größe

Jack Kramer

ORCHIDEEN

Die kultivierten Arten,
ihre Haltung
und Vermehrung

Weltbild

Titel der Originalausgabe
Orchids for everyone.
Zuerst veröffentlicht 1980 Salamander
BooksLtd., London

Aus dem Englischen übertragen von
Hans-Georg Riebold
Umschlagmotiv: Getty Images, München
Umschlaggestaltung: Studio Höpfner-Thoma,
München
Druck: Offizin Andersen Nexö Leipzig
GmbH, Spenglerallee 26–30,
04442 Zwenkau
Printed in Germany

ISBN 3-8289-1699-6

2006 2005
Die letzte Jahreszahl gibt die aktuelle
Lizenzausgabe an.

Coelogyne intermedia 1¼ nat. Größe

Die Verfasser

Brian Williams Seit über 20 Jahren im Gartenbau tätig, hat Brian Williams in den letzten 14 Jahren eine sehr umfassende private Orchideensammlung aufgebaut und geleitet, die durch Zuchtauszeichnungen bekannt wurde. Von 1974 – 1978 war er Herausgeber der Zeitschrift „Orchid Review", des ältesten internationalen Fachblattes der Welt. Als beliebter Redner bei britischen und internationalen Orchideenverbänden sprach er auch in Fernsehprogrammen und war Vorsitzender der Vortragsveranstaltungen anläßlich der Welt-Orchideenkonferenz in Bangkok 1978.

Peter Dumbelton hat sich während seiner ganzen beruflichen Laufbahn mit Orchideen beschäftigt und arbeitet seit 12 Jahren bei einer Orchideenvertriebsfirma, bei der er jetzt als Gärtnereileiter beschäftigt ist. Er hält vor vielen Gesellschaften Vorträge und ist oft als Preisrichter in Orchideen-Ausstellungen tätig.

Ray Bilton Als anerkannter Fachmann für Cymbidien hat Ray Bilton während der Welt-Orchideenkonferenzen in Australien und Thailand Vorträge über die Zucht dieser Art gehalten. Er ist Verfasser vieler Beiträge in verschiedenen Orchideen-Fachblättern der ganzen Welt.

Wilma Rittershausen leitet das von ihrem Vater, P. R. C. Rittershausen, gegründete Orchideengeschäft. Sie ist jetzt Herausgeberin der Zeitschrift „Orchid Review" und hat, zusammen mit ihrem Bruder Brian, zwei Orchideen-Fachbücher verfaßt. Weiterhin schreibt sie Beiträge für viele Orchideen-Fachblätter der Welt.

David Stead Ein erfahrener Züchter, der sich speziell mit Odontoglossums befaßt, und früherer Vorsitzender der „British Orchid Growers Association". David Stead ist bekannt als Mitarbeiter von Orchideen-Fachblättern und internationalen Konferenzen.

Paul Phillips Als einer der bekanntesten Züchter von Paphiopedilen der Welt und Vorsitzender der „British Orchids Growers Association", hat Paul Phillips schon in vielen Ländern Vorträge über Paphiopedilen gehalten. Auch er schreibt Beiträge für Orchideenfachzeitschriften in Australien, Amerika, Großbritannien und Deutschland.

Keith Andrew Seit 25 Jahren im Orchideengeschäft tätig, hat Keith Andrew besonderes Interesse an der Zucht der *Phalaenopsis*-Arten und der Zwerg-Cymbidien. Er hat bei Konferenzen in Kalifornien Vorträge gehalten und stellte in Deutschland und überall in Großbritannien Orchideen aus.

Alan Greatwood Als Fachmann, der seine Kenntnisse in einer bedeutenden Orchideengärtnerei erwarb, hat sich Alan Greatwood seit über 30 Jahren mit der Kultur von Orchideen befaßt. Heute gilt sein Hauptinteresse der Weiterzucht von Arten zu Musterpflanzen, wofür er mit vielen Preisen ausgezeichnet wurde.

Der Autor

Jack Kramer Als weitbekannter und hochgeachteter Schriftsteller auf dem Gartenbaugebiet besitzt Jack Kramer eine eigene Sammlung verschiedener Orchideenarten. Er schrieb schon viele eigene Orchideenbücher und leistete Beiträge zu anderen.

Pleione formosana 'Iris' 2¾ nat. Größe

Orchideen

Erklärung der Symbole

Temperaturbedingungen
● Warm zu haltende Orchideen – Minimum 16° C
◑ Mäßig warm zu haltende Orchideen – Minimum 13° C
○ Kühl zu haltende Orchideen – Minimum 10° C
❀ Blühzeit

Cymbidium Gymer 'Cooksbridge' 1¼ nat. Größe

Vorwort

Als man an mich herantrat, das Vorwort zu diesem Buch zu schreiben, habe ich mit großer Freude zugesagt. Die Autoren, die zu meinen Freunden gehören, haben sich den Orchideen, ihrer Haltung, Pflege und Zucht verschrieben ... Ich bin überzeugt, daß dieses Buch viel dazu beitragen wird, die Popularität dieser Pflanzen zu steigern. Von allen Schöpfungen der Natur sind die Orchideen wohl den meisten Mißverständnissen ausgesetzt. In den vergangenen zwei Jahrhunderten haben sich zahllose Legenden um diese faszinierenden Blütenpflanzen gebildet und sie mit einem geheimnisvollen Hauch umgeben. Dies hat bei vielen Leuten dazu geführt, sie für unheimlich exotisch und nicht haltbar anzusehen. Orchideenblüten sind notorische Nachahmer, ihre populären Namen zeigen dies oft an: So nennt man *Orchis simia* Affenorchis, *Ophrys apifera* Bienenorchidee und *Cypripedium* Frauenschuh. Auch die Form der Pflanze ist sehr verschieden, was bei früheren Botanikern manche Verwirrung auslöste. Bei einigen Arten sind die Blüten nur einen Millimeter groß, andere haben einen Durchmesser bis zu 25 cm. Einige Arten haben Einzelblüten, andere einige Hundert Blüten an einer Rispe. Einige blühen nicht einmal einen Tag, andere über sechs Monate lang.

In der Natur gibt es mehr als 25 000 verschiedene Arten, die in fast allen Teilen der Welt heimisch sind und von Meereshöhe an bis hinauf zu 3000 Meter vorkommen. Sie wurden sogar in Regionen gefunden, die über viele Monate mit Eis und Schnee bedeckt sind; besonders reichhaltig sind sie jedoch in den tropischen Wäldern anzutreffen. Einige Orchideen wachsen und blühen sogar unter der Erde und erblicken nie Tageslicht, und manche haben nicht einmal Blätter.

Hybridzüchtern ist es gelungen, in den vergangenen 100 Jahren nicht weniger als 30 000 Hybriden durch Kreuzung ausgewählter Arten zu erzeugen, die durch ihren großen Reichtum an Farben und Formen immer wieder aufs neue erfreuen.

Will man über ein wenig bekanntes Spezialgebiet schreiben, von dem dazu auch noch viele falsche Vorstellungen herrschen, und hat man die Absicht, den Laien in dieses Gebiet einzuführen, so muß man sich einer einfachen, verständlichen Sprache bedienen. Nur wenn es gelingt, das Thema klar und exakt zu behandeln, wird man den Anfänger unterrichten und den erfahrenen Liebhaber interessieren können. Beide Voraussetzungen wurden von den Autoren geschaffen: Das vorliegende Buch stellt mehr als nur ein Nachschlagewerk dar, obwohl jedes Gebiet in sich abgeschlossen ist.

Alle Autoren sind schon lange im Gartenbau tätig und bis zum heutigen Tag eng mit einigen der führenden Orchideen-Gärtnereien verbunden. Alle haben sie weite Reisen unternommen, um Orchideen in vielen Teilen der Welt in freier Natur oder in Kultur zu sehen. Das durch den täglichen Umgang mit diesen Pflanzen gesammelte Wissen wird dem Leser so dargeboten, daß mit minimalem Einsatz ein Erfolg bei der Orchideenhaltung bestimmt erreicht werden kann.

Der Text wird nicht nur durch hervorragende Orchideenbilder ergänzt, sondern auch durch bildliche Darstellungen verschiedener Arbeitstechniken. Die meisten Aufnahmen wurden extra für dieses Werk aufgenommen.

Wenn Sie ein Neuling sind, so beginnen Sie die Haltung und Pflege der Orchideen mit Zuversicht. Ihr neues Hobby kann schon in sehr bescheidenem Rahmen durchgeführt werden, und viele Arten lassen sich ohne weiteres im Wohnzimmer halten. Wenn Sie schon „angebissen“ haben, brauche ich wohl nichts mehr zu sagen! Jeder Tag wird neue Freuden und Überraschungen bringen, wenn Sie die Schätze betrachten, die in Ihrer Sammlung blühen.

Eric E. Young
Präsident der Orchideengesellschaft Großbritanniens
Präsident des Britischen Orchideenrates

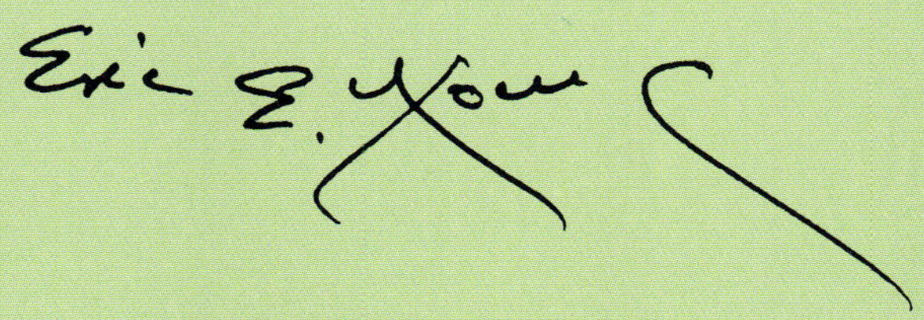

Orchideen-haltung

„Orchideen sind Parasiten.“ „Sie fressen Fleisch und Insekten und besitzen geheimnisvolle – meist unheilvolle – Kräfte.“ Außerdem sind sie „schrecklich teuer und gedeihen nur unter heißen, feuchten Bedingungen“, die hohe Kosten verursachen. „In Kultur haben sie nur eine kurze Lebensdauer.“ Dies sind nur einige der vielen Märchen, die man den Orchideen bisher andichtete, und die die meisten Pflanzenfreunde – mit Ausnahme der reichsten – früher davon abhielten, sich mit der Pflege dieser wohl extravagantesten Familie der Blütenpflanzen zu befassen. Überall auf der Welt kann man sie finden, in allen nur denkbaren ökologischen Nischen, diese vielgestaltigen Königinnen im Pflanzenreich, die sich durch ihre einzigartige Anpassungsfähigkeit so hervorragend für die Kultur eignen.

Diese Anpassungsfähigkeit ist einer der Hauptgründe dafür, daß Orchideen immer mehr Liebhaber finden. Mit ihren ausdauernden Blüten, oft mit prächtigem Blattwerk, sind einige kompaktwachsende Orchideen ideale Pflanzen für die Fensterbank. Dem Gewächshausbesitzer stehen alle 70 000 Orchideen und -hybriden zur Auswahl. Einige wenige Arten können sogar wie alpine Pflanzen behandelt werden und wachsen auch ohne Wärme.

Als Zierpflanzen sind Orchideen unvergleichlich. Obwohl man ihnen in der Vergangenheit nicht nur schmückende Eigenschaften zuschrieb – sie galten auch als Empfängnisverhütungsmittel und Aphrodisiakum – gibt es nur eine wirtschaftlich genutzte Orchidee, *Vanilla planifolia.* Diese hauptsächlich in Mittelamerika wachsende Art, eine Kletterpflanze, die in Natur bis in Höhen von 15 – 23 m klettert, treibt Fruchtstände, die wir als die Schoten der echten Vanille kennen. Obwohl man das Naturprodukt inzwischen weitgehend durch den künstlich hergestellten Aromastoff Vanillin ersetzt hat, wird die Vanille noch in vielen tropischen Ländern in bedeutendem Ausmaß angebaut.

Dieses Buch ist den Blumenliebhabern gewidmet, besonders denen, die sich schon immer ausdauernde Pflanzen, die während der trüben Wintertage blühen, gewünscht haben. Viele Orchideen erfüllen diesen Wunsch. Der erste Teil des Buches beginnt mit einer Einführung in die Botanik der Orchideen. Es folgt eine kurze Übersicht über die Geschichte des Sammelns und der Züchtung von Orchideen. Eine ausführliche Anleitung zur erfolgreichen Haltung, Pflege und Zucht behandelt die Fragen: Wo zieht man Orchideen, wie muß das Gewächshaus beschaffen sein, wo sollte es stehen, welches Zubehör benötigt man, wie hält man Orchideen ohne Gewächshaus, z. B. auf der Fensterbank, in Vitrinen, im Keller oder der Mansarde? Mit Angaben über erforderliche Temperatur- und Lichtverhältnisse beginnt der Teil, der sich speziell mit der Kultur der Orchideen befaßt. Es wird auf die Vorzüge verschiedener Substrate, auf die Möglichkeiten der Topfhaltung, auf vegetative Vermehrung, Bewässerung, Düngung und Schädlingsbekämpfung eingegangen.

Wir finden Anleitungen zur Herstellung von Gestecken und für Vorbereitungen, die man treffen muß, will man die Pflanzen auf Ausstellungen zeigen. Dem fortgeschrittenen Orchideenfreund dienen die Angaben zur manuellen Befruchtung, zur Sämlingsaufzucht und Kultur auf Nährböden.

Dieses Buch soll die Freude an der Pflege dieser wunderbaren Blumen wecken und dem Anfänger eine Übersicht über die zur Zeit gebräuchlichen Kulturarten geben. Ein Wort zur Warnung: Obwohl Orchideen keine Parasiten sind, so haben sie doch die Eigenschaft, einen selbst nur zufälligen Betrachter zu „infizieren“ und ihn für alle Zeit zum unheilbaren Orchideenfan zu machen!

Links: Orchideen lassen sich fast überall halten, wenn einige Grundvoraussetzungen erfüllt sind. Viele Arten – hier Paphiopedilum – erfreuen uns auch im Winter mit Blüten.

Eine Legende wird zerstört

Orchideen machen selten einen „mittelmäßigen“ Eindruck: Entweder man liebt sie, oder man mag sie nicht. Wer sich jedoch einmal näher mit diesen Pflanzen befaßt hat, ist meistens von ihnen fasziniert – manchmal bis zur Besessenheit. Wer sie nicht mag, hat meist keine Ahnung von der ungeheueren Vielfalt der Farben und Formen, die diese große Familie umfaßt.
Über Jahre hinweg standen die Orchideen im Brennpunkt der verschiedensten absurden Geschichten. So erzählte ein Orchideenzüchter, der in den Dreißiger Jahren auf der Blumenschau in London-Chelsea ausstellte, von einer elegant gekleideten Dame, die unter dem falschen Eindruck, den ein Zeitungsbericht über Orchideen bei ihr hinterlassen hatte, fragte, wo denn die „fleischfressende Orchidee“ zu finden sei. Ohne Zögern erwiderte der Aussteller: „Sie ist gerade beim Mittagessen!“. Die leichtgläubige Fragestellerin schien sich mit dieser Antwort zufriedenzugeben.
Es ist Zweck dieses Buches, das Gewebe der Legenden und Halbwahrheiten, das um die Orchideen gesponnen wurde, zu zerstören und zu einem besseren Verständnis der Eigenarten und Vorzüge dieser Pflanzen beizutragen.

Oben: Diese Erdorchidee der Gattung *Caladenia* stammt aus Westaustralien. Die herrlich gefärbten Arten dieser Gattung werden selten kultiviert.

Oben: *Calypso bulbosa* wächst wild in Nordamerika, Asien und Europa. Sie treibt ein einziges Blatt und nur eine Blüte.

Rechts: Die blattlose Orchidee, *Epipogium aphylla*, gedeiht auf den sich zersetzenden Blättern des Waldbodens. Man findet sie von Europa bis Japan.

Was ist eine Orchidee?

Hier ist keine präzise Definition möglich: Es gibt kein spezielles Ursprungsland, keine allgemeine Wuchsform, keine Gleichheit der Blütenfarbe.
Die Orchideen bilden die größte bisher bekannte Familie der Blütenpflanzen. Schätzungen über die Anzahl der wildwachsenden Arten schwanken zwischen 15 000 und 35 000; man ist sich darüber einig, daß es mindestens 25 000 wildwachsende Arten gibt, die sich auf ca. 750 Gattungen verteilen. Obwohl alle Gebiete unserer Erde in den vergangenen 200 Jahren intensiv erforscht wurden, findet man immer wieder neue Arten. Die meisten von ihnen gehören zu bereits bekannten Gattungen, manchmal jedoch entdeckt man auch eine neue Gattung.
Orchideen sind ausdauernde Pflanzen, die die verschiedensten Lebensräume bewohnen und die unterschiedlichsten Wuchsformen zeigen. Man kann sie allgemein in zwei Hauptgruppen unterteilen: diejenigen, die auf dem Erdboden oder in Erdbodennähe wachsen (Erdorchideen) und diejenigen, die auf Bäumen oder Sträuchern leben (Epiphyten). Epiphyten sind keine Parasiten: Sie entziehen ihrer Wirtspflanze keine Nährstoffe, sondern halten sich lediglich auf ihr fest. Feuchtig-

Oben: Diese große, epiphytisch lebende *Epidendrum*-Art aus Mexiko hat massige Blätter und hängende Blütenstengel. Eine attraktive Art, die leicht zu kultivieren ist.

Unten: Obwohl diese afrikanische Orchidee, *Ansellia africana*, meist epiphytisch lebt, findet man sie zuweilen auch als Lithophyt auf Felsen lebend.

keit und Nährstoffe entziehen sie der Luft und dem Humus, der sich in den Astgabeln oder den Furchen der Baumrinde angesammelt hat. Unter den Epiphyten gibt es auch solche, die auf Steinen oder Felsen leben. Diese Gruppe bezeichnet man korrekterweise als Lithophyten. Ganz allgemein kann wohl gesagt werden, daß in den gemäßigten Zonen die Erdorchideen heimisch sind, während die Epiphyten aus tropischen Gebieten stammen.

Die Blüten der Orchideen variieren sehr stark in ihrer Größe und Form. Es gibt Blüten, deren Schönheit man nur mit einer Lupe voll erkennen kann, andere Blüten haben einen Durchmesser von 20 cm und mehr. In ein und derselben Gattung sogar kommen beträchtliche Unterschiede in Blütengröße und -form vor, was natürlich die Artbestimmung – selbst für den Experten – nicht einfacher

Oben: Epiphytische Cattleyen wachsen dem Licht zugewandt auf Bäumen in den Wäldern Floridas. Luftwurzeln verankern die Pflanzen und suchen Nahrung.

macht. Obwohl alle Orchideenblüten aus den sechs gleichen Bestandteilen aufgebaut sind (siehe Seite 17) gibt es zahlreiche Variationen des Blütenmusters. Hybridenzüchter haben in der Zwischenzeit den vielen wildwachsenden Orchideen eine Unmenge neuer Kreuzungen hinzugefügt. Der Liebhaber wird durch ständig „neue" Orchideen, Kreuzungen aus zwei verschiedenen Arten oder aus zwei oder mehreren Gattungen, immer wieder in Erstaunen versetzt. Bis heute sind in einer einzigen Hybride, über mehrere Generationen hinweg, maximal sieben Gattungen miteinander gekreuzt worden. Zweifellos hält die Zukunft noch kompliziertere Züchtungen für uns bereit.

Die Qual der Wahl

Die große Vielfalt der Arten ist einer der Hauptanreize der Orchideenhaltung. Wie lange der Liebhaber auch schon Orchideen halten und züchten mag, es gibt immer noch Tausende anderer Arten, die eine Herausforderung an seine pflegerische Geschicklichkeit sind und die ihn gegebenenfalls mit ganz neuen Farben und Formen erfreuen werden. Die meisten Liebhaber wünschen sich eine möglichst gemischte Sammlung, aber das stellt Anforderungen an die Kulturmöglichkeiten. Hier läßt es sich meist nicht vermeiden, Kompromisse zu schließen, um die Bedürfnisse der „Hauptgruppe" zu befriedigen. Anfänger sollten sich zunächst auf die Pflege weniger Arten beschränken; es ist ratsam, sich die Grundkenntnisse der Orchideenhaltung an einer einzigen Pflegegruppe anzueignen, um dann auf eine andere überzugehen. Dies bedeutet aber nicht, daß man sich bei der ersten Auswahl zwischen einer oder zwei Arten entscheiden muß. Die Artenvielfalt ist so groß, daß es bestimmt eine Gruppe gibt, die für die jeweiligen Pflegevoraussetzungen geeignet ist.

Wuchsformen

Die Orchideen lassen sich ganz allgemein in zwei Wuchsformen einteilen: in sympodiale und monopodiale.
Die meisten Orchideen wachsen sympodial, d. h. sie wachsen jedes Jahr aufs neue aus alten Pflanzenteilen hervor, ganz ähnlich wie unsere ausdauernden, krautigen Pflanzen. Die meisten sympodialen Orchideen besitzen Pseudobulben (generell als „Bulben" bezeichnet), d. h. verdickte Sproße, die als Speicherorgane für Wasser und Nährstoffe dienen. Die

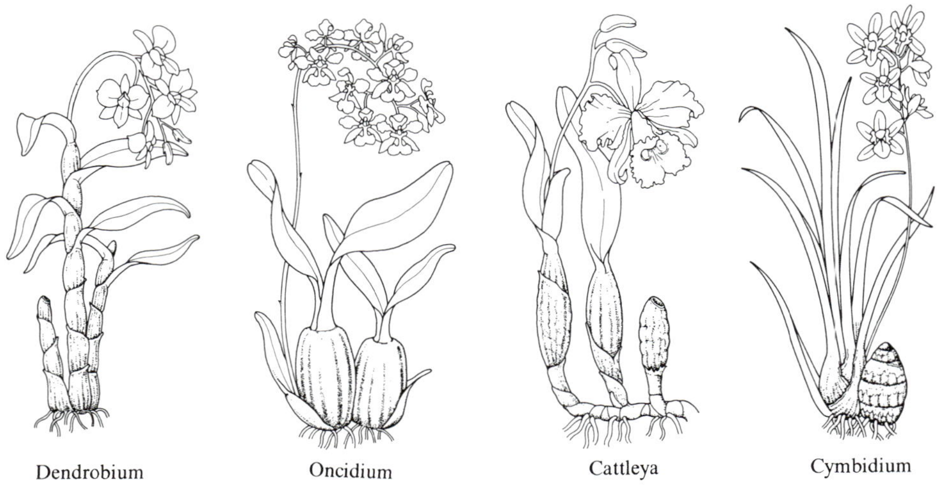

Oben: Die Pseudobulben variieren stark in Größe und Form. Jede ist ihrer ursprünglichen Umgebung gut angepaßt.
Rechts: Paphiopedilen benötigen keine Pseudobulben, da sie in feuchten Klimazonen ohne Trockenperioden beheimatet sind.

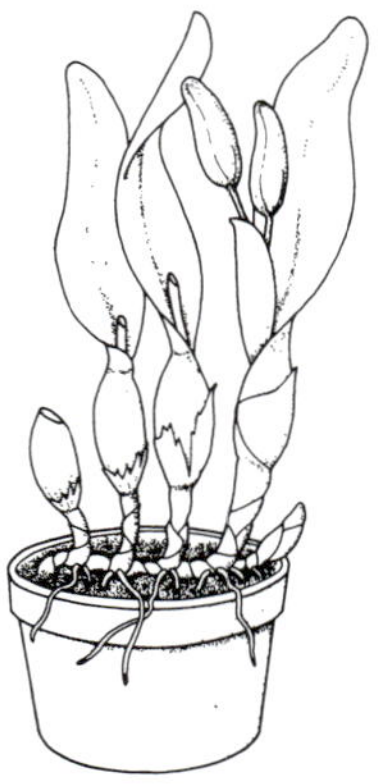

Links: Die typische sympodiale Orchidee besitzt mehrere Pseudobulben, die durch ein Rhizom miteinander verbunden sind, das man manchmal jedoch kaum erkennen kann. Jede Pseudobulbe versorgt die aus ihr hervorwachsenden Blätter.

Rechts: *Coelogyne cristata* bildet viele, dicht zusammengedrängte Bulben. Wenn Blätter abfallen, bleiben die alten Bulben erhalten, um die jüngeren mit Nahrung zu versorgen.

Pseudobulben ermöglichen es der Pflanze, längere Trockenzeiten zu überstehen.
Aus diesen Bulben wachsen die Blätter heraus, meist eines oder zwei, bei manchen Arten aber auch bis zu 8. Jedes Jahr wächst eine neue Bulbe heran.
Die Pseudobulben können ganz verschieden aussehen: Die meist eiförmigen Bulben von *Lycaste, Cymbidium* und *Odontoglossum* sind zwischen einigen Millimetern und 15 – 20 cm hoch. Sie können aber auch ganz flach sein, wie bei einigen *Oncidium*-Arten, oder fast rund wie bei einigen Arten von *Encyclia.* Bei *Dendrobium* und *Epipendrum* sind sie dünn und kannenförmig und selten mehr als 3 – 4 cm dick, dafür können sie aber 2 – 3 m hoch werden! Dazwischen liegen die meist vergleichsweise plumpen keulen- oder spindelförmigen Pseudobulben der Cattleyen und einiger *Laelia*-Arten, deren Höhe zwischen 5 und 30 cm liegt.
Als ob die Unterschiede der Pseudobulben nicht schon verwirrend genug wären, so variieren auch die Rhizome, die holzigen Teile des Wurzelstockes, die die Bulben miteinander verbinden, in ihrer Länge – selbst innerhalb ein und derselben Gattung. Sie können fast gar nicht zu sehen sein, aber auch bis 15 cm und mehr lang werden.
Die Pseudobulben von *Coelogyne cristata* z. B. liegen sehr nah beieinander; eine ausgewachsene Pflanze sieht häufig aus wie ein Bündel riesiger, vertrockneter Weintrauben. Im Gegensatz hierzu bildet das am Boden entlangkriechende Rhizom von *Coelogyne pandurata,* die in wärmeren Gebieten wächst, nur alle 10 cm eine neue Pseudobulbe. Es gibt aber auch sympodiale Orchideen ohne Pseudobulben. Im allgemeinen tritt diese Wuchsform bei Orchideen auf, die in Gebieten wachsen, in denen die Feuchtigkeit das Jahr über relativ konstant ist. Die bekanntesten Orchideen dieser Art sind *Paphiopedilum* aus Südostasien und *Phragmipedium* aus Südamerika. Obwohl beide Gattungen in Natur jedes Jahr ihre Blätter verlieren, geschieht das in Kultur kaum. Sie bilden große Blattfächer, aus deren Mitte der Blütenstengel wächst. Allen sympodialen Orchideen, ob mit oder ohne Pseudobulben ist gemeinsam, daß der neue Trieb immer seitlich aus der Basis des vorhergehenden herauswächst.
Bei den monopodialen Orchideen ist der neue Trieb immer eine senkrechte Verlängerung des einzigen alten Triebes. Die Blätter, die aus dem zentralen Stengel hervorwachsen, stehen sich wechselweise gegenüber. Der Abstand zwischen den einzelnen Blättern ist von Art zu Art verschieden, mal minimal, mal viele Zentimeter groß. Monopodiale Orchideen bilden keine Pseudobulben. Die Wuchsform monopodialer Orchideen ist lange nicht so vielfältig wie die der sympodialen.
Eine extrem abweichende Form bildet die Gattung *Arachnis,* die auch oft für eine Kletterpflanze gehalten wird. Der kräftige Stengel erreicht Baumzweige bis in Höhen von 10 – 20 m über dem Boden. Diese kräftigen *Arachnis*-Arten aus den tropischen Gebieten Asiens eignen sich natürlich nicht für die Topfkultur in unseren Breiten. Ideal hierfür sind dann *Phaleanopsis* und *Doritis.* Bei beiden Gattungen wachsen aus einem verkürzten Stengel breite Blätter heraus; die Pflanzen bleiben über Jahre hinweg kompakt.
Es kommt vor, daß einige monopodiale Orchideen Seitentriebe aus den Blattachsen bilden; *Aerides* und *Angraecum* z. B. sind dafür bekannt, daß sie sich zu buschigen Pflanzen entwickeln. Immer aber ist

Rechts: Die typische monopodiale (einfüßige) Wuchsform mit aufrechtem Stengel, aus dem die Blätter paarweise nach außen wachsen. Die neuen Blätter wachsen aus der Spitze. Luftwurzeln wachsen seitlich und unten hervor. Je nach Gattung ändert sich die Wuchshöhe. Vandas, wie hier abgebildet, können über einen Meter hoch werden, während *Phalaenopsis*-Arten meist nur drei bis vier Blätter ausbilden.

der neue Trieb eine Verlängerung des vorjährigen, die Blätter fallen nicht ab, und es werden keine Pseudobulben gebildet.

Orchideenwurzeln

Die Wurzeln der Orchideen, vor allem die epiphytischer Arten sind gewöhnlich viel dicker als die Wurzeln anderer Pflanzen, und im Vergleich mit dem fädigen Wurzelgeflecht bekannterer Pflanzen erscheint das Wurzelwerk der Orchideen äußerst kompakt. Viele Erdorchideen besitzen ein vergleichsweise zartes Wurzelwerk und einige runde Wurzelknollen (manchmal fälschlicherweise Pseudobulben genannt), vor allem die Arten aus gemäßigten Zonen, von denen viele krautig wachsen. Diese unterirdischen Knollen ermöglichen es der Pflanze, Kaltwetterperioden unbeschadet zu überstehen. Sobald wieder günstigere Witterungsbedingungen herrschen, treibt diese Knolle wieder aus. Die Erdorchideen wärmerer Regionen haben für gewöhnlich dickere Wurzeln, die denen der Epiphyten ähneln. Epiphytische Orchideen benötigen besonders kräftige, dicke Wurzeln, die sie zum einen fest auf ihrer Wirtspflanze verankern, zum andern vor dem Austrocknen schützen.

Oben: Luftwurzeln benötigen ein warmes, feuchtes Klima. Die grünen Spitzen zeigen an, daß die Wurzel aktiv ist und Feuchtigkeit aufnimmt.

Bei monopodialen Orchideen bilden sich am Hauptsproß zwischen den Blättern dann und wann Wurzeln. Die Wurzeln sympodialer Orchideen entwickeln sich stets unterhalb des neuen Triebes. Die Wurzeln sind von mehreren Zellschichten umgeben (Velamen radicum), die wie ein Schwamm Feuchtigkeit aufsaugen und speichern können. Neuere Untersuchungen an monopodialen Orchideen zeigten, daß auf diese Weise auch Nährstoffe absorbiert werden.

Die ersten 2 – 3 cm der Wurzelspitze sind oft grün gefärbt (oder weiß, wenn die Wurzelspitze im Boden liegt). Danach färbt das Velamen die Wurzel weißlich oder bräunlich. Sind die Wurzeln durch und durch feucht, so nehmen sie einen grünlichen Farbton an. Befindet sich die Orchidee im letzten Wuchsstadium oder im Ruhezustand, überwächst das Velamen auch die Wurzelspitze.

Oben: Diese Blüte einer *Odontoglossum*-Hybride zeigt die typische ausgeglichene Form, bei der alle Blütenblätter fast die gleiche Größe haben.

Blätter und Blüten

Die Orchideenblätter variieren in ihrer Größe von mikroskopisch klein bis zu einem Meter Länge und mehr. Sie können breit oder bleistiftdünn sein. Auch die Blattdicke ist unterschiedlich. Blätter, die nur eine Saison überdauern, sind oft papierartig dünn; während Blätter, die viele Jahre überdauern, dick und fleischig sind, fast wie Sukkulentenblätter. Viele Orchideen besitzen attraktiv gezeichnete Blätter – Schachbrett- oder Mosaikmuster – und die „Schmuckorchideen" wie *Haemaria, Macodes* und *Anoectochilus* besitzen samtartige sattbraune oder -grüne Blätter, die von einem Netzwerk silberner, goldener oder rötlicher Adern durchzogen sind. Die Blüten dieser Orchideen sind meist weißlich oder graugrün, klein und unauffällig.

Rechts: Untypisch ist diese *Masdevallia*-Blüte, bei der die äußeren Blütenblätter stark vergrößert und am Grund zusammengewachsen sind, so daß sie eine Art Röhre bilden. Die inneren Blütenblätter und die Lippe sind winzig klein und im Zentrum der Blüte versteckt.

Die meisten Orchideen aber werden wegen ihrer ungewöhnlich schönen Blüten gehalten. Die Vielfalt der Blütenformen ist weitaus größer als die der Wuchsformen. Fast alle Farben – außer Schwarz – sind hier vertreten, ja sogar Blau. Die Blüten sind flach bis röhrenförmig. Meist sind die drei inneren Blütenblätter, die Kronblätter oder Petalen, die prächtigsten Blütenteile; es gibt aber auch Arten, bei denen ist es umgekehrt, da dominie-

ren die drei äußeren Blütenblätter, die Kelchblätter oder Sepalen, die Petalen sind reduziert.
Die Blüten können sehr kontrastreich gefleckt, getupft oder gestreift sein, oder aber nur ein reiner Farbfleck. Die Lippe ist gewöhnlich der farbenprächtigste Blütenteil und nimmt oft recht komplizierte und bizarre Formen an.
Die Farben- und Formenpracht trägt dazu bei, die Fortpflanzung der Arten zu sichern (siehe Seite 18). Auch der Duft, den viele Arten mehr oder weniger stark ausströmen, ist ebenfalls wichtig für die Arterhaltung.

Die Blüte

Die typische Orchideenblüte besteht aus sechs Blütenhüllblättern: einem äußeren Kreis aus drei Kelchblättern (Sepalen) und einem inneren Kreis aus drei Kronblättern (Petalen). Alle sechs Blütenblätter sind gefärbt!
Die oberste Sepale ist symmetrisch und etwas größer als die beiden unteren, die Lateralsepalen, die sich in Form und Größe gleichen und normalerweise getrennt voneinander in einem Winkel zu den Petalen stehen.
Bei *Paphiopedilum* jedoch und seinen Verwandten *Cypripedium* und *Phragmopedium* sind die beiden Lateralsepalen gewöhnlich zusammengewachsen und bilden eine Ventralsepale hinter der unteren Petale. Bei manchen anderen Orchideen, wie bei *Masdevallia,* sind die drei Sepalen zum größten Teil zusammengewachsen, so daß sie eine Röhre bilden. Dies sind jedoch Ausnahmen. Die meisten gärtnerisch interessanten Orchideen haben drei getrennte Sepalen, die symmetrisch am hinteren Teil der Blüte angeordnet sind.
Der innere Kreis besteht aus drei Petalen, von denen die unterste meist stark vergrößert und gefärbt ist. Diesen Teil bezeichnet man nun als Lippe oder Labellum; er dient als optische Anziehung für bestäubende Insekten. Bei einigen Gattungen, wie *Coryanthes, Paphiopedilum* und *Acineta,* hat sich die Lippe korb- oder beutelförmig entwickelt. Ist ein Insekt einmal in diesen „Behälter" geklettert oder hineingefallen, so führt der einzige Ausgang an den Geschlechtsteilen der Blüte vorbei, so daß eine Bestäubung gesichert ist.
Die Züchter haben inzwischen die natürliche Tendenz, die Lippe besonders attraktiv zu gestalten, noch mehr „ausgefeilt". Tatsächlich erklären die Preisrichter auf Orchideenausstellungen, daß, besonders bei *Cymbidium,* das Fehlen einer prächtig gefärbten Lippe die Pflanze von einer Bewertung ausschließt!
Im Knospenstadium bildet die Lippe die oberste Petale. Bei der weiteren Blütenentwicklung dreht sich der Blütenstengel (Pedicel) jedoch um 180°, so daß die Lippe nun zum untersten Blütenteil wird. Diesen Vorgang nennt man Resupination. Er findet bei den meisten Orchideen statt. Bei den meisten *Encyclia*-Arten z. B. bleibt die Lippe jedoch oben, die Blüte dreht sich nicht. Die beiden anderen Petalen sind in Form und Größe gleich, von

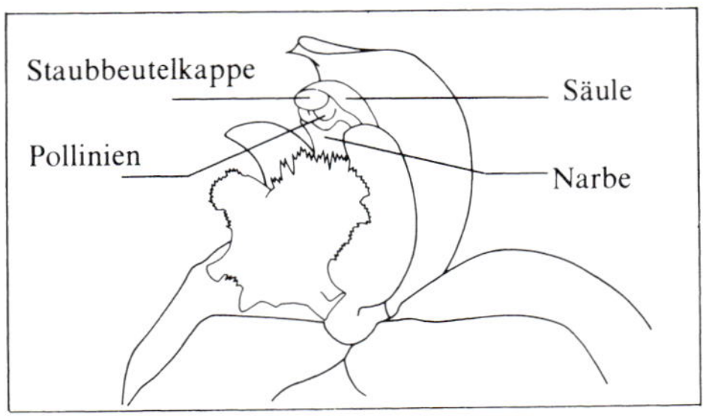

Oben: Diese Nahaufnahme von *Cymbidium traceyanum* zeigt deutlich die Säule, auf der sich der Bestäubungsapparat befindet.

Art zu Art aber oft sehr verschieden. Bei manchen Orchideen sind sie breit, oft gekräuselt und äußerst farbenprächtig.
Allen Orchideenblüten ist gemeinsam: Sie bestehen aus sechs gefärbten Blütenblättern und sind zweiseitig symmetrisch.

Der Bestäubungsapparat

Der auffälligste Unterschied zwischen den Blüten der Orchideen und Blüten anderer Blütenpflanzen besteht im Geschlechtsapparat. Wie die meisten anderen Blütenpflanzen, sind auch die Mehrzahl der Orchideen zweigeschlechtlich, d. h. jede Blüte besitzt einen weiblichen und einen männlichen Blütenteil. Aufbau und Funktion des Bestäubungsapparates unterscheiden sich aber wesentlich vom herkömmlichen System, bei dem der weibliche Blütenteil (Griffel und Narbe) in der Mitte der Blüte liegt und von den männlichen Blütenteilen, den Staubgefäßen kreisförmig umgeben wird. Bei den Orchideenblüten sind die männlichen und weiblichen Blütenteile im Zentrum der Blüte zu einem fingerähnlichen Gebilde, der Säule (Gymnostemium) zusammengewachsen. Die Staubbeutel mit den Pollenkörnern liegen an der Vorderseite der Säulenspitze. Meist sind die Pollenkörner zu wachsartigen Klümpchen verklebt, den Pollinien, die durch einen Staubbeuteldeckel geschützt werden. Der weibliche Blütenteil, die Narbenoberfläche, liegt an der Unterseite der Säule, ein kleines Stück unterhalb der Staubbeutel. Diese Anordnung der weiblichen und männlichen Blütenteile hat einen wesentlichen Einfluß auf eine erfolgreiche Bestäubung. Es gibt aber auch eingeschlechtliche Blüten bei den Orchideen, z. B. bei vielen *Catasetum*-Arten. Hier sind die männlichen und weiblichen Blütenteile getrennt auf verschiedenen Blüten untergebracht (getrenntgeschlecht-

Der Bau einer Orchideenblüte
Die Zeichnungen auf dieser und der nächsten Seite zeigen die typische Blütenform sechs verschiedener Orchideengattungen. Alle besitzen die folgenden Blütenteile:

1 **Sepalen** Äußere Blütenblätter, die für gewöhnlich gleich groß sind, oben die Dorsalsepale, weiter unten zwei Lateralsepalen

2 **Petalen** Innere Blütenblätter, immer drei, die untere Petale ist zur Lippe ausgebildet, die beiden anderen sind symmetrisch zur Mitte

3 **Lippe** oder **Labellum** untere Petale, auffallendster Teil der Blüte, dient als Lande- und Lockplatz für bestäubende Insekten

4 **Säule** fingerähnliches Gebilde im Zentrum, das den Bestäubungsapparat trägt.

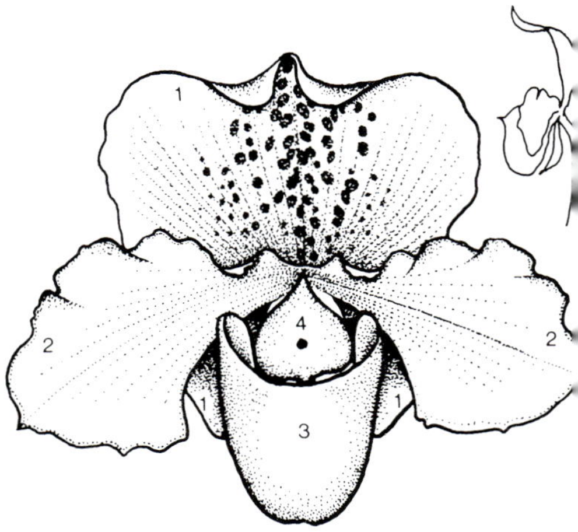

Paphiopedilum
Kräftig gebaute, wie lackiert wirkende Blüten mit auffälliger, taschenförmiger Lippe und zusammengewachsenen Lateralsepalen. Die meisten Blüten stehen einzeln auf einem kräftigen, 15 – 25 cm hohen Blütenstengel und halten sich drei Monate und länger.

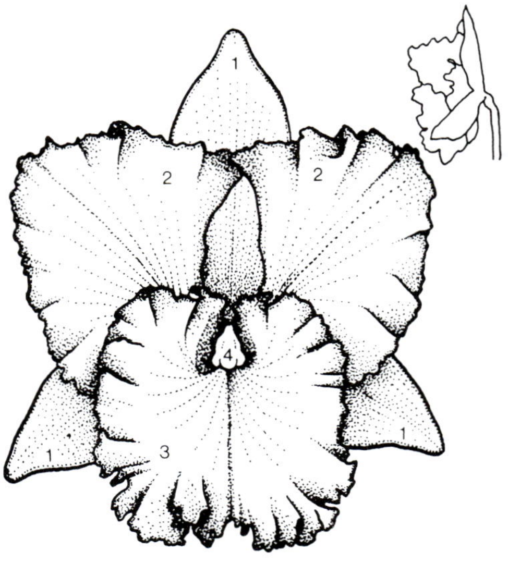

Cattleya
Die breiten Petalen und die große wellige Lippe, die oft eine Kontrastfarbe besitzt, formen sich zu Blüten, die bis zu 15 cm Durchmesser haben können. Sie duften stark, sind aber leicht gebaut und halten selten länger als drei Wochen.

Cymbidium
An hohen, gebogenen Stengeln sitzen 10, 15 oder mehr Blüten mit einem Durchmesser von 10 – 13 cm. Die Zeichnung der Lippe ist gewöhnlich sehr auffällig. Die stabilen Blüten halten sich an der Pflanze acht bis zehn Wochen.

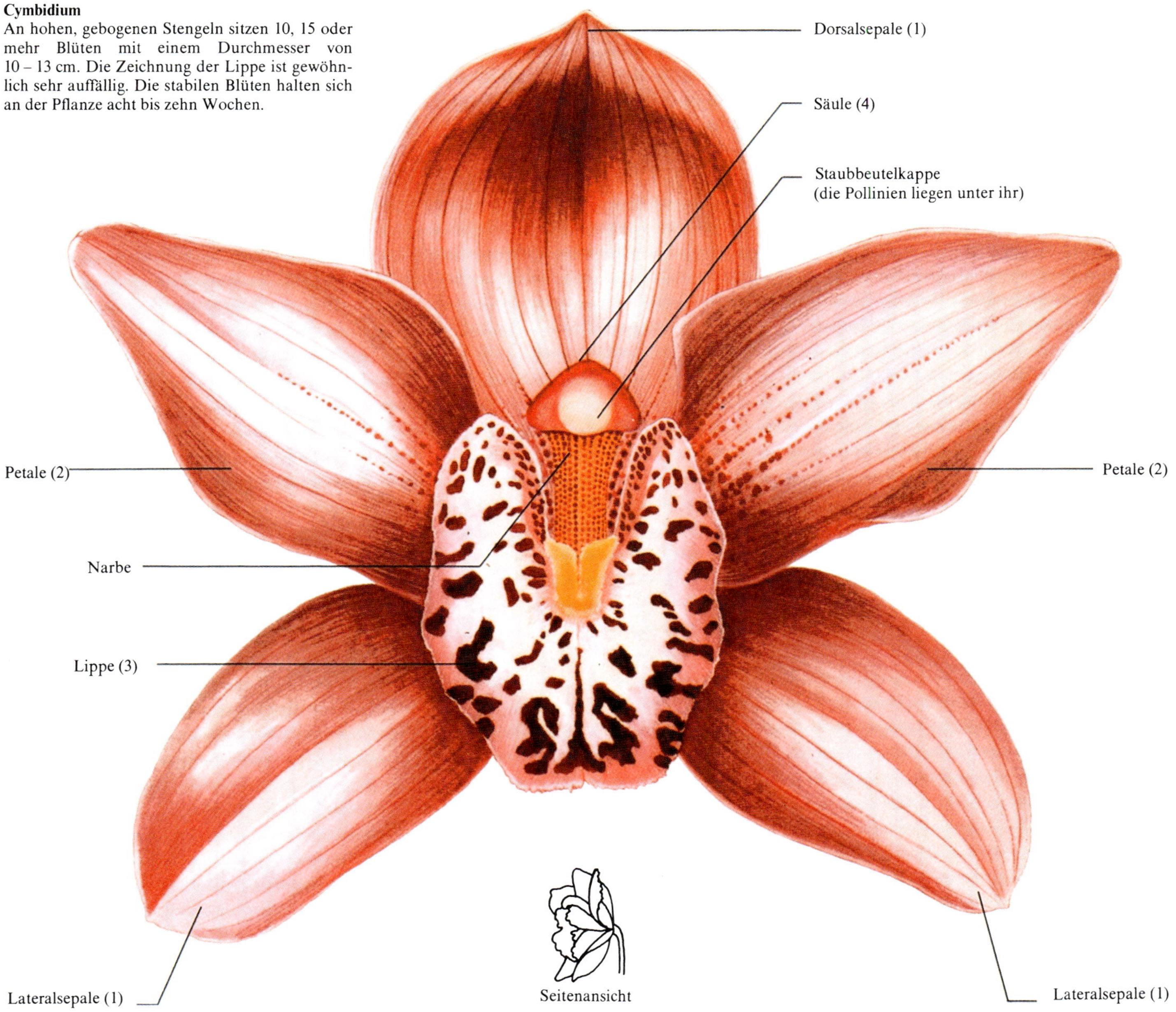

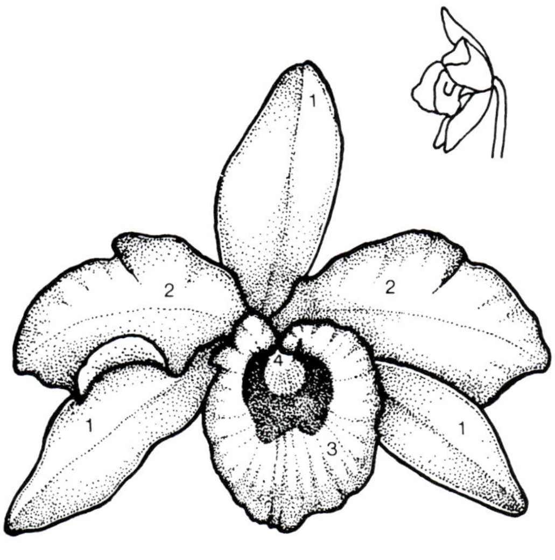

Dendrobium
Leuchtende, ca. 4 cm große Blüten, die je nach Art an senkrechten, gebogenen oder hängenden Blütenstengeln sitzen. Die Lateralsepalen sind am Grund zusammengewachsen und bilden manchmal noch einen kurzen Sporn. Die Blüten halten sich an der Pflanze drei bis acht Wochen.

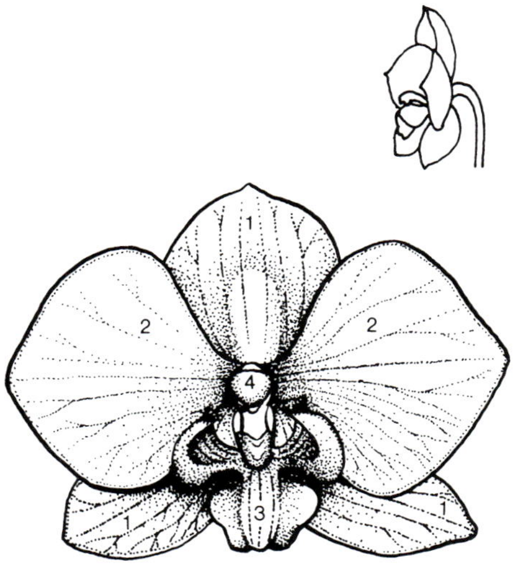

Phalaenopsis
Die Blüten sind rund, flach und stehen an hohen, zweigigen Stengeln, von denen jeder 15 – 20 Blüten trägt. Sie sind weiß, gelb oder rosa, oft gefleckt oder gestreift. Obwohl die Blüten einen zerbrechlichen Eindruck machen, halten sie sieben bis acht Wochen lang.

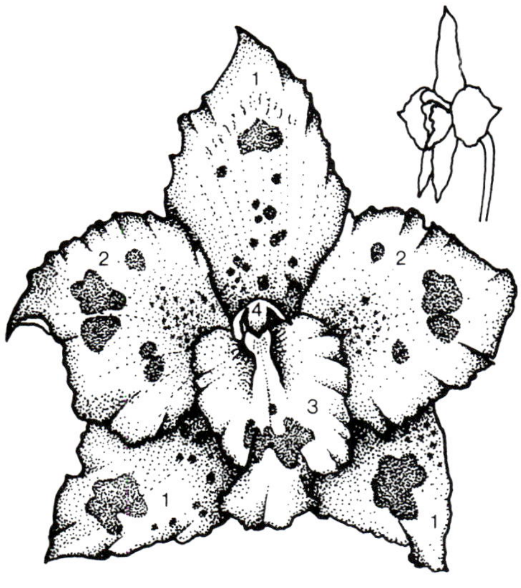

Odontoglossum
Die heutigen Hybriden-Blüten sind symmetrisch und haben meist eine runde Kontur. Die Zeichnungsflecken stehen oft in starkem Kontrast zur Grundfarbe. Jede Blütenrispe trägt 8 – 12 oder mehr Blüten, die vom Blattwerk abstehen. Die Blüten halten sich vier bis fünf Wochen.

lich), manchmal sogar auf verschiedenen Blütenständen. Ganz oberflächlich betrachtet sehen diese eingeschlechtlich männlich oder weiblichen Blüten auch unterschiedlich aus, so daß man früher eingeschlechtliche Blüten ein und derselben Art oft als zwei verschiedene Arten ansah.

Bestäubung

Der Orchideenliebhaber erfreut sich immer wieder aufs neue an der Formen- und Farbenpracht und an dem Duft der Orchideenblüten. Der alleinige Zweck dieser Pracht ist allerdings nur der, geeignete Bestäuber anzulocken, zu denen außer den „normalen" Bestäubern, wie Fliegen, Wespen und Bienen auch Schnecken, Fledermäuse, Kolibris und Motten gehören.

Fremdbestäubung

In der Natur ist es für die Erhaltung, Kräftigung und Weiterentwicklung der Arten vorteilhaft, ja sogar wichtig, daß der Blütenstaub einer Blüte nicht zur Bestäubung derselben verwendet wird (Selbstbestäubung), sondern auf eine Blüte der gleichen Art jedoch einer anderen Pflanze übertragen wird. Dieser Vorgang der Fremdbestäubung, aus dem eine Fremdbefruchtung resultiert, stellt eine ständige Umverteilung der Erbfaktoren innerhalb des gesamten Artbestandes sicher, wohingegen eine Selbstbestäubung, wie jede Inzucht, die Gefahr in sich birgt, daß eine Anhäufung schlechter Eigenschaften eintritt.
Um eine Fremdbestäubung zu erhalten, haben die Orchideenblüten viele komplizierte Mechanismen entwickelt, die in vielen Fällen sicherstellen, daß der Blütenstaub nicht auf die Narbe derselben Blüte gelangt. Das trifft vor allem für Blüten zu, die durch Insekten bestäubt werden.
Natürlich besuchen die Insekten die Blüten nicht, um Blütenstaub von einer Blüte zur anderen zu transportieren, sondern um Nektar und Blütenstaub als Nahrung zu sammeln. Das Nektarangebot steht daher in einem wichtigen Zusammenhang mit den Bestäubungsmechanismen. Zum Anlocken der Bestäuber ist die Blütenfarbe von großer Bedeutung. Sind die Tiere

Unten: Dieses Insekt, das sich normalerweise von Honigtau ernährt und seine Eier in der Nähe honigtauausscheidender Blattläuse ablegt, wird von einer nach Honigtau duftenden Orchideenblüte angelockt, legt seine Eier in die Blüte und nimmt zwangsläufig Pollen mit, mit dem es bei weiteren Eiablagen andere Blüten bestäubt.

erst einmal nahe genug herangekommen, wirkt dann die Farbe und Form der Lippe auf sie ein. Zumeist ist aber der Duft, der vom Menschen nicht immer als angenehm empfunden wird, das erste Lockmittel.

Zweckmäßige Bestäuber

Die meisten wildwachsenden Orchideen werden von einem ganz bestimmten Bestäuber aufgesucht, und der ganze Bau der Blüte ist fein darauf abgestimmt, dem besuchenden Tier zu entsprechen. Viele Orchideen z. B. bewahren ihren Nektar in den Wandungen eines hohlen Spornes auf, einer Verlängerung der Lippe nach hinten, so daß nur Insekten mit einem ausreichend langen Rüssel in der Lage sind, von dieser Flüssigkeit zu naschen. Es ist bezeichnend, daß nur diese Insekten den richtig geformten Kopf haben, um eine Bestäubung zu gewährleisten. Wenn das Insekt seinen Rüssel in den Sporn steckt, klappt es gleichzeitig die Kappe des Staubbeutels auf und die Pollinien werden frei. Sie heften sich mit Hilfe von Klebkörpern, mit denen sie durch kleine Stielchen (Caudiculae) verbunden sind, in aufrechter Stellung auf dem Kopf oder dem Körper des Insektes fest. Während das Tier nun weiterfliegt und seine Nektarsuche bei anderen Blüten fortsetzt, welken die Stielchen und rollen sich so ein, daß die Pollinien nach vorne schwenken. Läßt sich das Insekt nun auf einer anderen Blüte nieder, so berühren die nach vorn geschwenkten Pollinien die Unterseite der Säule und bleiben an der klebrigen Narbenoberfläche hängen. Würden die Stielchen nicht welken, d. h. die Pollinien in aufrechter Stellung verharren, so kämen sie nur mit der Staubbeutelkappe oder einem Staubgefäß in Berührung, es käme also zu keiner Befruchtung. Bei Orchideenblüten, bei denen die Narben seitlich angeordnet sind, kippen die Pollinien nicht nach vorn, sondern etwas zur Seite, so daß der Blütenstaub auch wieder an den Narben hängenbleiben kann.

Die bestäubenden Insekten werden durch die Länge des Blütensporns auf natürliche Art ausgewählt. Bienen, mit ihren verhältnismäßig kurzen Zungen, sind zum Beispiel gut für die Bestäubung von Orchideenblüten mit kurzem Sporn geeignet (z. B. von *Orchis mascula,* dem Stattlichen Knabenkraut), während Schmetterlinge mit ihren langen Rüsseln für langspornige Orchideenblüten in Frage kommen. Hier wäre die Bienenzunge viel zu kurz, um auch nur bis zum Nektar zu gelangen und auch der breite Kopf der Biene käme nicht ins Innere des Blütensporns hinein.

Das sind nur zwei Beispiele für die gegenseitige Anpassung von Blüten und Bestäuber.

Die sanfte Falle

Bei vielen Orchideen, so zum Beispiel bei den Gattungen *Paphiopedilum, Cypripedium, Coryanthes* und *Stanhopea,* entwikkelte sich die Lippe zu einem taschen- oder pantoffelähnlichen Organ; auch dieser Blütenbau hat den Zweck, eine wirkungsvolle Fremdbestäubung zu gewährleisten. Die Biene, anfangs wahrscheinlich vom Duft angelockt, läßt sich am vorderen Rand der Tasche nieder, um nach Nektar zu suchen oder, wie dies manchmal bei der Art *Coryanthes macrantha* vorkommt, um am Innenrand der Tasche zu knabbern. Dabei kommt es oft vor, daß die nichtsahnende Biene entweder durch eine Art Rauschzustand oder zufällig, begünstigt durch die Form und die schlüpfrige Innenwand, in die Tasche hineinfällt und dann nicht mehr durch die Taschenöffnung herausfindet. Stattdessen krabbelt sie dann – mit Unterstützung von an entsprechender Stelle plazierten Härchen – an der hinteren Innenwand der Tasche zu einer der kleinen Öffnungen, die sich auf beiden Seiten der Säule befinden. Diese Ausgänge sind ziemlich eng, und die Biene muß oft recht große Anstrengungen machen, um sich hindurchzuzwängen. Bei diesem Bemühen reibt sie sich am Staubgefäß, so daß die Pollinien auf ihren Rücken fallen. Die Biene besucht dann eine andere Blüte und stürzt wieder in die Tasche. Wenn die Biene nun wieder an der Rückwand

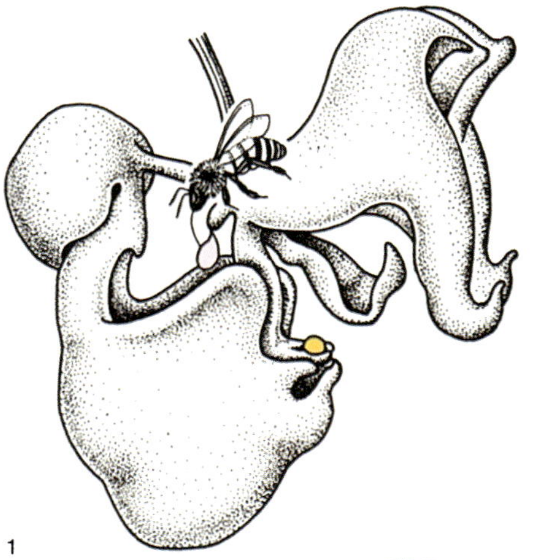
1

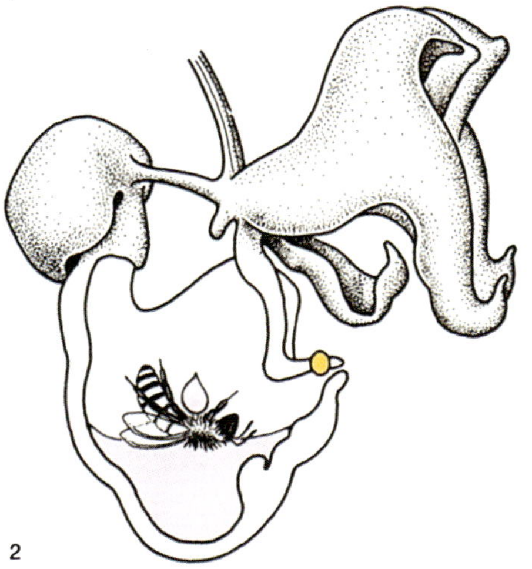
2

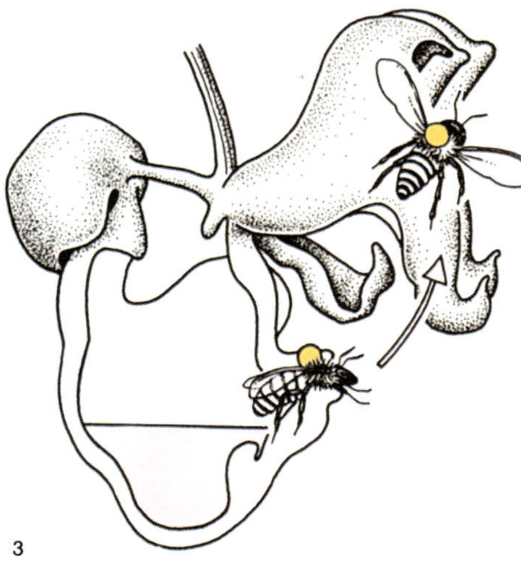
3

Links: (1) Bienen werden von den fleischigen Lippen der *Coryanthes*-Blüten angelockt, an denen sie genußvoll saugen. (2) Bei der weiteren Untersuchung der Pflanze kommt es vor, daß die Biene durch Flüssigkeitstropfen, die an den Blütenlappen austreten, in die Blütentasche hineingestoßen wird. (3) Als Fluchtweg bleibt der Biene eine kleine Öffnung an der Lippe. Sie muß dabei kräftig drücken, um durchzukommen, wobei Pollen an ihrem Rücken hängen bleiben.

der Tasche hinauskrabbelt, kommt sie mit ihrem Rücken mit der Narbenoberfläche in Berührung und läßt dabei den Blütenstaub zurück. Bei ihrem Rückzug nimmt sie wieder neue Pollenmassen mit, die dann zur nächsten Blüte transportiert werden.

Hieraus folgt:
Erstens ist die Blüte so konstruiert, daß die Biene an der Narbenoberfläche vorbeistreicht, bevor sie den Blütenstaub erreicht, wodurch eine Selbstbestäubung so gut wie ausgeschlossen wird. Zweitens kann ein kleineres Insekt, das die Blüte besucht und das vielleicht Pollinien von Blüten anderer Art mitbringt, leicht unter der Narbe und den Staubgefäßen hindurchschlüpfen, ohne den natürlichen Vorgang zu stören. Wenn allerdings ein größeres Insekt unvorsichtigerweise in die Blüte eindringt, kommt es an den kleinen Öffnungen nicht wieder hinaus und stirbt dann jämmerlich am Boden der Tasche.

Duft und Farbe

Wir haben bereits erwähnt, daß der Duft wahrscheinlich zuerst als Lockmittel wirkt, und zweifellos spielt er eine bedeutende Rolle bei der Bestäubung vieler Orchideen. So fällt beispielsweise auf, daß bei Orchideen, die von Nachtfaltern bestäubt werden, am Tage praktisch kein Duft wahrgenommen werden kann. Wenn Sie das Gewächshaus aber am Abend oder während der Nacht besuchen, ist der Unterschied sofort festzustellen!
Die meisten im tropischen Afrika beheimateten Angraecoiden, wie z. B. *Angraecum*- und *Aerangis*-Arten, gehören zu dieser Gruppe, und man kann sich leicht vorstellen, welchen überwältigenden Duft eine Kolonie dieser Pflanzen in einer feuchten Nacht wohl ausströmen mag.
Auch die Farbe spielt natürlich eine Rolle. Es wäre wenig sinnvoll, wenn eine dunkel und unauffällig gefärbte Orchidee ihren Duft in den Nachtstunden verströmen würde: der arme, halbblinde Nachtfalter würde zwar von dem Duft angelockt, würde dann aber vergeblich umherirren und sein Ziel vielleicht nie finden. Die Natur hat all diese Umstände berücksichtigt. Orchideen, die nachts duften, sind meist leuchtend weiß gefärbt und äußerst zweckmäßig geformt. Die Kombination von Duft, Farbe und Form bietet die Gewähr, daß die Nachtfalter ihre Zeit nicht vergeuden.
Allerdings sind nicht alle Düfte, die Insekten anziehen, so süß. Viele tropische Orchideen, so z. B. *Bulbophyllum fletcherianum*, verbreiten einen unangenehmen, nach verwesendem Fleisch riechenden Duft, der Aasfliegen anlockt. Die in Großbritannien und Mitteleuropa vorkommende Bocks-Riemenzunge (*Himantoglossum hircinum*) verströmt einen unangenehmen, nach Ziegenbock riechenden Duft und lockt damit ebenfalls Fliegen an. Es ist aber unwahrscheinlich, daß nur Fliegen allein als Bestäuber einer bestimmten Orchideenart tätig sind.

Oben: Das leuchtend gefärbte Gebiet in der Mitte dieser *Miltonia*-Blüte läßt besuchende Insekten den Weg zur Nektarquelle besser finden.

Unten: Die spinnenähnlichen Blüten von *Ophrys sphegodes* locken männliche Spinnen an, die bei der vermeintlichen „Begattung“ Pollen abstreifen. Bei der nächsten Pseudokopulation mit einer anderen Blüte wird diese dann bestäubt.

Oben und rechts: Zwei Beispiele von Pseudokopulation. In beiden Fällen ähneln die Blüten dem weiblichen Insekt. Beim Versuch der Begattung nimmt das männliche Insekt Pollen mit.

Mimikry

Der Populärname vieler Orchideen spielt oft auf Tiere an, an deren Aussehen bestimmte Blütenteile erinnern. Bei der Nationalblume Panamas, der *Peristeria elata,* besitzt z. B. die Säule eine gewisse Ähnlichkeit mit einer Taube, und *Oncidium papilio* könnte man leicht für einen tropischen Schmetterling mit langen Fühlern halten, wenn sich die Blüte auf ihrem hohen, drahtartigen Stengel im Wind bewegt. Am auffallendsten sind jedoch die Orchideen, die Bienen, Wespen und Spinnen ähneln, um entsprechende Bestäuber anzulocken. Eindrucksvolle Beispiele einer solchen Formenähnlichkeit kann man bei der Gattung *Ophrys* in Europa, Nordafrika und im Nahen Osten finden sowie bei *Cryptostylis* in den australischen Staaten Victoria und New South Wales. Genaue Untersuchungen dieser Pflanzen ergaben, daß die Lippe erstaunlich genau dem Weibchen einer bestimmten Insektenart ähnelt und daß die Blüten nur von den entsprechenden Männchen besucht werden. Den Bewegungen des männlichen Insekts kann man entnehmen, daß es offenbar der Täuschung erliegt, einen Partner gefunden zu haben. Man nennt diesen Vorgang daher Pseudokopulation.
Kürzlich hat man in New South Wales, Australien, eine männliche Wespe der Art *Lissopimpla excelsa* beobachtet und gefangen, als sie gerade eine Blüte der *Cryptostylis subulata* besuchte und dabei eine Pseudokopulation ausführte. Anschließend beobachtete man eine zweite Wespe, die bei ihrer Pseudokopulation Pollinien abstreifte, also eine Fremdbestäubung bewirkte. Außer bei einigen australischen Orchideen, die auf diese Weise bestäubt werden, kennt man dieses Phänomen auch von anderen Arten, wie bei *Trichoceros parviflorus* aus Ecuador und *Oncidium henekenii* aus Westindien. Bei vielen anderen Orchideen wird eine ähnliche Bestäubungsart vermutet.
Es ist bezeichnend, daß Orchideen, die durch Pseudokopulationen bestäubt werden, ihre Blüten in dem Zeitraum entwikkeln, in dem das männliche Insekt bereits aktiv ist, das Weibchen aber erst einige Wochen später aus der Puppe schlüpft. Wenn das Weibchen erst einmal in Erscheinung tritt, wird es als Konkurrenz zu stark, und die Besuche der männlichen Insekten bei den Blüten bleiben aus.
Wenn alle anderen Mittel versagen, hält die Natur noch eine letzte Möglichkeit parat: die Selbstbestäubung. Hinsichtlich der erstrebten Vielfalt ist dies zwar nur eine Notlösung, die aber immerhin die völlige Unfruchtbarkeit vermeidet. Bei einigen Arten, wie zum Beispiel der in Europa wachsenden Bienenragwurz *Ophrys apifera,* schrumpfen die Stielchen der Pollinien so zusammen, daß die Blütenstaubmassen direkt vor der Narbe hängen. Beim geringsten Luftzug kommen die Pollinien in Berührung mit der Narbe und bewirken so eine Selbstbestäubung. Fast bei allen Orchideen fällt die Blüte kurz nach der Bestäubung in sich zusammen, wahrscheinlich, um zu verhüten, daß die schon bestäubte Blüte nochmals angeflogen wird, und um sicherzustellen, daß der Bestäuber nur unbestäubte Blüten anfliegt.

Ursprung und Verbreitung

Will man die Ursprünge des Lebens erforschen – ein Thema, das seit eh und je eine reizvolle Aufgabe darstellte, – ist man hauptsächlich auf das zufällige Auffinden von fossilen Resten angewiesen. Pflanzliche Fossilien gibt es aber leider nicht allzuviele und, was für den Biologen, der sich mit Orchideen befaßt, sehr bedauerlich ist: Es gibt nur sehr wenige Funde vorzeitlicher Orchideen. Einige Forscher meinen, das sei aus verschiedenen Gründen nicht besonders überraschend: Zum einen weil Orchideen meist in feuchten, tropischen Zonen wachsen, was einen raschen Zerfall der Pflanzen fördert, zum andern waren die anfangs epiphytisch lebenden Orchideen von den (gewöhnlich mit Wasser verbundenen) Bedingungen ausgeschlossen, die der Fossilbildung förderlich waren. Andere Experten sind der Meinung, daß man bei einer intensiveren Erforschung auch mehr fossile Orchideen finden könnte.

Der Ursprung der Orchideen

Die meisten Wissenschaftler sind sich heute darüber einig, daß die Orchideen vor etwa 100 – 120 Millionen Jahren entstanden sind, wobei Malaysia als mögliche Urheimat angesehen wird. Einfach ausgedrückt, kann man die Evolution als Überleben durch Anpassung definieren. Obwohl es heute eine große Anzahl von Orchideenarten gibt, ist sicher, daß viele Arten im Lauf der Zeit ausgestorben sind, weil sie sich entweder nicht einer epiphytischen Lebensweise anpassen oder sich nicht als Bodenpflanzen durchsetzen konnten. So sind in der Tat viele der Arten, die man als Fossilien fand, ausgestorben.

Die erfolgreiche Anpassung der Orchideen an ihre Umgebung läßt sich am besten an ihren Blättern zeigen. Dort wo ein Teil des Jahres rauhe oder wüstenähnliche Bedingungen herrschen, haben sich die Orchideenblätter zu fleischigen, ja fast sukkulentenartigen Organen entwickelt. Mit diesen Wasserspeichern kann die Pflanze lange Trockenzeiten überdauern. Ohne diese fleischigen Blätter würden die Orchideen bestimmt absterben. Viele der australischen *Dendrobium*-Arten z. B. besitzen fleischige Blätter und können damit selbst in der fast schattenlosen Wüste von Nord-Queensland existieren.

Andere Beispiele sind die starken Blätter der südamerikanischen Gattung *Brassavola* und einiger *Vanda*-Arten Südostasiens. Diese Orchideen haben bleistiftartige feste Blätter entwickelt, um lange Zeit in glühender Sonnenhitze aushalten zu können. Sie haben meist keine Pseudobulben, denn sie können in ihren Blättern genügend Feuchtigkeit speichern.

Im Gegensatz hierzu brauchen Orchideen, die in schattigerer Umgebung wachsen, Blätter mit großer Oberfläche, um genügend Licht für die Photosynthese auffangen zu können. Die Gattung *Lycaste* zum Beispiel, die manchmal an der Unterseite der übers Wasser hängenden Zweige laubwechselnder Bäume wachsen, entwickelt große fächerartige Blätter, die jährlich zusammen mit den Blättern des Wirtsbaumes und während der Trockenzeit abfallen. Diese Art von Orchideen benötigt Pseudobulben, um bis zur nächsten Regenzeit zu überleben.

In subtropischen Zonen der Erde herrschen während der Trockenzeit oft niedrigere Temperaturen, so daß die Orchideen dort meist keiner starken Austrocknung ausgesetzt sind, da die Verdunstungsgeschwindigkeit bei kühleren Bedingungen sinkt. Diese Wachstumsbremse ist wichtig, weil sie der auslösende Faktor für die Bildung einer Blütenknospe ist; die meisten Orchideen bilden ihre Blüten unmittelbar vor Erscheinen des neuen Triebes, der den Beginn der Regenzeit ankündigt.

Oben: Im offenen Gelände wachsen Orchideen meist am Boden, da sie dort das entsprechende Licht für die Photosynthese bekommen. Wurzelwerk und Speicherorgane wachsen unterirdisch.

Rechts: Epiphyten findet man meist in tropischen Regenwäldern, wo sie oft bis in die Baumkronen hinauf wachsen. Die Wurzeln halten die Pflanzen an der Baumrinde fest, und einige nehmen auch Feuchtigkeit aus der Luft auf.

Verbreitung

Orchideen sind fast auf der ganzen Erde verbreitet. Jeder Kontinent – mit Ausnahme der Antarktis – beherbergt zahllose Arten, von denen einige in riesigen Kolonien zu finden sind, während andere nur als Einzelpflanzen ihr Dasein fristen. Nur in ausgesprochenen Wüstengebieten, nahe den Gipfeln und an den oberen Abhängen der höchsten und daher kältesten Berge, in den Meeren und den tiefsten Binnenseen findet man keine Orchideen. Aufgrund der immer mehr um sich greifenden Bebauung durch den Menschen muß man jetzt noch ein weiteres Gebiet zu den orchideenlosen Zonen rechnen, das intensiv bebaute Acker- und Gartenland.

Bei der Betrachtung der geographischen Verbreitung der Orchideen stößt man auf

einige Rätsel. Warum gibt es zum Beispiel *Odontoglossum* nur in Südamerika, und zwar meist in großen Höhen, und nicht in anderen Zonen der Erde, in denen praktisch die gleichen klimatischen Verhältnisse herrschen? Bei vielen anderen Orchideen ergibt sich das gleiche Bild. *Vanda* ist zum Beispiel in vielen Teilen des tropischen Südostasiens verbreitet, meistens nördlich des Äquators, man findet sie aber sonst nirgends in der Welt. Diese Gattung gedeiht jedoch in anderen Teilen der Erde recht gut, was die sehr erfolgreichen Handelsgärtnereien auf Hawaii und Westindien beweisen, sie kommt in diesen Gebieten jedoch nicht wildwachsend vor.
Eine Theorie, mit der man diese aufgesplitterte Verbreitung zu erklären versucht, ist die, daß Berge, auf welchen die Hochland-Orchideen gedeihen, gleichsam als Inseln in einem Meer von Wäldern des Unterlandes betrachtet werden können, und daß dadurch ein Überspringen auf eine andere „Insel" von weittragenden Medien abhängig ist, also beispielsweise vom Wind. Es ist daher für Orchideen aus den Anden äußerst schwer, in ähnlichen Lebensräumen anderer Zonen der Erde Fuß zu fassen. Im Gegensatz hierzu wachsen die Tiefland-Orchideen in großen Gebieten des Wald„meeres", in denen eine weite Verbreitung des Samens vergleichsweise einfach ist.
Obwohl dies für eine dauerhafte Population bürgt, wirkt es einer Vielfalt der Arten eher entgegen; die verschiedenartigen und stetem Wechsel unterworfenen Nischen isolierter Berge sind hinsichtlich der Evolution fruchtbarer und haben eher die Chance, Entstehungsgebiete für neue Arten zu werden.

Rätselhafte Verbreitung

Bei vielen Orchideengattungen, von denen man einst glaubte, sie seien weit verbreitet, hat sich in letzter Zeit herausgestellt, daß sie viel eingeschränkter in ihrer Verbreitung sind. Ein typischer Fall hierfür ist *Habenaria.* Diese große Gattung der Erdorchideen mit knolligen Wurzeln wurde in Asien, Süd- und Mittelafrika, Amerika und Europa gefunden. Eingehendere Untersuchungen und größeres Allgemeinwissen über Orchideen beschränkten *Habenaria* auf tropische und subtropische Gebiete. Die meisten der in gemäßigten Zonen beheimateten Arten werden anderen Gattungen zugeordnet. Eine ähnliche Situation ergab sich bei der monopodialen, epiphytischen Gattung *Angraecum* aus dem tropischen Afrika, die auf Madagaskar verbreitet ist.

Eine Art, früher als *Angraecum falcatum* bezeichnet, kam aus Japan, eine eigenartige Einteilung, bedenkt man die Entfernung, die diese Art von den anderen trennte. Dieser Fehler wurde aber inzwischen bereinigt; die betreffende Pflanze wird jetzt *Neofinetia falcata* genannt.

Diese Neueinordnung der Systematiker – bei den Gärtnern, die sich an die ursprünglichen Bezeichnungen gewöhnt hatten, nicht gerade mit Freuden begrüßt – deutet darauf hin, daß die einzelnen Orchideen-Gattungen weniger weit verbreitet sind, als ursprünglich angenommen wurde. Die Umplazierung geht noch weiter und könnte zu einem besseren Verständnis der Gründe für die begrenzte Verbreitung gewisser Orchideen beitragen.

Unten: Die südamerikanische Art *Phragmipedium schlimii* 'Wilcox' (AM/AOS) ist eine seltene Sammlerpflanze, die man in den USA ausgezeichnet hat.

Nomenklatur

In diesem Buch wird eine international anerkannte Namensgebung verwendet, wie sie durch die Internationale Orchideenkommission im „Handbook on Orchid Nomenclature and Registration" festgelegt worden ist.

Bei der Benennung werden zwei Namen gegeben (binäre Nomenklatur): Die erste Bezeichnung ist der Gattungsname. Er fängt immer mit einem Großbuchstaben an und wird kursiv geschrieben.

Der zweite Name ist der Art- oder Hybridname, der die Art oder die Hybride innerhalb der Gattung festlegt. Artnamen werden immer kursiv geschrieben und haben immer kleine Anfangsbuchstaben, Hybridenbezeichnungen beginnen mit einem Großbuchstaben und sind nicht kursiv gesetzt. Heißt zum Beispiel die Gattung *Lycaste* und die Art *skinneri*, ist die richtige Schreibweise *Lycaste skinneri*. Wenn diese Art aber mit einer anderen *Lycaste*-Art gekreuzt wurde, bezeichnet man die daraus entstandene Hybride beispielsweise als *Lycaste* Queen Elizabeth.

Innerhalb der Arten- und Hybridengruppen gibt es meist viele verschiedene Klone (Pflanzen, die alle von der gleichen Mutterpflanze stammen), denen man jeweils einen Klon- oder einen Varietäten-Namen gibt. Diese Zusätze stehen immer in halben Anführungszeichen. Die Namen *Lycaste* Queen Elizabeth 'Gatton Park' und *Lycaste* Queen Elizabeth 'Wyld

Court' bezeichnen also zwei Formen der gleichen Hybride *Lycaste* Queen Elizabeth.
Wenn auf eine Pflanze ganz allgemein, also nicht gattungsspezifisch, hingewiesen wird, wird sie in Grundschrift geschrieben.

Auszeichnungen

Weiterhin kann es sein, daß viele Orchideen von einer oder von mehreren Preisrichter-Gremien in verschiedenen Teilen der Welt Auszeichnungen erhalten haben. Hier wird der dritte, der Klon-Name wichtig, da nur vegetativ vermehrte Pflanzen des betreffenden ausgezeichneten Klons – und nicht etwa die Hybridengruppe als Ganzes – den entsprechenden Titel tragen dürfen.
Auszeichnungstitel werden gewöhnlich abgekürzt, wobei nur die ersten Buchstaben jedes Wortes erscheinen, und bestehen aus zwei Teilen: Der erste Teil gibt die Auszeichnungsstufe an, während der zweite Teil auf das Preisrichterkollegium hinweist. Die höchste Auszeichnung ist das "First Class Certificate" (FCC), das nur Pflanzen von außergewöhnlicher Qualität verliehen wird, dann folgt der "Award of Merit" (AM) für besonders verdienstvolle Züchtungen. Einige Preisgerichte vergeben noch einen Preis dritter Kategorie, das "Highly Commended Certificate" (HCC), das Orchideen guter Qualität zugesprochen wird. Nicht alle Richterkollegien vergeben diese Auszeichnungen, sondern verleihen stattdessen Gold-, Silber- und Bronzemedaillen, aber die meisten zeichnen hervorragende Kulturleistungen aus. Dieser Preis bezieht sich natürlich immer nur auf einen bestimmten Zeitraum und gilt nicht für zukünftige Jahre. Diese Auszeichnung wird meist als "Certificate of Cultural Commendation" (CCC) bezeichnet.
Das Preisgericht mit der längsten Tradition ist das der Royal Horticultural Society (RHS), während das Preisgericht der USA, von der American Orchid Society (AOS), seit 40 Jahren Auszeichnungen verliehen hat.
In letzter Zeit vergeben auch der Australian Orchid Council (AOC) und die Deutsche Orchideen-Gesellschaft (DOG), der South African Orchid Council (SAOC) und viele andere Gesellschaften Züchtungspreise für Orchideen.

Unten: Diese Hybride, *Cattleya* Pink Debutante (AM/RHS), wurde wegen der außergewöhnlichen Färbung, Größe, Form und Festigkeit ihrer Blüte ausgezeichnet.

Die Geschichte der Orchideen

Die Vergangenheit ist oft genau so spannend wie die Zukunft; während wir jedoch hinsichtlich der Zukunft eine Art botanischer Kristallkugel haben müßten, um künftige Entwicklungen vorauszuahnen, gibt es über die Vergangenheit der Orchideen verhältnismäßig genaue Beschreibungen.

Frühe Faszination

Die frühesten Berichte stammen aus der Zeit 370 – 285 v. Chr., als der griechische Philosoph THEOPHRASTUS in seiner Schrift „Untersuchungen an Pflanzen" von Pflanzen berichtet, die er *Orchis* nannte. Der Name Orchideen stammt vermutlich von der erdbewohnenden Gattung *Orchis*. Der griechische Name *orchis* bedeutet Hoden und bezieht sich auf die Wurzel dieser und ähnlicher Gattungen. Diese Wurzeln sind in der Tat paarweise, hodenförmige Knollen, und gerade dieser Teil der Pflanze wurde über Jahrhunderte hinweg als der wertvollste angesehen.

Die medizinischen Theorien vor etwa 2000 Jahren basierten in erster Linie auf der Anwendung von Kräutern, und viele dieser Theorien behaupteten, daß man die besten Heilergebnisse mit Pflanzen oder Pflanzenteilen erreichen könne, die nach Form oder Farbe entsprechenden Teilen des menschlichen Körpers ähnlich waren. So wurde beispielsweise das Blutkraut *Sanguinaria canadensis* als wirksame Medizin für Blutarmut empfohlen, und aufgrund der gleichen Theorie vertrat man die Auffassung, daß durch das Essen der zerkleinerten hodenförmigen Wurzeln der Gattung *Orchis* die Sexualkraft gesteigert werden könne. Diese Theorien hielten sich noch ins 16. und 17. Jahrhundert hinein, also bis in eine Zeit, in der die Reiseaktivitäten zwischen Europa und den anderen Gebieten der Erde zunahmen und damit die botanischen Kenntnisse und das Verständnis der Vorgänge in der Pflanzenwelt einen höheren Stand erreichten.

Bis zur Mitte des 16. Jahrhunderts waren etwa 13 verschiedene europäische Orchideen bekannt; aber es gibt sehr viel ältere Berichte über das Interesse orientalischer Völker an diesen Pflanzen. So sollen der Legende nach bereits 28 Jahrhunderte vor Christi chinesische Kaiser Orchideen in ihren Schriften erwähnt haben. Auch gibt es Berichte über die Orchideenkultur in Japan in sehr früher Zeit, und – obwohl man auch dort die Anwendungsmöglichkeit der Pflanzen als Liebesmittel nicht völlig außer acht ließ – es steht fest, daß man in beiden Ländern die Orchideen in erster Linie wegen ihres ästhetischen Anblicks kultivierte. Der Aberglaube spielte damals noch eine große Rolle, und die Eigenschaft der Orchideen als Statussymbol datiert von dieser Zeit, etwa um 1700.

Ein großer Teil der Forschungen an tropischen Pflanzen, einschließlich der Orchideen, wurde von Ärzten durchgeführt, die von Handelsgesellschaften angestellt waren. Kirchenmänner und Missionare, die man in die neuerworbenen Gebiete sandte, um „das Wort zu verkündigen", waren aber auch von der Flora der wärmeren Zonen fasziniert.

Oben: Im 18. Jahrhundert regte die Art *Bletia verecunda* das Interesse an tropischen Orchideen an. Sie stammt von den Bahama-Inseln und war die erste Orchidee, die unter künstlichen Bedingungen zum Blühen gebracht werden konnte.

Rechts: Schon im 16. Jahrhundert wurde die erste nordamerikanische Art in der Literatur beschrieben: *Cypripedium acaule.* Diese Erdorchidee lebt in Wäldern und wird oft als „Rosa Mokassin" bezeichnet.

Beide, Ärzte und Geistliche, hatten zumindest grundlegende botanische Kenntnisse, und viele von ihnen beschrieben und zeichneten die Pflanzen, die in den von ihnen aufgesuchten Ländern wuchsen. Später wurden viele dieser Werke veröffentlicht, zum Teil erst nach sehr langer Zeit, aber sie bildeten in vielen Fällen die Grundlage unseres heutigen Wissens über die Orchideen.

Experimente bei der Kultur

Es wird berichtet, daß die Pflanze, die wir heute *Brassavola nodosa* nennen, die erste tropische Orchidee war, die man in Europa kultivierte. Angeblich zog man sie in Holland bereits Ende des 17. Jahrhunderts. Die auf den Bahamas beheimatete *Bletia verecunda* war die erste, 1731 in England eingeführte tropische Orchidee. Aber schon lange vor dieser Zeit hatte JOHN PARKINSON in seinem 1640 erschienenen Werk „Theatricum Britannicum" die bodenbewachsende Art *Cypripedium acaule* beschrieben.

Bletia verecunda wurde als getrocknetes Exemplar eingeführt, aber die ausgetrockneten Knollen, die den Wurzelstock bildeten, kamen in den Garten von SIR CHARLES WAGER. Hier wurden sie in einem Treibhaus, eingebettet in Gerberlohe und Sägemehl, überwintert, und im darauffolgenden Frühling fingen sie zu wachsen an und erblühten im Sommer 1732 – die erste in England aufblühende tropische Orchidee.

Weitere Orchideen folgten, und bereits 1789 gab es im königlichen Botanischen Garten in Kew 15 exotische Orchideenarten. Da Liverpool im frühen 19. Jahrhundert der bedeutendste Einfuhrhafen

für Handelswaren war, wundert es niemand, daß diese Stadt zu einem Zentrum botanischer Interessen wurde. Der Botanische Garten in Liverpool bekam die ersten *Cattleya*-Stämme, die je kultiviert wurden; aber, obwohl die Pflanze jedes Jahr blühte, nachdem sie im Jahre 1812 das erste Mal aus Brasilien eingeführt worden war, wurde sie erst neun Jahre später als *Epidendrum violaceum* durch die Firma Loddiges aus Hackney beschrieben, die mit der kommerziellen Orchideenkultur im Jahre 1812 begonnen hatte.

Die „Orchidomanie“

Viele wichtige geschichtliche Ereignisse wurden durch Zufälle ausgelöst. So war es auch mit der „Orchidomanie“, die in

Oben: John Lindley (1795 – 1865), der „Vater“ der modernen Orchideenkunde.

den folgenden 100 Jahren Europa und schließlich auch die USA erfaßte. Ein gewisser WILLIAM SWAINSON verschickte eine Ladung tropischer Pflanzen nach England und packte zum Schutz andere tropische Pflanzen mit starken „Stengeln“ und dichtem Blätterwerk um sie herum. Ein Teil dieser Ladung kam zu Mr. CATTLEY aus Barnet, einem eifrigen Anbauer tropischer Pflanzen und einem der ersten Amateur-Orchideenzüchter. Cattley wurde offensichtlich durch dieses „Verpakkungsmaterial“ neugierig gemacht und versuchte, einige der Pflanzen aufzuziehen, die ersten von ihnen erblühten im November 1818.
Die großen Blüten mit der prächtigen, trompetenförmigen Lippe waren eine Sensation, denn noch nie hatte man etwas Ähnliches in Kultur gesehen.
DR. JOHN LINDLEY, der als „Vater der modernen Orchideenkunde“ bekannt wurde, beschrieb die Pflanze und benannte die Gattung zu Ehren von Cattley *Cattleya,* und da die Lippe den auffälligsten Blütenteil bildet, gab er ihr den Beinamen *labiata* (vom lateinischen *labium* = Lippe).

Die ersten Sammlungen

Die genaue Lokalisierung von *Cattleya labiata* wurde erst bekannt, als man die Pflanze 1836 in der Nähe von Rio de Janeiro auf einem Berg wiederentdeckte. Ihr Entdecker, Dr. Gardener, berichtete damals, daß die dortigen Farmer Bäume verbrannten, um Holzkohle zu gewinnen, und daß dabei die Orchideen mitverbrannt wurden. Man fand noch einige weitere Stellen, an denen diese Pflanzen wuchsen, und wohlhabende Leute und Handelsgärtner entsandten Sammler in die Wälder, um „jede nur erreichbare Pflanze einzusammeln". Diese Aktion und das vermehrte Verbrennen von Bäumen zu Holzkohle gefährdeten die Cattleyen Brasiliens ernsthaft in ihrem Bestand.

Aber jeder, der die Pflanzen sah, war von ihnen begeistert, und diejenigen, die wohlhabend genug waren, wollten so viele wie möglich davon besitzen. Orchideen wurden zum Statussymbol des reichen Adels, und jedes wohlhabendere Haus wetteiferte mit den anderen und wollte die größte Orchideensammlung sein eigen nennen.

Eine der ersten und wohl auch der schönsten und größten Sammlungen wurde 1833 vom sechsten Herzog von Devonshire begonnen. William George Spencer Cavendish, ein unwahrscheinlich reicher, extravaganter Mann, investierte große Geldsummen in seine neue Liebhaberei. Unter der Aufsicht seines Gartenaufsehers Joseph Paxton ließ er in der Nähe des Schlosses Chatsworth House ein 91 m langes und 18 m hohes Gewächshaus errichten, das eine Fläche von über 4000 qm Garten bedeckte. Dadurch, daß er seinen eigenen Gärtner, John Gibson, nach Assam und anderswohin sandte, und durch Förderung anderer Sammler, konnte er innerhalb von zehn Jahren eine der größten Orchideensammlungen der Welt in Chatsworth aufbauen.

Die Orchideenjäger

Die Nachfrage nach Orchideen aller Art stieg ständig, und um diese Launen zu befriedigen, entwickelte sich ein neuer Schlag berufsmäßiger Orchideenjäger, die das Sammeln berufsmäßig betrieben, und die um so rücksichtsloser und raffinierter arbeiteten, je mehr Gewinn ihr Geschäft abwarf.

Die Kenntnisse über die örtlichen Verhältnisse waren dürftig; es gab Stellen, wo der Urwald fast undurchdringlich war, die eingeborene Bevölkerung nahm oft eine nicht gerade freundliche Haltung gegenüber den Eindringlingen ein; man wußte nichts von tropischen Krankheiten, Insekten und wilden Tieren, und die meisten der ersten Sammler traten den jahreszeitlich auftretenden Überschwemmungen völlig unvorbereitet entgegen.

Einer der ersten englischen Sammler war Joseph Banks, 1743 in London geboren, Sohn eines reichen Landbesitzers. Nach mißglücktem Start einer akademischen Laufbahn in Harrow und Eton befaßte er sich mit der Pflanzenwelt; während er noch zur Schule ging, richtete er sich schon ein Herbarium ein. Schließlich ging er nach Oxford, wo er bei einem Privatlehrer Botanik lernte. Banks' erste Expedition nach Neufundland im Jahre 1766 endete mit einer Katastrophe, da die meisten der von ihm gesammelten Pflanzen während der Rückfahrt über Bord geworfen wurden, um ein Sinken des Schiffes zu verhindern. Entschlossen, alles zu tun, daß sich eine solche Enttäuschung nicht wiederholen würde, investierte Banks 10 000 Pfund aus seinem persönlichen Vermögen für die Ausrüstung einer Südsee-Expedition der Royal Society im Jahre 1768, eine Expedition, zu deren Direktor er mit 25 Jahren ernannt wurde. Diese Reise sollte über drei Jahre dauern; obwohl die besuchten Gebiete – einschließlich des damals noch unbekannten australischen Gebietes – eine reiche Ausbeute botanischen Materials erbrachten, konnte Banks erst 1780 die ersten Orchideen dieser Region nach Hause bringen.

Oben: Die in Kolumbien beheimatete epiphytische Orchidee, *Cattleya warscewiczii*, wächst freistehend weit oben auf den Ästen hoher Urwaldbäume.

Für seine Leistungen auf dem Gebiet des Gartenbaus wurde Banks 1781 zum Baron ernannt. Er blieb weiterhin auf gärtnerischem Gebiet aktiv und war einer der Mitbegründer der Royal Horticultural Society im Jahre 1804. Auch war er Mitte

Oben: Joseph Banks (1743 – 1820), Entdecker und Naturforscher.

der 1770er Jahre als Direktor des königlichen Botanischen Gartens (Kew Garden) tätig; von 1778 bis zu seinem Tod im Jahre 1820 war er Präsident der Royal Society. Dieser bemerkenswerte Mann wurde in den Artnamen vieler Pflanzen verewigt. Spätere Pflanzensammler konnten ihn nicht übertreffen, was Qualität, Organisation seiner vielen Expeditionen oder die große Vielfalt der eingeführten Pflanzen betraf.

Trotz sorgfältiger Ausarbeitung der Expedition sind einige Sammler in den Dschungeln der Welt umgekommen, oft von rücksichtslosen Auftraggebern oder ihren eigenen Hoffnungen auf materiellen Gewinn zu Leistungen angestachelt, die über ihre Kräfte gingen.

Die Erfolgreichen unter ihnen wurden in den Namen der neu entdeckten Orchideen verewigt: Zwei der Arten, in deren Bezeichnung ihr Entdecker weiterlebt, sind *Miltonia warscewiczii* und *Cattleya warscewiczii*. Joseph Warscewicz, ein Litauer polnischer Abstammung, führte in der Zeit zwischen 1840 und 1850 mehrere Expeditionen nach Mittel- und Südamerika durch. Ein anderer, Gustave Wallis, sammelte in Südamerika die Arten *Epidendrum wallisii* und *Masdevallia wallisii* und viele andere Sorten, die vorher noch nicht kultiviert worden waren, bevor er während einer Sammelreise in Ecuador im Jahre 1878 an Fieber und Ruhr starb.

Während Sir Joseph Banks und andere Orchideen zu botanischen Zwecken sammelten, witterten viele Handelsgärtnereien in den 1830er Jahren einen hohen Profit, da die Nachfrage nach neuen Orchideenarten ständig stieg. Die Gärtnerei James Veitch und Söhne in Exeter, Südwestengland, war eine der ersten Handelsfirmen, die eigene Sammler beschäftigten. Sie schickten Thomas Lobb 1843 nach Java, 1848 nach Indien und anschließend

Oben: *Epidendrum wallisii*, eine vielblättrige und behaarte Art ohne Pseudobulben, besitzt stark nach Honig und Moschus duftende Blüten.

zu den Philippinen, um Orchideen „allein für James Veitch und Söhne und für keine andere Person“ zu sammeln. Lobb war ein ganz penibler Sammler, der nur die allerbesten Pflanzen, die es wert waren, kultiviert zu werden, aussuchte, unter ihnen zwei Varietäten von *Aerides multiflorum*, und zwar *lobbii* und *veitchii*, womit sich sowohl der Sammler als auch seine Förderer ein Denkmal setzten.

Leider nahmen spätere Sammler weniger Rücksicht auf die Zukunft, und riesige Urwaldgebiete wurden nur zu dem einzigen Zweck gerodet, um an die in den oberen Teilen der Bäume wachsenden kostbaren Orchideen heranzukommen. Regelmäßig wurden Sendungen von 10 000 Stück einer einzigen Art nach England und anderen Ländern verschickt, und in den Berichten der Sammler wurde ausdrücklich vermerkt, daß alle Pflanzen entfernt, die gefällten Bäume anschließend verbrannt und die darauf noch verbliebenen Orchideenpflanzen somit vernichtet worden seien.

Als dann immer mehr Sammler in den Urwald geschickt wurden und die Konkurrenz wuchs, veröffentlichte man absichtlich falsche Berichte, um Mitbewerber in die Irre zu führen. Auch die ängstlich um ihren Ruf bemühten Botaniker unter den Sammlern waren gegen solche

Oben: James Veitch (1792 – 1863) war der erste Gärtner, der eigene Sammler beschäftigte.

Praktiken nicht immun. Genaue Fundorte wurden nicht bekanntgegeben, und wenn die doppelten getrockneten Exemplare zum Versand an verschiedene wissenschaftliche Institutionen zusammengestellt wurden, gab man für jeden solchen Satz verschiedene Herkunftsorte an.

Verkauf auf Auktionen

Die in England eintreffenden Orchideenpflanzen wurden gewöhnlich in London oder Liverpool auf Auktionen verkauft. Arten, die man als „neu" betrachtete, erbrachten Preise bis zu mehreren hundert Pfund, da die wohlhabenden Einkäufer hofften, sich in der botanischen Bezeichnung verewigen zu können.
Wenn man diese Summen unter Berücksichtigung ihres Wertes vor 100 Jahren als hoch ansieht, muß man auch wissen, daß es um 1870 immerhin 3 000 Pfund im Jahr kostete, einen Sammler ständig im Einsatzgebiet zu beschäftigen. Es wird ferner berichtet, daß im Jahre 1894 die Firma SANDERS, eine große Handelsfirma aus St. Albans, 20 Jahre vorher 20 Sammler in den verschiedenen Urwäldern der Welt beschäftigte, von denen viele bis zu 10 Jahre damit zubrachten, neue Arten zu finden.

Wachsendes Interesse

Als das Orchideenfieber in England schon „wütete", entwickelte sich auch das Interesse in anderen Teilen Europas und in USA. Die ersten epiphytischen Orchideen, die die Vereinigten Staaten erreichten, wurden im Jahre 1838 an einen Mr. JOHN BOOTT aus Massachusetts geschickt, und zwar von seinem Bruder, der in London wohnte. Bis Mitte des 19. Jahrhunderts kamen viele weitere exotische Orchideen an, und man konnte über einige bedeutende Sammlungen berichten, besonders in dem Gebiet Neu-Englands. 1865 wurde die große Orchideensammlung eines Mr. EDWARD RAND der Harvard-Universität übergeben, und sie erhielt ihren Platz im Botanischen Garten von Cambridge. Damals ahnte man noch nicht, daß dieses Geschenk den Anfang bildete für viele weitere.

Oben: *Aerides multiflorum. Aerides* bedeutet „Luftpflanze"; man war der Meinung, daß sie ihre Nahrung aus der Luft nehmen würde.

Schlechte Überlebenschancen

Bis in die 1840er Jahre waren die meisten tropischen Orchideen, die nach Europa kamen, Flachlandarten, die, falls sie die lange Seereise überlebten, eine gute Chance hatten, sich der heißen, wenig belüfteten Umgebung, die ihnen von ihren neuen Eigentümern geboten wurde, anzupassen.
Nur die wenigen Wohlhabenden konnten es sich leisten, die Bauten zu beheizen, in denen die Orchideen sich ihrer Meinung nach wohlfühlen müßten. Da diese Bauten oft hohe Wände hatten und wenig Licht oder frische Luft hineinließen, wurden die neuimportierten Pflanzen extrem hohen Temperaturen und übermäßiger Feuchtigkeit ausgesetzt. All dies änderte sich aber, als man Arten aus höhergelegenen Gebieten einführte. Zuerst stellte man sie auch in Frühbeete mit sehr hoher Luftfeuchtigkeit, Bedingungen, die sich als verhängnisvoll erwiesen, und die wenigen Exemplare, die die lange Seereise überstanden, gingen in diesen „Friedhöfen für Orchideen" ein.
JEAN LINDEN, ein Handelsgärtner aus Belgien, der oft in Südamerika als Sammler tätig war und der zusammen mit KARL HARTWEG als Entdecker der Art *Odontoglossum crispum* gilt, war einer der ersten, der sich mit Orchideen der kühleren Regionen, in denen die Temperaturen mor-

gens oft unter den Nullpunkt fallen, befaßte.
Er schreibt u. a.: „Wenn man die Orchideen gesammelt hatte, mußte man sie zunächst zum Verschiffungshafen bringen, aber die Straßen, die dorthin führten, spotteten jeder Beschreibung. Es gab damals noch keine Dampfschiffe für die Überfahrt, und die armen Pflanzen mußten im untersten Stauraum eines heftig schlingernden Segelschiffes aushalten, nachdem sie manchmal über einen Monat auf ein Schiff warten mußten, das einen Hafen in der Nähe ihres Bestimmungsortes anlief. Wie Heringe in ein Faß gepackt, wurden sie der Hitze und der Gärung ausgesetzt, und nur wenige kamen unversehrt an."
Als dann genauere Informationen über die Bedürfnisse dieser Pflanzen verfügbar und auch die Kulturtechniken verbessert wurden, konnten viele dieser aus kühleren Regionen stammenden Orchideen sowohl die Reise als auch die Härten des Gewächshauslebens besser überstehen. Da diese Pflanzen weniger kostspielig zu halten waren, fanden sie Einlaß in breitere Bevölkerungskreise.

Orchideen für jedermann

In der Absicht, auch weniger reiche Leute an der Haltung von Orchideen zu interessieren, bestärkt durch DR. JOHN LINDLEY, den Gründer und Herausgeber der seit 1841 erscheinenden Zeitschrift „Gardener's Chronicle", begann BENJAMIN S. WILLIAMS eine Artikelreihe, die er „Orchideen für Millionen" nannte und die später als Grundlage für ein Handbuch für Orchideenfreunde („Orchid-Grower's Manual") des gleichen Verfassers diente. Die letzte, 7. Auflage wurde von seinem Sohn HENRY WILLIAMS nach dem Tode seines Vaters in verbesserter und erweiterter Form herausgebracht. Bis zum heutigen Tage ist dieses Werk eine der „Bibeln" für den Orchideenfreund geblieben. Wir wollen hier den Anfang der Einleitung zu diesem Werk wiedergeben: „Die Kultivierung von Orchideenpflanzen ist nun nicht mehr das Privileg der Wenigen ...".
Trotz alledem blieb die Ansicht verbreitet, daß es sich bei den Orchideen nicht um „Pflanzen" im althergebrachten Sinne handele. In einem von WILLIAM BULL, einem „Händler für neue Pflanzen" aus Chelsea, London, herausgegebenen Katalog heißt es auf der ersten Seite: „Eine Liste neuer, seltener und schöner Pflanzen und Orchideen". Im Inhaltsverzeichnis seines Katalogs von 1898 sind alle Artnamen der Pflanzen einzeln aufgeführt, aber alle Orchideenarten – eine eindrucksvolle Liste von über 100 Arten – sind in einem einzigen Eintrag zusammengefaßt, der lautet „Orchideen: Seiten 23 – 37". Obwohl dieser neiderregende Vergleich mit

Rechts: *Odontoglossum crispum* ist eine südamerikanische Art, die in freier Natur in vielen Formen vorkommt. Sie wurde vielfach für Einkreuzungen verwendet.

größter Wahrscheinlichkeit nicht beabsichtigt war, verbesserte er sicherlich nicht den Ruf der Orchideen bei den Uneingeweihten. Es ist bezeichnend, daß die folgenden Gattungen in diesem Katalog am stärksten vertreten waren: *Cattleya* (150 verschiedene Arten und Hybriden), *Cypripedium* (jetzt *Paphiopedilum* genannt), (160), *Masdevallia* (150), *Odontoglossum* (160) und *Oncidium* (90). Alle diese Gattungen haben bis heute nichts von ihrer Beliebtheit eingebüßt, obwohl viele der Arten und Hybriden, die 1898 noch zu haben waren, jetzt nicht mehr kultiviert werden. Es bleiben noch *Cymbidium* (damals mit 17 Arten vertreten) und *Phalaenopsis* (12 Arten), die beide unter den beliebtesten vier der als Schnittpflanzen kultivierten Orchideen rangieren.

Aber die Tendenz zur Popularisierung der Orchideen für die Mittelklassen hielt an, unterstützt und ermutigt durch einige weitsichtige Gärtner, die schon voraussahen, daß die Tage der Sammlungen gezählt waren. Glücklicherweise erhöhte sich mit der steigenden Zahl von Orchideenpflegern auch die Zahl der gezüchteten Orchideen-Hybriden, so daß der Druck auf die noch im Dschungel wachsenden Arten etwas erleichtert wurde.

Die Hybriden kommen

Die Kenntnis, wie man Orchideen befruchtet, hatte den Orchideenhaltern viele Jahre lang gefehlt, und obwohl es unbewiesene Berichte über Orchideenhybriden in den 1830er Jahren gibt, wurden die ersten Hybriden erst gezüchtet, als DR. JOHN HARRIS, Arzt am Devon und Exeter Hospital, einem Gärtner der Firma Veitch, JOHN DOMINY, die richtige Methode vorschlug. Die ersten keimenden Sämlinge entstammten der Gattung *Cattleya,* aber erst die Hybride aus *Calanthe furcata* und *Calanthe masuca,* die von DOMINY 1853 gezüchtet wurde, blühte auch. Es kann keinen Zweifel geben, daß es schon vorher viele natürliche Hybriden gegeben hat. Diese erste gezüchtete Hybride *Calanthe* Dominyi wurde so zum ersten „Tropfen", dem „Ströme" von Hybriden folgten.

Danach wurde die Gewinnung von Samenkapseln als einfache Sache angesehen, ein erfolgreiches Keimen blieb jedoch ein schwieriges Unterfangen. In freier Natur keimen Orchideensämlinge in Verbindung (Symbiose) mit einer besonderen Pilzart (*Mycorrhiza*-Pilzen), und frühe Hybridenzüchter versuchten, diese Bedingungen zu simulieren, indem sie die winzigen, staubähnlichen Orchideensamen auf die Oberfläche der „Mutterpflanze" aufbrachten. Einige Samen keimten aus, aber die Mehrzahl ging bei den normalen Pflegevorgängen, wie Gießen, verloren. Fortschritte wurden gemacht, als französische und deutsche

Rechts: *Calanthe* Dominyi war die erste künstlich erzeugte Hybride.

Oben: Die Technik der Hybridenzüchtung wird ständig weiterentwickelt, schon jetzt sind über 50 000 Hybriden bekannt. Diese *Sophrolaelio-Cattleya* ist ein neues Beispiel für eine Mehrgattungshybride.

Wissenschaftler bewiesen, daß Orchideensamen in Teströhren auf einer Agar-Lösung, die man mit *Mycorrhiza*-Pilzen geimpft hatte, keimen. Erst 1922, als ein Pflanzenphysiologe an der Cornell-Universität in den USA, DR. LEWIS KNUDSON, nachwies, daß es dieser Pilze nicht bedarf, wurde die „asymbiotische" Aufzucht von Orchideensämlingen möglich. Das Rezept, das man seit dieser Zeit anwendet und mit dessen Hilfe man inzwischen Millionen von Orchideenpflanzen herangezogen und gezüchtet hat, wurde unter dem Namen Knudson-Rezept bekannt; es besteht aus einer Kombination verschiedener Chemikalien mit Rohrzukker oder Glucose, Agar und Wasser. KNUDSONS Forschungen waren es, die das tröpfchenweise Erscheinen der Hybriden zu einer Flut anwachsen ließen.

Ende der 1930er Jahre veröffentlichte der „Orchid Review" jedes Jahr einige hundert neue Hybriden. Glücklicherweise hatte man es von vornherein als wichtig betrachtet, genaue Aufzeichnungen zu machen. Von 1871 an veröffentlichte „Gardener's Chronicle" neue Hybriden, und im Jahre 1895 gab ein in Kalifornien lebender Engländer, GEORGE HANSEN, „The Orchid Hybrids" heraus, in dem genaue Angaben über die zu jener Zeit bekannten Hybriden gemacht wurden. 1909 kam dann das „Orchid Stud Book" (Zuchtbuch der Orchideen) von HURST und ROLFE heraus, das als Vorbild für weitere Werke diente. Die bei weitem vollständigste Aufstellung über Orchideenhybriden wurde 1901 begonnen, als FREDERICK K. SANDER seinen ersten „Orchid Guide" (Orchideenführer) herausbrachte, der bei der ständig steigenden Anzahl von Hybriden in immer kürzeren Abständen neu aufgelegt wurde, bis im Jahre 1946 alle Hybriden in „Sander's List of Orchid Hybrids" aufgeführt wurden. Dieser großartige Band wurde später durch drei Nachträge ergänzt, und die beschwerliche Aufgabe der Registrierung und Bearbeitung dieser Hybridennamen, die bis zum Jahre 1961 die Sander-Familie mit großem Fleiß übernommen hatte, wird jetzt von der Royal Horticultural Society im „International Registrar of Orchid Hybrids" (dem internationalen Register für Orchideenhybriden) zu Ende geführt.

Die Orchideenfamilie besitzt damit das

vollständigste und detaillierteste Zuchtbuch aller botanischen Gruppen, mit derzeit 50 000 oder mehr Hybriden, die übersichtlich geordnet und so zusammengestellt sind, daß alle Nachkommen aus einer Kreuzung zweier Pflanzen den gleichen Gruppennamen führen müssen.

Wo man Orchideen ziehen kann

Obgleich das zitierte Orchideenhandbuch (The Orchid Grower's Manual) ausgezeichnet geschrieben ist, wurde es doch zu einer Zeit verfaßt, in der es unvorstellbar war, Orchideen in einem kleinen Gewächshaus im Hinterhof zu ziehen. Verhältnismäßig friedliche Zeiten und steigender Wohlstand ermöglichten es jedoch, wenigstens einen Teil der Energien und Ideen für Freizeitbeschäftigungen aufzuwenden. So begann bereits im viktorianischen Zeitalter ab Mitte des 19. Jahrhunderts die Orchideenhaltung auch außerhalb wohlhabender Häuser Fuß zu fassen.

Gewächshäuser

Die frühen Gartenliebhaber – vielleicht die ersten, die Orchideen wirklich selbst gezogen haben – wurden von den damaligen Schriftstellern und Handelsgärtnern sehr ermutigt. Außer zahllosen Artikeln in Gartenbauzeitschriften, in denen er für seine Idee „Orchideen für jedermann" warb, beginnt B. S. Williams in seinem Orchideenhandbuch das Kapitel über Orchideenhäuser wie folgt: „Es ist nicht unbedingt erforderlich, Häuser zu bauen, um darin Orchideen zu kultivieren". Dieser Rat gilt auch heute noch. Etwas hat sich allerdings seither geändert, und das ist die Größe der empfohlenen Gewächshäuser. Um 1890 sollte das größte Treibhaus mit Satteldach in der Mitte nicht höher als 3 – 3,35 m, nicht breiter als 4,20 – 4,50 m und nicht länger als 30 m sein, wogegen die ideale Größe die folgenden Abmessungen haben sollte: 13,5 – 15,25 m lang, 5 – 5,5 m breit und 3 – 3,7 m hoch (bis zum Dachfirst)! Wenn diese Abmessungen auch nach heutigen Gesichtspunkten zu groß sind, so ist doch folgende Tatsache den meisten Gewächshausbesitzern bekannt: Bei der Planung des Treibhauses sollte man mindestens 50% Fläche zu der vorgesehenen zuschlagen.

Es gibt wahrscheinlich genauso viele verschiedene Gewächshaustypen, in denen man Orchideen erfolgreich ziehen kann, wie es Orchideenpfleger gibt.

Nachdem wir festgestellt haben, daß es in jedem Gewächshaus möglich ist, Orchideen zu ziehen, sollten wir aber darauf hinweisen, daß es empfehlenswert ist, die folgende Mindestgröße nicht zu unterschreiten: ungefähr 3×3 m.

Ganz abgesehen davon, daß ein kleinerer Raum bald den wachsenden Ansprüchen,

Oben: Dieses aus der spätviktorianischen Zeit stammende Gewächshaus wird heute noch für die Haltung von Orchideen verwendet. Die größeren Glasscheiben und das mehrwinklige Dach lassen mehr Licht einfallen als frühere Typen.

Links: Gewächshäuser aus frühviktorianischer Zeit eigneten sich schlecht für eine erfolgreiche Pflanzenkultur, da in ihnen Licht- und Luftmangel herrschte.

die Sie an Ihre Liebhaberei stellen, nicht mehr genügen würde, ist es immer schwieriger, Orchideen oder andere Pflanzen in einem 1,8×1,8 m großen Gewächs-„Häuschen", wie sie oft angeboten werden, zu pflegen.

Die Schwierigkeiten mit schwankenden Temperaturn nehmen zu, je kleiner die Gewächshäuser sind, und es wird fast unmöglich, die sehr hohen Sommertemperaturen, die in einem typischen Kleingewächshaus normalerweise auftreten, zu beherrschen. Hinzukommt das erheblich geringere Wärmespeichervermögen eines kleinervolumigen Raumes, was vor allem im Winter, wenn geheizt werden muß, von Bedeutung ist.

Ein anderer Gesichtspunkt ist das Verhältnis Pflanzenfläche und Wege: in dem 1,8×1,8 m großen Häuschen müßte man bis zu 40% der Bodenfläche für einen Mittelweg vorsehen, der für einen guten Zugang in jedem Gewächshaus erforderlich ist. Verbreitert man auf 2,4 m oder besser 3 m, so benötigt man nur noch 25 – 30% für Wege.

Bei der Entscheidung über die Größe eines neuen Gewächshauses sollte man unbedingt zwei Dinge berücksichtigen: zum einen das passende Format des zur Verfügung stehenden Grundstücks, wobei darauf zu achten ist, daß möglichst von allen Seiten ein Zugang möglich ist (außer bei Bauten, die sich an ein Gebäude anlehnen), zum anderen sollte der Bau so groß sein, wie man es sich gerade leisten kann. Es ist empfehlenswert, sich ein Modell herauszusuchen, für das man vom Hersteller nachträglich Erweiterungselemente für die Vergrößerung in Längsrichtung beziehen kann.

Da die meisten Gewächshäuser in der Mitte, also unter dem Dachfirst, am höchsten sind, wird man dort am besten die hochwachsenden Pflanzen ziehen können. Wie ist dies aber zu bewerkstelligen, wenn die meisten angebotenen Konstruktionen einen durch die Mitte verlaufenden Weg haben? Dieses Problem läßt sich am besten lösen, wenn man die Gewächshausbreite auf 3,7 – 4,3 m vergrößert, damit beide Seiten und die Mitte für die Pflanzen zur Verfügung stehen, mit einem schmalen – aber nicht schmäler als 70 cm – Weg, der die verschiedenen Pflanzungen voneinander trennt. Dies geht natürlich nicht, wenn die Höhe bis zu der Abschrägung weniger als 1,50 m beträgt, weil sonst nicht genügend Durchgangshöhe über dem Weg verbleiben würde.

Eine solche Verbreiterung des Gewächshauses muß jedoch nicht bedeuten, daß die Gesamtkonstruktion zu umfangreiche Maße annehmen müßte. Die Länge des Gewächshauses muß nicht größer sein als doppelte Breite; es ist sogar besser, wenn die Form so quadratisch wie möglich gewählt wird. Wenn man ein Gewächshaus von einer Bodenfläche von 3,7×4,3 m (16 qm) erweitert auf 4,3×4,3 m (18,5 qm), nutzt man den vorhandenen Raum optimal aus. Die mittlere Stellfläche, die dann etwa 1,8 m breit ist, erlaubt es, all jene Pflanzen zu ziehen, die besonders hoch wachsen und lange Blütendolden haben, wie z. B. *Oncidium*- und andere Arten. Eine Verdopplung der Größe bedeutet nicht immer auch eine Verdopplung der Heizkosten, die sich dann nämlich nur um etwa 30 – 40% erhöhen und die auf die Heizung entfallenden Kostenanteile pro Pflanze damit beträchtlich verringern.

Der Bau eines Gewächshauses

Am günstigsten ist es wohl, sich sein Gewächshaus selbst zu bauen. Dies ist gar nicht so schwierig, wie man denkt, und macht dem handwerklich Geschickten keine Schwierigkeiten.

Bei einigen Gewächshausherstellern kann man alle notwendigen Teile fertig kaufen, und die meisten größeren Holzhandelsfirmen verkaufen fertiges Bauholz in allen erforderlichen Formen und Längen.

Bis jetzt haben wir nur von Holzkonstruktionen gesprochen, wahrscheinlich voreingenommen durch die langjährige er-

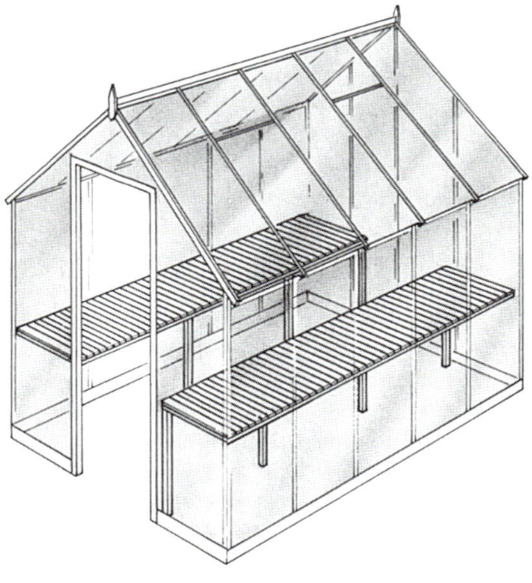

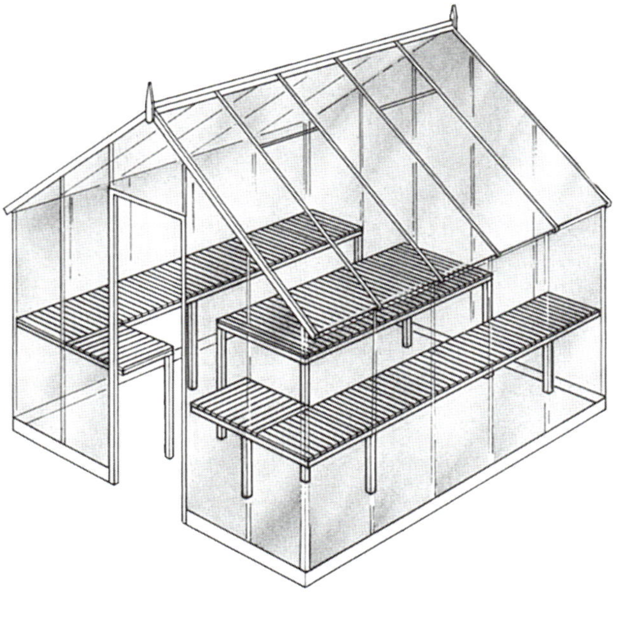

Links: Das heute übliche Kleingewächshaus hat meist an beiden Seiten eines in der Mitte verlaufenden Weges angebrachte Stellplätze. In einem etwas breiteren Haus kann man auch in der Mitte eine Pflanzenbank einrichten. Dadurch vergrößert sich der Kulturbereich, und gleichzeitig kann die Gewächshaushöhe besser für höher wachsende Arten – wie Vandas – ausgenutzt werden. Man kann diesen Raum in der Höhe auch dazu nutzen, eine erhöhte Stellage einzurichten. Zwei Wege bieten auch den Vorteil eines leichteren Zuganges zu allen Stellplatzflächen, was besonders für die Bewässerung nützlich ist.

folgreiche Orchideenzucht in solchen Gewächshäusern. Die Bemühungen der Hersteller führten dann zu zwei Grundtypen und der Herstellung von Halterungen und Haken, die man in Metallgewächshäusern verwendet, um Haken und Regale anzubringen und um Isoliermaterial (meist Polyäthylen) während der Wintermonate zu befestigen.
Bei der Wahl des Materials muß man die Vor- und Nachteile der verschiedenen Metalle oder Hölzer berücksichtigen sowie ihre Eignung für den vorgesehenen Zweck. Es ist eine Binsenwahrheit, daß niedrige Anschaffungspreise meist um so höhere Wartungskosten nach sich ziehen. Die meisten Orchideenliebhaber werden ihre kostbare Zeit wohl lieber der Pflege ihrer Pflanzen widmen, als sich unnötigerweise als Laufbursche betätigen zu müssen. Es ist daher sinnvoll, kein Gewächshaus zu bauen, bei dem man schon bald mit Rostansatz und Verrottung rechnen muß. Aus diesem Grund empfehlen wir, Aluminiumrahmen zu verwenden, wenn man ein Metallhaus errichten will. Für Holzkonstruktionen ist man in letzter Zeit von dem früher verwendeten Teakholz auf Zeder übergegangen, das einer geringeren Wartung bedarf, während man Kiefern- oder Tannenholz regelmäßig streichen muß, um es in einigermaßen gutem Zustand zu erhalten.
Ein anderer endlos diskutierter Gegenstand ist die Frage, wieviel Glas man verwenden sollte. Bis 1950 wurde für Orchideenhäuser meist empfohlen, massive Wände bis zum Dachrand hochzuziehen und lediglich das Dach aus Glas zu erstellen. Da aber inzwischen viele Leute Orchideenpflanzen nur als Teilbereich ihrer Pflanzensammlung ansehen, hat man hochgeschraubte Forderungen, die vorher als unverzichtbar für die Orchideenhaltung galten, fallen lassen, um so eine allgemein akzeptable Lösung zu erreichen. Es wird heutzutage von niemand bestritten, daß es für die Haltung von Orchideen gut ist, wenn Licht von allen Seiten einfällt; die meisten Gewächshäuser haben daher jetzt eine Verglasung, die bis hinab auf die Höhe der Pflanzengestelle reicht. Es gäbe Argumente dafür, die Verglasung bis zum Boden hinab vorzusehen, der Hauptnachteil dieser Lösung wäre jedoch, daß die Sonnenhitze in den Sommermonaten bis in die Pflanztöpfe und damit an die Wurzeln gelangen könnte.
Es gibt jedoch gewisse Gattungen, die in einem Gewächshaus mit schrägen Wänden und großen Glasscheiben gut gedeihen; eine Verglasung bis zum Boden ist dann wichtig, wenn der Aufbau der Pflanzengestelle vom Boden ausgeht.

Verglasung

Man kann heute zwischen verschiedenen Verglasungsmaterialien wählen, die Skala reicht von Polyäthylen- über Glasfaserplatten bis hin zu gewöhnlichem Gartenglas. Polyäthylen ist ein ausgezeichnetes Material und in vielerlei Größen und Stärken erhältlich; es gibt auch Polyäthylen, das zur besseren Haltbarkeit durch

eingegossenes Drahtgewebe verstärkt ist. Allerdings ist Polyäthylen kein vorteilhaftes Material für eine dauerhafte Gewächshauskonstruktion, denn es läßt Licht nur während der günstigsten Zeiten durch, und wenn man es über einen längeren Zeitraum hinweg der Atmosphäre mit ihren ständigen Temperaturschwankungen aussetzt, leidet nicht nur die Transparenz, sondern auch die Flexibilität dieses und anderer Kunststoffe, die sich laut Anzeigenwerbung so gut für „Verglasungen" eignen.

Glasfaserplatten sind ebenfalls in vielen verschiedenen Größen erhältlich. Dieses Material wurde in letzter Zeit weiterentwickelt, und man behauptet, die neueren Platten seien nicht mehr so wetterempfindlich. Ein Hauptvorteil dieser Platten ist ihr geringes Gewicht und damit die Möglichkeit einer leichteren Bauweise. Ein weiterer Vorteil dieses Materials ist seine Durchlässigkeit für diffuses Licht und seine bessere Widerstandsfähigkeit gegen Hagelkörner und herabfallende Äste. Ein Wort zur Warnung: Verwenden Sie nur glasklare oder weiße bzw. gelbe Faserglasplatten, denn man muß davon ausgehen, daß blaue oder grüne Platten, abgesehen von ihrer geringen Lichtdurchlässigkeit im Winter, unausgeglichene Strahlenfilter darstellen.

Ein anderes Verglasungsmaterial, das bisher nur wenig verwendet wird, ist Plexiglas, ein Kunststoff auf Acrylbasis. Die unter dem Namen Doppelstegplatten im Handel beziehbaren Platten bestehen aus einer Doppelschicht glasklarer Acrylplatten, jede etwa 2,5 mm stark, die durch ein „Netzwerk" von Rippen gleichen Materials getrennt und stabilisiert sind. Das fertige Produkt ist 1,3 cm stark, biegsam und trotzdem robust und in vielen verschiedenen Größen erhältlich. Der eingeschlossene Luftraum zwischen den beiden Platten verleiht diesem Material ausgezeichnete Isoliereigenschaften, und wenn Plexiglas sich preislich den anderen Verglasungsmaterialien noch etwas anpassen würde, könnten wir es sehr empfehlen.

Zweifellos bietet sich normales Glas als bestes Material für die Verkleidung eines Gewächshauses für den Liebhaber an. Man kann davon ausgehen, daß die Pflanzen, die sich zu der Sammlung gesellen, bereits in ihrer vorherigen Unterkunft unter Glas gehalten wurden, so daß die Anpassungsschwierigkeiten verringert werden. Glas ist wetterunempfindlich, leicht zu reinigen und wird erst nach vielen Jahren Gebrauch etwas spröde. Modernes Gartenglas wird jetzt in Breiten bis zu 60 cm geliefert, so daß ein Gewächshaus entsteht, das optimalen Lichteinfall bietet – was besonders im Winter sehr wichtig ist. Eine Glassorte wird in Europa sehr viel benützt, das sogenannte Blankglas. Es hat auf einer Seite eine glatte Oberfläche, während die Außenseite regelmäßig gerippt ist, um auch an sonnigen Tagen eine wirksame Lichtbrechung und damit eine milde Beleuchtung innerhalb des Gewächshauses zu gewährleisten. Die Isolierwirkung dieses Glases ist viel größer als die des gewöhnlichen Gartenklarglases. Es hält das Gewächshaus im Winter wärmer und – was sehr wichtig ist – im Sommer kühler.

Ein ähnliches Ergebnis kann auch mit dem bekannteren „Drahtglas" erzielt werden. Hier ist ein verzinktes Drahtnetz zwischen zwei Glasplatten eingelassen. Man bezeichnet es auch als Sicherheitsglas, da es aufgrund der Drahtverstärkung viel widerstandsfähiger ist und die Gefahr der Verletzung von Personen durch splitterndes Glas erheblich vermindert wird. Diese Glasqualität läßt jedoch die gleiche Einstrahlung direkten Lichtes hindurch wie normales Gärtnerglas, so daß man während der Sommermonate Sonnenschutzeinrichtungen verwenden muß. Trotz zweier nicht unerheblicher Nachteile – hohe Anschaffungskosten und höheres Gewicht – kann es in bestimmten Lagen erforderlich sein, eine dieser Verglasungsarten zu verwenden.

Platzwahl

Bevor wir mit dem Bau beginnen, müssen wir zunächst einmal feststellen, ob die örtlichen Behörden nicht die Einhaltung bestimmter Bebauungsvorschriften und/oder Baugenehmigungen verlangen. Selbst für den Fall, daß eine Genehmigung erteilt wurde oder automatisch erteilt wird, gibt es bestimmt Vorschriften, welcher Mindestabstand zwischen dem

Verglasungsmaterial	Vorteile	Nachteile	Bemerkungen
Gärtnerglas, z. B. Blankglas und Klarglas	stabil, leicht, leitet gut		am besten für Dauerbauten geeignet
geripptes oder genörpeltes Glas (zerstreut Licht)	sehr stabil	schwer, teuer	
Glas mit Drahteinlage	stabil	schwer, teuer	besonders an Stellen einzusetzen, wo Bruchgefahr besteht
Polyäthylen-Platten	billig zu kaufen	kurze Lebensdauer, wird undurchsichtig, vergilbt	für Dauerbauten ungeeignet
Plexiglas z. B. Doppelstegplatten	leicht, leitet gut	teuer	wird beliebter; gut, wenn Sie es sich leisten können
Vollverglasung (Glas bis zum Boden des Gewächshauses)	Mehr Licht und Wärme im Gewächshaus im Winter	Isolationswert gering, wird im Sommer zu warm; Bruchgefahr in Bodennähe	für die meisten Topfpflanzen ungeeignet
Halbverglasung (teilweise Glas-, teilweise Holz- oder Glaskonstruktion des Gewächshauses)	hoher Isolationswert und Schutz für Töpfe; wenig Temperaturschwankungen	kann Schwierigkeiten beim Einbau von Etagenstellplätzen ergeben	ästhetisch schön, optimale Haltungsbedingungen für die meisten Pflanzen können leichter zur Verfügung gestellt werden

Links: Dieses halb aus Glas und halb aus Steinen gebaute Gewächshaus ist ideal für die Orchideenhaltung. Die Wandlüftungsklappen, der Schutzanstrich und teilweise eingelassene Wände helfen, eine gleichmäßige Innentemperatur aufrechtzuerhalten.

Oben: Alle Verglasungsmaterialien haben Vor- und Nachteile. Durch Vergleich des Ihnen zur Verfügung stehenden Materials können Sie ermitteln, welches sich am besten für Ihren Fall eignet.

Gewächshaus und dem Wohnhaus eingehalten werden muß. Zuerst einmal also die rechtlichen Fragen klären!
Selbst in einem kleinen Garten gibt es wahrscheinlich mehrere in Frage kommende Aufstellungsplätze; man sollte daher alle möglichen Gesichtspunkte in Betracht ziehen. Ein Gewächshaus ist selten ein ausgesprochen schöner Anblick, und Sie sollten es vermeiden, daß das neue Gebäude seine Umgebung beherrscht. Wie auch bei anderen gärtnerischen Planungen sind ästhetische Gesichtspunkte ausschlaggebend für die Wahl des Aufstellungsplatzes und die Art des Gewächshauses. Während ein modernes Haus mit klaren architektonischen Linien sich gut mit einem Gewächshaus aus Aluminium oder einem weiß gestrichenen Bau verträgt, würden eben diese Gewächshäuser neben einem Fachwerk- oder im alten Stil erbauten Haus für das Auge unerträglich sein. Solche mehr ländlichen Bauweisen des Wohnhauses

Unten: Eigentlich gibt es keinen für ein Orchideenhaus völlig ungeeigneten Aufstellplatz. Ideal ist eine helle Lage, besonders im Winter. Die Luft sollte gut zirkulieren können, allerdings sollte das Gewächshaus den vorherrschenden Winden nicht zu sehr ausgesetzt sein.

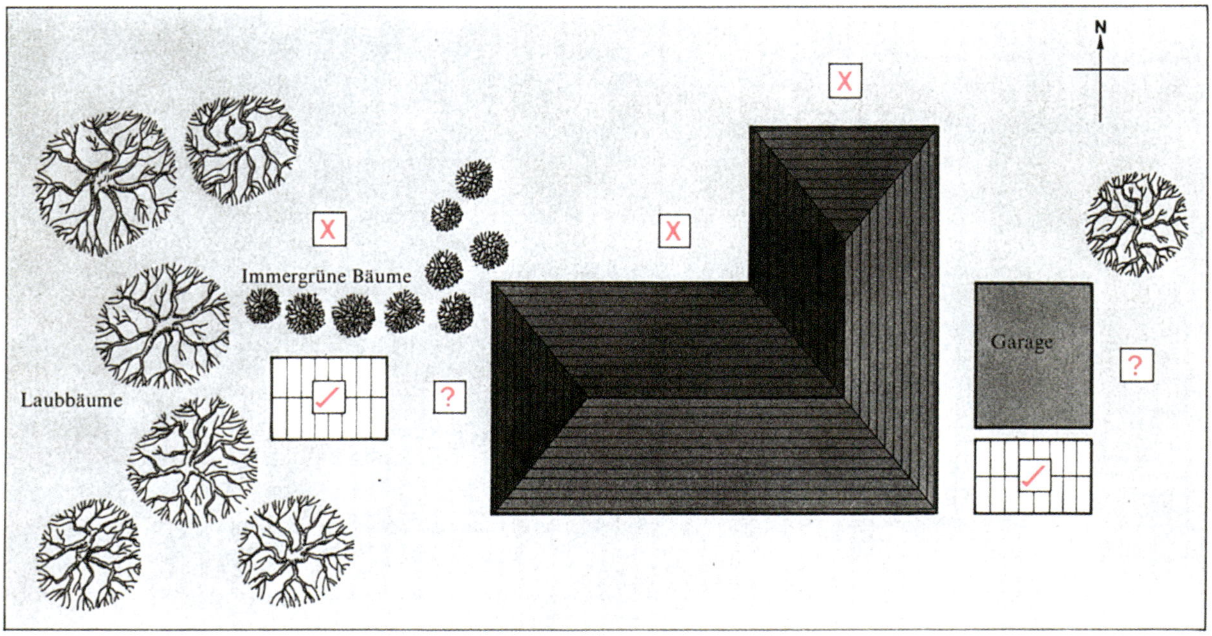

Dauernd im Schatten liegende Bereiche sollte man vermeiden

[X] Bereiche, die zu nahe an Gebäuden liegen, erhalten wenig Licht, vor allem im Winter

[?]

[✓] Freistehende Lagen, die jedoch von vorherrschenden Winden geschützt sind, wären ideal

verlangen eher eine Holzkonstruktion, der man ein natürliches, verwittertes Aussehen geben kann, damit sich das Gewächshaus gut der Umgebung anpaßt.

Der ideale Standort

Abgesehen von ästhetischen Gesichtspunkten sollte man von einem idealen Standort die Erfüllung mehrerer Forderungen verlangen. Lichtverhältnisse im Winter bilden wohl ein Haupthindernis für eine erfolgreiche Haltung der Pflanzen. Man sollte daher einen freien Platz auswählen, auf den weder der Schatten eines nahen Gebäudes noch der von immergrünen Bäumen fällt. Laubabwerfende Bäume werden während der Winterzeit nicht viel Licht wegnehmen, und ihr Schatten wird in der Zeit, in der sie belaubt sind, wohl mehr als willkommen sein. Auch ist zu berücksichtigen, daß ein während der Winterzeit gut beleuchtetes Gewächshaus sich auch in niedrigeren Heizungskosten niederschlägt, die längste Seite sollte also nach Süden hin ausgerichtet sein. Wenn Sie einen Garten in Hanglage haben, sollten Sie das Gewächshaus auf den höchsten Punkt stellen. Die kalte Luft sinkt immer nach unten, daher sind die Temperaturen am Hangende immer um einiges niedriger als in Halbhöhenlage.
Ein anderer Faktor, der bei der Festlegung des Standortes eine einschränkende Rolle spielt, ist die Verfügbarkeit von elektrischem Strom. Selbst wenn ihre Anforderungen zu Beginn noch eher bescheiden sind, werden Sie doch in absehbarer Zeit daran denken, gewisse automatische Einrichtungen zu verwenden, die vielleicht einen Anschluß an das elektrische Stromnetz voraussetzen. Auch gibt es nur wenige Gewächshäuser, in denen man mehr als die für wenige Wochen ausreichende Wassermenge als Vorrat halten kann, ein Wasseranschluß – vorzugsweise eine wettersichere unterirdische Leitung – kann also wesentlich sein. Wenn wir das Gewächshaus in die Nähe des Wohnhauses oder der Garage hinbauen wollen, ergibt sich vielleicht auch die Möglichkeit, die Zentralheizungsanlage des Wohnhauses in das Gewächshaus hinein zu verlängern. Dies wäre eine ideale Heizmöglichkeit über Warmwasserrohre oder Heizkörper.

Oben: Wenn man ihm die richtigen Bedingungen bietet, wächst *Cypripedium reginae* auch bei uns im Garten.

Links: In vielen tropischen Gegenden werden Orchideen der Gattung *Vanda* von Gärtnereien in offenen Beeten angebaut.

Oben: *Miltonia*-Hybriden lassen sich in warmen Zonen gut im Freiland pflanzen. Sie sind aber auch gute Topfpflanzen.

Orchideen sind anpassungsfähig

Sollte es nur einen einzigen Standort für Ihr Gewächshaus in Ihrem Garten geben, dann wird dieser mit großer Wahrscheinlichkeit ausreichen. Natürlich wachsen alle Pflanzen unter idealen Bedingungen besser, aber Orchideen sind außerordentlich anpassungsfähig, und wenn man ihnen auch nur einigermaßen akzeptable Bedingungen bietet, werden sie auch gut gedeihen. Der Schreiber dieser Zeilen hat Orchideen sehr erfolgreich in einem zu drei Viertel überspannten Gewächshaus mit Nordlage in einem Garten gehalten, der im Themsetal gelegen ist, also in einer Gegend, in der während der Wintermonate besonders trübes Wetter herrscht. In der Zeit vom Spätsommer bis Frühlingsmitte war kein Sonnenschutz nötig, und während der zwei Wintermonate kamen die Sonnenstrahlen gerade bis zur Spitze des Dachfirstes dieses Gewächshauses. Durch Anpassung der Kulturtechniken und individuelle Behandlung der einzelnen Pflanzen war es aber dennoch möglich, eine bunte Mischung von Orchideen, darunter so sonnenhungrige wie Vandas und Dendrobien, zum Blühen zu bringen. Obwohl es ohne Zweifel bessere und weniger günstige Lagen gibt, ist die Wahrscheinlichkeit gering, daß es eine völlig ungeeignete Lage für Ihr Gewächshaus gibt. Ja, die Orchideen haben in den letzten Jahren eine derartige Anpassungsfähigkeit bewiesen, daß sie sich schnell zu der Heimpflanze entwickeln, die mit Ausnahme ihres Sämlingsstadiums ihr ganzes Leben außerhalb eines Gewächshauses verbringen. Bevor wir nun eine Anzahl von Geräten und „Apparaturen" beschreiben, die dem Gewächshausgärtner heute zur Verfügung stehen, wollen wir zunächst einmal auf Plätze eingehen, an denen man Orchideen außerhalb eines Gewächshauses erfolgreich halten kann.

Orchideen im Garten

Orchideen wachsen und blühen in sehr verschiedenartiger Umgebung, und es gibt viele Arten, die man sogar im Garten ziehen kann, und zwar in warmen wie auch in kühlen Klimazonen.

Warmes Klima

Wenn Sie das Glück haben, in subtropischen oder wärmeren Zonen der Erde zu leben, bieten sich viele Orchideen an, die hervorragend für den Garten geeignet sind. Wohl die eindrucksvollsten Beispiele für eine solche Möglichkeit sind die aus verschiedenen *Vanda*-Arten entstandenen Hybriden aus Südostasien (wo die Arten natürlich vorkommen und wo alle frühen Hybriden während der 20er und 30er Jahre gezüchtet wurden), die man nach Westindien und Hawaii exportierte. Die Kultur dieser Vandas und ähnlicher Gattungen in ihrer neuen Heimat war so erfolgreich, daß die kommerzielle Schnittblumenindustrie und die Qualitätspflanzenzucht dieser Länder – besonders Hawaii – zu einer ernsthaften Konkurrenz Singapurs und anderer südostasiatischer Länder geworden ist. Dabei kam der Anstoß dazu wahrscheinlich von der 4. Welt-Orchideen-Konferenz in Singapur im Jahre 1963. Obwohl einige *Vanda*-Arten schon über ein Jahrhundert in Westindien gehalten worden waren, erkannten die Besucher dieser Inseln erst bei der Konferenz in Singapur, daß sich das Klima bei ihnen zu Hause gar nicht so sehr von dem dortigen unterschied. Aufgrund der in der Ausstellung gezeigten Exemplare ließ man sich inspirieren: die Industrie kam in Gang. Durch das Studium der herrlichen Kulturen in Singapur und Bangkok war es den in ähnlichen Klimazonen lebenden Leuten möglich, gleichfalls erfolgreich zu sein – ein weiteres Beispiel für die große Anpassungsfähigkeit der Orchideen. Heute gibt es in diesen tropischen Ländern Handels- und Amateurgärtner, die Orchideen als Freilandpflanzen im Garten halten.

Kühleres Klima

Selbst in den Zonen der Welt, in denen normalerweise im Jahr mindestens 6 Monate lang zum Teil strenger Frost herrscht, gibt es eine eigene, winterharte Orchideenflora. Es sind Erdorchideen mit knolligen Wurzeln, die ihre Blätter während der kalten Jahreszeit vollständig verlieren. Sobald dann der Frühling kommt, setzt bei diesen Orchideen ein schnelles Wachstum ein, und sie blühen meist zwischen dem Spätfrühjahr und der Mitte des Sommers. Trotz ihrer Winterfestigkeit und trotz ihrer verhältnismäßig kleinen Blüten sollte man nicht etwa auf den Gedanken verfallen, sie würden sich gut als Pflanzen für einen waldähnlich angelegten Garten eignen. Alle Orchideenarten in der zivilisierten Welt sind heute geschützte Pflanzen, und es ist streng verboten, selbst auch nur Teile davon aus ihrer natürlichen Umgebung zu entfernen. Aber auch ganz abgesehen von den rechtlichen Konsequenzen, die angedroht werden, um die schwindenden Bestände zu schützen, würde schon die enge Symbiose dieser Pflanzen mit *Mycorrhiza*-Pilzen, die die meisten, wenn nicht alle in gemäßigten Zonen der Erde wachsenden Erdorchideen eingehen, mit ziemlicher Sicherheit die Gartenhaltung außerhalb ihres natürlichen Lebensraumes unmöglich machen.

Einige vom Handel angebotene Gattungen haben sich jedoch als gute Gartenpflanzen in der nördlichen Hemisphäre bewährt. Ob nun diese Pflanzen, insbesondere *Cypripedium*-Arten, in Gärtnereien aufgezogen oder mit Sondererlaubnis gesammelt worden sind, ist ungewiß. Auf alle Fälle bietet die Gattung *Cypripedium* dem Gartenfreund, der willens ist, diesen Pflanzen ganz bestimmte Kulturvoraussetzungen zu bieten, eine Blumenart an, die sich von den anderen Gartenblumen auffällig unterscheidet. Diese Gattung von winterharten und verhältnismäßig winterharten Orchideen sollte man nicht verwechseln mit den als Schnittblumen angebotenen *Paphiopedilum*-Arten, die man verschiedentlich im Laufe ihrer Geschichte auch als *Cypripedium* bezeichnete. Echte Cypripedien gedeihen in humusreichen, feuchtigkeitsspeichernden Böden. Nadelwaldboden hat sich schon oft als günstig erwiesen; welchen Boden man ihnen aber auch immer bietet, er sollte nie zu naß werden, aber auch nie austrocknen. Gewöhnliche Gartenerde sollte man durch Torfmoos und verrottete Blätter verbessern (mindestens 25 – 30 cm untergraben). Die ruhenden Knollen steckt man etwa 5 cm tief in den so vorbereiteten Boden, wobei etwaige Fadenwurzeln eine horizontale Lage einnehmen sollten. Eine Stelle im Halbschatten hinter einem Busch oder an einer Koniferen-Einfassung ist für die meisten Arten zu empfehlen, obwohl *Cypripedium cordigerum* aus Indien oder *Cypipedium reginae* in ausgesprochener Sonnenlage gedeihen, vorausgesetzt der Boden – und damit die Wurzeln – bleiben kühl und feucht. Die Haltungsbedingungen der letzteren Art ähneln denen der Waldrebe (*Clematis*).

Obwohl die meisten *Cypripedium*-Arten einen leicht sauren Boden lieben, braucht der europäische Frauenschuh (*Cypripedium calceolus*) eine kalkhaltige Mischung, die man durch Einbringen von Kalksteinstückchen in die Pflanzerde, bis in etwa 7,5 – 10 cm Tiefe, erreichen kann. Zwei Arten, die sich als weniger anspruchsvoll in der Haltung erwiesen haben, sind *Cypripedium pubescens* und *Cypripedium parviflorum*, die beide in Kanada und in USA weit verbreitet sind. Anfängern, die Erdorchideen in gemäßigten Zonen im Freien anpflanzen wollen, wird geraten, sich zunächst mit diesen beiden Frauenschuharten zu befassen, bevor sie zu den verbleibenden 12 oder 15 anderen *Cypripedium*-Arten übergehen, die wahrscheinlich höhere Ansprüche stellen.

Orchideen in der Wohnung

Die weitsichtigeren unter den Handelsgärtnereien haben letzten Endes doch erkannt, daß viele Orchideen auf der Fensterbank ausgezeichnet gedeihen, und sie haben die Entwicklung, die von Liebhabern im kontinentalen Europa, besonders in Deutschland und Skandinavien, aber auch in USA, vorangetrieben wurde, unterstützt.

Die explosionsartig ansteigende Verbreitung von Hochhäusern seit den 50er Jahren brachte es mit sich, daß viele Pflanzenfreunde keine Gelegenheit mehr hatten, sich einen Garten zu halten. Als Ersatz konzentrierten sie sich darauf, Pflanzen innerhalb ihrer Wohnungen zu ziehen. Die Zahl der als „Zimmerpflanzen"

Rechts: In einem Trog oder einem Korb gehaltene Orchideen eignen sich gut als Schmuck. Wasserspeicherndes Material im Korb sorgt für ausreichende Feuchtigkeit.

Unten: In klimatisch wärmeren Gegenden kann man viele Orchideen gut im Schutz einer Vorhalle im Freien halten. Bietet man ihnen genügend Licht, werden sie sich mit gutem Wuchs und Blüten revanchieren.

in den letzten 20 Jahren angebotenen Arten kann man nur als astronomisch bezeichnen. Unter den Millionen von Pflanzen, die jedes Jahr für diesen Zweck auf den Markt gebracht werden, befinden sich allerdings nur selten Orchideen. Trotzdem gibt es nur wenige Pflanzen, die es mit ihnen hinsichtlich ihrer Langlebigkeit aufnehmen können, und die Blüten der Orchideen, die bei der richtigen Pflege oft mehr als einmal im Jahr erscheinen, halten sich vielfach 8 – 10 Wochen an der Pflanze und ein paar weitere Wochen als Schnittblumen.

Fensterbrettorchideen

Es gibt Orchideen für alle Plätze. Im allgemeinen gedeihen die Pflanzen während der Frühlings- bis zur Herbstzeit am besten in einer Ost- oder Westlage, während es sich für die trüben Wintertage empfiehlt, sie an ein Fenster mit Südlage (auf der südlichen Erdhälfte ein solches mit Nordlage) zu stellen. Wenn nur ein schmales Fensterbrett vorhanden ist, kann man dieses durch einen Holzanbau vergrößern, den man vor dem Fenster mit Hilfe von in der Wand verankerten Trägern befestigt. Wenn Sie die Fensterbank so auf eine Tiefe von etwa 38 cm bringen, wird für einen Polypropylen-Kieskasten, wie man ihn in den meisten Eisenwaren- oder Gartenbedarfsgeschäften kaufen kann, genügend Platz zur Verfügung stehen. Man sollte zunächst auf den Boden des Kieskastens eine 2,5 cm dicke Schicht eines feuchtigkeitsspeichernden Materials wie z. B. Bimskies, Lavagrus oder Perlit streuen, auf die man dann die Blumentöpfe stellt. Um ausreichende Feuchtigkeit zu gewährleisten, sollte das Material stets feucht gehalten werden, jedoch darf nie das Wasser darin stehen.

Wenn nur Platz für 20 bis 25 Pflanzen vorhanden ist, sollte der „Fensterbankgärtner“ bei der Auswahl der Orchideen besonders wählerisch sein. In der Durchschnittswohnung, die meist gut geheizt wird, werden die an kühle Klimaverhältnisse gewöhnten Arten kaum schöne Blüten treiben. Stattdessen bietet sich die Fensterbank für wärmeliebende Gattungen an, die wiederum in einem kühlen Gewächshaus nicht gedeihen würden. Am besten eignen sich Pflanzen mit kompaktem Wuchs und Wurzelwerk. Zwei Gattungen, die mir hier sofort einfallen, sind *Paphiopedilum* und *Phalaenopsis* und vielleicht als dritte *Cattleya*, besonders die modernen bigenerischen Hybriden mit *Sophronitis* und *Laelia*, bei denen die Blüte in einem vorteilhaften Verhältnis zur Pflanzengröße steht.

Veranda und Wintergarten

Wenn sich Ihre Liebhaberei entwickelt und die Fensterbänke des Hauses schon überall von Orchideen belegt sind, kann man vielleicht in einen Wintergarten oder auf die Veranda ausweichen. Die zusätzliche Heizung dieser Räume kann auf ein Minimum beschränkt werden, da sie sich

automatisch vom Haus her erwärmen. Viele Veranden und Wintergärten sind bereits mit einem Heizkörper ausgestattet, doch sollte man darauf achten, daß die Heizung auch nachts in Betrieb ist. Es ist ratsam, einen thermostatgesteuerten Heizlüfter einzusetzen, der in den Nachtstunden die Temperaturen auf einem erwünschten Wert hält.
Obwohl es sicherlich schön aussehen würde, wenn Orchideen an allen möglichen Stellen eines Sommerhauses, einer Veranda oder eines Wintergartens auf Tischen oder Regalen aufgestellt wären, läßt sich dies vom pflegerischen Standpunkt aus nicht realisieren. Wenn die Pflanzen nicht auf begrenztem Raum untergebracht sind, wird es schwierig, sie zu gießen oder zu besprengen. Nach einem heißen Sommertag ist es oft wichtig, die Orchideen durch leichtes Besprühen von oben zu erfrischen – man wird dies kaum tun können, ohne dabei auch die in der Nähe stehenden Möbel naß zu spritzen! Da ist es schon besser, die Orchideen an einen separaten Platz zu stellen, an dem alle Pflegearbeiten mühelos ausgeführt werden können. Auch das so wichtige Kleinklima bildet sich leichter, wenn man eine Anzahl von Orchideen nahe beieinander hält. Das ist jedoch kein Hinderungsgrund, eine blühende Orchidee vorübergehend ins Wohnzimmer zu stellen, um sich daran zu erfreuen. Wenn Sie aber so eine Pflanze länger als ein paar Tage in einem Wohnraum aufstellen wollen, sorgen sie am besten für eine ständige Feuchtigskeitszufuhr – ähnlich wie bereits bei der Fensterplatzpflege beschrieben.
Die Haltungsbedingungen für Orchideen im Wintergarten oder einem ähnlichen Raum sind in etwa die gleichen wie die der Gewächshauskultur (siehe Seiten 63 – 85).

Orchideen unter künstlichem Licht

Für diejenigen, die kein Gewächshaus einrichten können oder wollen oder denen kein Raum mit natürlichem Lichteinfall zur Verfügung steht, beweisen die Orchideen erneut ihre große Anpassungsfähigkeit, denn sie können sogar unter reinen Kunstlichtverhältnissen wachsen und blühen. Mangelndes natürliches Licht ist in der Tat kein Handicap für die Kultur dieser Pflanzen, es wurden zum Teil sogar bessere Ergebnisse bei reiner Kunstlichthaltung erzielt, da bei künstlichem Licht Lichtintensität und Beleuchtungsdauer genauer dosiert werden können. Auch hier gelten keine strengen Regeln bezüglich der Tageslänge; verschiedene Züchter haben bei ganz unterschiedlichen Haltungsbedingungen gleich gute Ergebnisse erzielt. Durch abwechselnde 12 Stunden Beleuchtung und 6 Stunden Dunkelheit

kann eine Woche auf „10 Tage" erweitert werden. Trotz ausgezeichneter Kulturergebnisse, die mit diesem System schon erzielt worden sind, gibt es immer noch zu wenig Hinweise darauf, ob sich die Pflanzen diesem künstlichen Rhythmus von Tag und Nacht tatsächlich angepaßt haben oder daß die Blütenproduktion besser ist als bei Pflanzen, die unter normalen Lichtverhältnissen gezogen wurden.
Was bei der Kunstlichthaltung von Vorteil ist, ist praktisch die Ausschaltung der kurzen, trüben Wintertage. Hält man die Tageslängen bei 16 Stunden – mit geringen jahreszeitlichen Anpassungen –, so reagieren die Pflanzen das ganze Jahr über mit einer großen Wuchsfreudigkeit. Die regelmäßigere Zufuhr von Licht und Wärme bedeutet aber auch, daß man die Orchideen wie zu Sommerbedingungen gießen und düngen kann – mit dem Ergebnis eines stetigen Wachstums. In den meisten Häusern oder Wohnungen gibt es zumindest zwei oder drei Plätze, an denen man ohne große Schwierigkeiten Orchideen aufstellen und pflegen kann. Jede Nische eignet sich. Auch die Mansarde kann ohne größere Kosten von einer Rumpelkammer in ein „Orchideengewächshaus" umgebaut werden. Auch Kellerräume bieten sich durch ihre ausgezeichneten Isoliereigenschaften an: durch Aufstellen auch nur einer bescheidenen Orchideengruppe können Sie sie in eine Art „Aladins Wundergrotte" verwandeln.
Folgende Grundregeln sind für die Pflege bei künstlichem Licht zu beachten:
Um Pflanzen bei Kunstlicht zu halten, benötigt man zwei Dinge, die sich nicht miteinander vertragen: Wasser und Elektrizität. Lassen Sie also die Leitungen von einem Elektroinstallateur verlegen, und machen Sie ihn ausdrücklich darauf aufmerksam, daß – sind die Pflanzen erst einmal aufgestellt – immer mit Wasser umgegangen wird!

Wasser

Wenn man Pflanzen in der Wohnung hält, bietet das Gießen immer ein Problem, da man u. a. dafür sorgen muß, daß überschüssiges Wasser ablaufen kann. Dies wird wohl in der Fensternische die größten Schwierigkeiten bereiten. Man sollte auf jeden Fall einen Abfluß an dem „Becken" anbringen, auf dem unsere Orchideen stehen. Dieser Abfluß könnte mit dem Überlaufrohr des Badezimmers verbunden werden, denn, obwohl dieser Ablauf unbedingt vorhanden sein sollte, wird doch unter normalen Pflegeverhältnissen nicht allzuviel Wasser hindurchgeleitet. Entwässerungseinrichtungen in Kellern werden meist schon beim Bau des Hauses installiert, andernfalls genügt ein kleiner Ablauf.
Wenn man nur eine kleine Orchideenekke in einer Fensternische hat, sollte die Unterlage oder der Fußboden unbedingt wasserdicht sein. Dies kann man erreichen, indem man eine Holzleiste rund um die Bodenfläche anbringt und den ganzen Bodenraum anschließend mit einem Kunststoff ausfüllt, so daß gewissermaßen ein Trog entsteht. Beim Anbringen des Abflusses muß man darauf achten, daß das überschüssige Wasser entweder sicher durch eine Außenwand oder in einen geeigneten Behälter ablaufen kann, den man entleeren kann.
Ein weiterer Unterschied zwischen der Orchideenhaltung in der Wohnung und in einem Gewächshaus besteht in dem

Oben und links: Ein am Haus angebauter Wintergarten eignet sich vorzüglich zur Überwinterung von Orchideen, die man in wärmeren Gegenden während der Wachstumszeit ins Freie stellen kann.

Rechts: An einem Brett verstellbar aufgehängte Leuchtstoffröhren erzeugen genügend Licht, um viele Orchideenarten erfolgreich in einer Mansarde oder in einem Kellerraum halten zu können. Man muß allerdings durch Aufstellung eines Ventilators für eine ausreichende Luftumwälzung sorgen.

unterschiedlichen Wasserbedarf. Ganz allgemein kann man damit rechnen, daß Mansarden und Kellerräume mit ihren konstanteren Temperaturen und ihrer vergleichsweise geringen Belüftung im Durchschnitt eine höhere (relative) Luftfeuchtigkeit aufweisen als die meisten Gewächshäuser, so daß die Blumenerde in den Töpfen nach dem Gießen länger feucht bleibt. Viele Orchideenzüchter gießen diese Pflanzen nur unregelmäßig und beschränken sich darauf, sie je nach Bedarf täglich ein- oder zweimal kräftig zu besprühen.

Um die Wohnung vor der Einwirkung der Sprühfeuchtigkeit zu schützen, sollten Wände und obere Abgrenzung des Pflanzenstellplatzes wasserdicht verkleidet werden. Für die Fensternische können Sie Polyäthylen verwenden, das natürliches Licht durchläßt und etwaiges Kunstlicht im Raum auf den Stellplatz reflektiert. Ein von einem Fenster entfernter Stellplatz in einem Alkoven, einer Mansarde oder im Keller sollte entweder mit Silberpapier verkleidet oder aber weiß angestrichen werden, damit die Innenflächen das Licht reflektieren können. Bei verhältnismäßig kleinen „Pflegeräumen“, wie z. B. in einer Fensternische oder einem Alkoven, sollte die Vorderseite offen bleiben, damit sich um die Pflanzen herum nicht zu viel Feuchtigkeit stauen kann.

Orchideen, die man in der Wohnung halten kann

Fensterbank	Vitrine	Mansarde oder Keller
Brassolaeliocattleya Norman's Bay	Brassia verrucosa	Ada aurantiaca
Cattleya aurantiaca	Brassolaeliocattleya Norman's Bay	Aerides fieldingii
Cattleya bowringiana	Cattleya aurantiaca	Bifrenaria harrisoniae
Coelogyne cristata	Cattleya Bow Bells	Brassia verrucosa
Cymbidium devonianum		Calanthe vestita
Cymbidium Peter Pan	Dendrobium phalaenopsis	Cattleya Bow Bells
Cymbidium Touchstone	Epidendrum cochliatum	Chysis bractescens
Dendrobium nobile		Dendrobium phalaenopsis
Epidendrum cochliatum	Paphiopedilum callosum	Dendrochilum glumaceum
Laelia anceps	Paphiopedilum fairieanum	Gomesa crispa
Maxillaria luteo-alba	Paphiopedilum Honey Gorse	Lycaste aromatica
Maxillaria tenuifolia	Paphiopedilum Silvara	Masdevallia coccinea
Miltonia clowesii	Paphiopedilum Small World	Miltonia endresii
Odontoglossum grande		Odontoglossum crispum
Paphiopedilum callosum	Phalaenopsis equestris	Paphiopedilum Small World
Paphiopedilum fairieanum	Phalaenopsis lueddemanniana	Phalaenopsis equestris
Paphiopedilum Honey Gorse	Phalaenopsis Party Dress	Rhynchostylis gigantea
Paphiopedilum Silvara	Phalaenopsis sanderiana	Trichopilia suavis
Pleione formosana	Phalaenopsis Temple Cloud	Vanda coerulea
Vanda cristata	Phalaenopsis Zada	Zygopetalum intermedium

Licht

Die Zahl der im Handel erhältlichen Leuchten ist groß, und die meisten Leuchtstoffröhren haben sich bewährt. Befestigen Sie die ausgewählten Leuchtstoffröhren auf einer stabilen Holzplatte oder etwas ähnlichem so, daß zwischen den Röhren ein Abstand von etwa 7,5 cm bleibt. Mit diesem Röhrenabstand können Sie in einer Entfernung von 5 cm – 15 cm mit einer Lichtausbeute von etwas mehr als 21 500 Lux rechnen. Orchideen mit großem Lichtbedarf stelle man in dieser Entfernung auf, am besten auf einen umgedrehten Blumentopf. Orchideen, die mit weniger Licht zufrieden sind, wie z. B. Paphiopedilen und – in geringerem Maße – *Phalaenopsis*-Arten, plaziert man etwas tiefer, oder man verschiebt sie mehr vom Licht weg.

Pflanzen mit gleichen Lichtbedürfnissen stellt man am besten zusammen; die Lichtquelle sollte dann in entsprechender Höhe darüber angebracht werden. Das geht am einfachsten, wenn man die Platte, an der die Leuchten befestigt sind, an einer Kette aufhängt. Durch Änderung der Kettenlänge erreicht man dann die jeweils erforderliche Höhe.

Auch bei der Frage des Lichtbedarfs kann man keine festen Regeln aufstellen. Man sollte jedoch stets darauf achten, daß Licht, Bewässerung, Temperatur, Düngung und Luftbewegung in einem möglichst ausgeglichenen Verhältnis stehen. Mit gewissen Vorbehalten kann man davon ausgehen, daß wenn Temperatur und Lichtstärke höher als normal sind, mit Sicherheit mehr Dünger und Wasser benötigt werden. Die Antwort darauf ist ein ständiges Wachstum fast das ganze Jahr über.

Paphiopedilum- und *Phalaenopsis*-Arten eignen sich gut für Vitrinen.

Temperatur

Die Anwendung erhöhter Temperaturen und Lichtstärken sollte jedoch wohl überlegt werden. Orchideen, die aus kühleren Regionen stammen, wie *Cymbidium, Odontoglossum* und die meisten *Coelogyne*-Arten, werden sich unter solchen Bedingungen zwar gut vegetativ vermehren, sie werden aber mit ziemlicher Sicherheit nicht blühen. Auch wärmeliebende Arten schätzen Tagestemperaturen, die mehr als 24 – 27° C betragen, nicht so sehr. Die für die einzelnen Orchideengattungen oder -gruppen bei Gewächshauskultur empfohlenen Temperaturen gelten auch für die Kultur bei künstlichem Licht; der einzige Unterschied besteht darin, daß die künstlich beleuchteten Orchideen sich eines fast ununterbrochenen Sommers freuen können.

Belüftung

Als man anfing, Pflanzen unter künstlichem Licht zu halten – besonders dort, wo der Stellplatz mit Polyäthylen umgeben war –, wuchsen viele Orchideen zu schnell, so daß die Blätter weich und lappig wurden und sich meist hellgrün verfärbten. Im Zusammenhang mit diesem weichen Wuchs, der, wie gesagt, meist bei der Haltung in einem Polyäthylenzelt vorkam, traten zahlreiche Krankheiten auf, vor allem Schimmel und allgemeine Fäulniserscheinungen. Man stellte dann fest, daß man das letztgenannte Problem durch eine Belüftung lösen könnte, und ging dazu über, Umluftventilatoren zu installieren. Der starke Luftzug bewegte ständig die Blätter, verhinderte außerdem

Oben: Diese wunderschöne Vitrine – automatisch beheizt und beleuchtet – ist ein idealer Raumteiler.

ungleichmäßiges Wachstum und verteilte übermäßige Feuchtigkeit. Solche ständig laufenden Umluftventilatoren sind in kleineren Räumen mit künstlicher Beleuchtung weitaus wichtiger als im Gewächshaus.
Obwohl es nicht immer möglich sein wird, ständig zu belüften, sollte man einmal täglich frische Luft in den Mansarden- oder Kellerraum lassen, entweder durch ein in günstiger Lage befindliches Fenster oder durch eine Lüftungsklappe nach außen.

Zusatzheizung

Auch in Mansarden oder Kellern muß man eine Art Heizung vorsehen, die vor allem in kalten Winternächten wichtig werden kann. Der Boiler einer Zentralheizung ist oft im Untergeschoß oder Keller untergebracht, so daß es unter Umständen sogar notwendig sein wird, die Temperatur bei Nacht durch Öffnen eines Fensters oder einer Lüftungsklappe zu reduzieren. In unbeheizten Kellern oder Mansarden ist ein thermostatgesteuerter Heizlüfter wahrscheinlich die beste Wärmequelle: Die Lüftung kann ständig laufen, um die Luft umzuwälzen, während das Heizelement nur eingeschaltet wird, wenn der Thermostat Wärme anfordert.
Dort wo Orchideen in einer Nische oder einem Alkoven untergebracht sind, kann man meist auf eine Zusatzheizung verzichten. Auch wenn die Nische nicht allzu groß ist, müssen Sie Ihre Pflegertätigkeit nicht einschränken. In der Fensternische einer New Yorker Wohnung wurden einst über 400 Orchideen in einem nur 91 cm tiefen, 106 cm breiten und 2,4 m hohen Raum gehalten! Bei diesen Pflanzen handelte es sich nicht etwa um Zwergarten, sondern um *Paphiopedilum-*, *Phalaenopsis-*, *Oncidium-*, *Cattleya-*, ja sogar *Vanda*-Arten. Das vom Besitzer selbst gebaute Gestell besaß fünf Stellagen; die Leuchten waren jeweils am darüber befindlichen Stellbrett angebracht. Ganz abgesehen von dem geringen Platzbedarf einer solchen Konstruktion ergibt sich hierbei noch der zusätzliche Vorteil, daß man die Lichtverhältnisse auf jedem Brett variieren kann. Bei diesen beschränkten Platzverhältnissen wurde es bald notwendig, auf jedes Stellbrett zwei kleine Ventilatoren zu stellen. Bei einer solchen Konstruktion ist es sehr wichtig, die Armaturen für die Leuchten gut zu isolieren, damit sie vor eventuell von oben herablaufendem Wasser geschützt sind – am besten befestigt man ein Blech zwischen der Beleuchtungsarmatur und dem Brett, an dem diese angeschraubt ist, um das Wasser abzuleiten.

Vitrinen

Moderne Häuser und Großraumbüros bieten sich sehr gut zur Aufstellung von Raumteilern an, die oft in Form eines Regals oder einer Bambuswand vorgesehen werden. Es ist aber auch möglich, hier eine ganz neue Art von Raumteilern zu benützen: Pflanzkästen in Vitrinenform. Diese Miniaturgewächshäuser (moderne Gegenstücke zu der vor einem Jahrhundert gebräuchlichen Wardschen Kiste) gibt es in vielerlei Größen. Eine typische Vitrine dieser Art hätte etwa folgende Abmessungen: 2 m hoch, 1,5 – 1,8 m lang und ca. 61 cm breit. Man kann zwischen Vitrinen mit Holzrahmen oder mit Rahmen aus rostfreiem Stahl oder Aluminium wählen – je nach Raumeinrichtung und Geschmack. Die Kästen stehen meist auf kurzen Füßen. In den Vitrinenboden ist ein wasserdichter Trog eingelassen, so daß der Boden unter der Vitrine nicht durch herablaufendes Wasser ruiniert wird. Zwischen und unter die einzelnen Orchideentöpfe verteilt man Blähton, Bimskies, Lavagrus oder ein anderes feuchtigkeitsspeicherndes Material. Zu den Orchideen kann man natürlich noch andere Pflanzen gruppieren. Sehr schön wirken auch abgestorbene Äste, von denen Orchideen herunterhängen, wie in freier Natur.
Das Heizkabel wird meist unter dem Pflanztrog eingebaut, die Beleuchtungskörper in der Vitrinenabdeckung. Da sowohl Heizung als auch Beleuchtung automatisch gesteuert sind, kann man die Orchideen gefahrlos mehrere Tage sich selbst überlassen. Die Feuchtigkeit innerhalb der Vitrine bleibt hoch, und Ventilatoren, die sowohl im Unter- als auch im Oberteil eingebaut sind, erzeugen eine Art Kaminzug, der für eine wirksame Luftumwälzung sorgt. Für einen Berufsgärtner mag eine solche Art der Haltung wohl keine Befriedigung darstellen, für den Orchideenliebhaber jedoch, der wenig Zeit zur Verfügung hat, ist dies eine Möglichkeit, eine wohl kleine, aber ästhetisch ansprechend arrangierte Sammlung zu betreuen.
Für alle bisher vorgestellten „Orchideenpflegeräume“ gelten im Prinzip immer die gleichen Plegemaßnahmen.

Grundausrüstung und Techniken

Um das Gewächshaus voll und wirtschaftlich zu nutzen, muß man die Anlage äußerst sorgfältig planen, damit all die verschiedenen Arten von Orchideen, die man pflegen will, die bestmöglichen Bedingungen erhalten.
Die Ausrüstung eines Gewächshauses teilen wir in zwei verschiedene Kategorien ein: die Grundausrüstung, ohne die es schwierig (wenn auch nicht unmöglich) ist, Pflanzen erfolgreich zu ziehen, und die Zusatzausrüstung oder arbeitssparenden Vorrichtungen, die entweder bereits beim Bau des Gewächshauses installiert oder zu einem späteren Zeitpunkt eingebaut werden, wenn die Sammlung sich vergrößert oder die Verhältnisse sich ändern.

Heizanlagen

Eine Hauptforderung an die Heizanlage ist, daß die gewünschte Temperatur selbst dann aufrechterhalten wird, wenn draußen Werte unter dem Gefrierpunkt herrschen.
Den Heizwert mißt man in Kalorien oder in Watt. Die Wärme fließt aus dem Bereich mit höherer in den Bereich mit niedrigerer Temperatur, so daß die warme Gewächshausluft immer durch das Glas, das Mauerwerk und den Fußboden nach außen abwandern will. Die Intensität dieser Abstrahlung hängt von jeder der drei Oberflächengrößen, den Isoliereigenschaften der einzelnen für den Bau verwendeten Materialien und vom Temperaturunterschied ab. Man ist sich allgemein einig, daß die Wärmeabflußgeschwindigkeit von Glas doppelt so hoch ist wie die von Mauerwerk, woraus sich klar ergibt, daß man beim Betrieb eines bis zum Boden verglasten Gewächshauses mit höheren Heizkosten rechnen muß als bei einem Bau, der wenigstens teilweise gemauerte Wände besitzt.

Temperaturregelung mit Thermostat

Ein zweiter wichtiger Punkt ist die Temperaturregelung durch einen Thermostaten, die erst einen wirklich wirtschaftlichen Betrieb erlaubt. Eine Heizanlage, die sich nicht automatisch steuern läßt, wird sicher auf die Dauer höhere Betriebskosten verursachen, auch wenn der Anschaffungspreis niedriger liegt.
Wenn man sich für eine Heißwasserheizung entscheidet, baut man am besten thermostatisch gesteuerte Ventile ein, obgleich solche Armaturen nicht gerade billig sind. Ähnlich ist es auch bei einer Elektroheizung. Geben Sie sich nicht mit einem Thermostattyp zufrieden, wie man ihn üblicherweise bei Zentralheizungen verwendet, oder womöglich, was noch schlimmer ist, mit den winzigen Thermostaten, die man oft in elektrische Heizlüfter einbaut. Die Ansprechtoleranz dieser kleinen Thermostaten kann, besonders nach einigen Jahren Einsatz, ± 3° C betragen, was eine unnötig hohe Fehlerquote wäre. Es ist daher günstiger und bestimmt wirtschaftlicher, einen Thermostaten in die Anlage einzubauen, der eine feinere Einstellung erlaubt.
Im allgemeinen montiert man Thermostate in Zweidrittel- bis Dreiviertelhöhe, bei einer Firsthöhe eines durchschnittlichen Gewächshauses von 2,4 m – also in einer Höhe von etwa 1,8 m. Der Einbau sollte an einer Stelle erfolgen, an der der Thermostat von allen Seiten der Luft ausgesetzt ist, aber nicht im Bereich der von einem Heizkörper aufsteigenden Warmluft oder dort, wo die Sonnenstrahlen direkt einwirken können. Um den letztgenannten Einfluß auszuschalten, sind einige Thermostaten mit einer perforierten Hülse umgeben, die für einen leichten Luftstrom sorgen. Auf diese Weise wird der Thermostat besser auf die Lufttemperaturen innerhalb des Gewächshauses ansprechen, und die Heizanlage wird genauer gesteuert.
Um sicher zu gehen, daß die eingestellten Temperaturen während der Tages- und Nachtzeit eingehalten werden, sollte man ein zuverlässiges Thermometer verwenden. Wenn dies ein von Hand einstellbares Minimum-Maximum-Modell ist, kann sowohl die niedrigste als auch die höchste Temperatur, die in einem bestimmten Zeitraum eingetreten ist, registriert wer-

Links: Dieses Gewächshaus wird durch Warmwasser beheizt, das in einem Rohrsystem unterhalb der Stellplätze umläuft. Ein etwas über Kopfhöhe im Gewächshaus montierter Thermostat dient als Regler.

Oben: Wenn man oben auf ein vorhandenes Gebäude einen solchen Aufbau stellt, kann man fast alle Orchideen erfolgreich halten, vor allem die sonnenhungrigen *Vanda*-Arten.

den. Auf diese Weise kann man leicht feststellen, ob die Temperatur während der Nacht unter das eingestellte Minimum gefallen ist oder nicht. Das Thermometer sollte etwa in Höhe der Pflanzen aufgehängt werden, da die dort herrschenden Temperaturen ausschlaggebend sind.

Natürliche Konvektion

Die natürliche Konvektion, wie man die aufsteigende warme Luftströmung auch nennt, wurde schon von vielen Pflanzenpflegern vorteilhaft ausgenutzt. So kann man beispielsweise durch eine stufenweise Anordnung der Stellplätze Orchideen mit unterschiedlichen Wärmeansprüchen im gleichen Raum unterbringen, indem man die für eine kühlere Haltung geeigneten Arten, wie *Cymbidium* oder *Odontoglossum,* weiter unten und ihre wärmeliebenden Verwandten, *Cattleya* und *Phalaenopsis,* weiter oben plaziert.

Heißwasseranlagen

Wenn sie die Wahl haben, werden sich die meisten Pflanzenfreunde für eine Heizungsanlage entscheiden, in der heißes Wasser in einem Rohrleitungssystem zirkuliert.
Heute neigt man zur Verlegung mehrerer 5 cm dicker Rohre, die mehr Oberfläche – und damit mehr Heizleistung – erbringen als ein einziges 10 cm dickes Rohr. Die „alten" dickeren Rohre bringen dem Amateur aber einige Vorteile: Man kann sie dort vorteilhaft einsetzen, wo kein Stromanschluß vorhanden ist, da das Wasser in diesen Rohren durch natürliche Konvektion zirkuliert, während bei Heizrohren mit einem Durchmesser von 5 cm eine elektrisch betriebene Wasserumwälzpumpe in die Rohrleitung eingebaut werden muß. Ein weiterer Vorteil besteht darin, daß das dickere Rohr eine größere Menge Warmwasser speichert, so daß im Falle einer Störung am Boiler trotzdem noch eine Zeitlang Wärme abgegeben wird. Diesen Vorteilen steht allerdings gegenüber, daß Rohre mit geringerem Durchmesser schneller auf die Reglerimpulse ansprechen und verhältnismäßig leicht eingebaut werden können.
Das Wasser, das in den Rohren zirkuliert, kann man auf verschiedene Art und Weise erwärmen. Es stehen die vier folgenden Brennmaterialien zur Verfügung: Öl, Gas, Elektrizität, Kohle. Mit Öl oder Gas beheizte Anlagen können vollautomatisch geregelt werden und sind, abgesehen von der regelmäßigen Überprüfung durch erfahrene Fachleute, praktisch wartungsfrei. In größeren Städten ist Erdgas meist zu relativ günstigen Preisen verfügbar, während man in ländlichen Gebieten, wo kein Gasanschluß besteht, auf Öl oder Propangas zurückgreifen muß. Die angebotenen Kohlebrenner sind heute viel einfacher zu bedienen als früher, als man täglich mindestens zwei- bis dreimal den Ofen reinigen und neu auffüllen mußte, ganz abgesehen von der ständigen Kontrolle, ob nachzulegen sei oder nicht. Die hochentwickelten modernen Brenner, die „automatisch" gefüllt werden, verlangen diese Arbeit nur noch einmal täglich, man ist aber nach wie vor jeden Tag gezwungen, sich darum zu kümmern. Allerdings arbeitet dieses System unabhängig von der Stromzufuhr, so daß die Temperaturen im Gewächshaus auch in Zeiten eines Stromausfalls aufrechterhalten werden. Elektrische Heißwasserboiler sind relativ billig zu installieren, verursachen aber sehr hohe laufende Stromkosten (in einem Gewächshaus in der Größe von 6×3,5 m braucht man für eine ständige Temperatur von 10° C eine Leistung von 6 kW)!

Elektroheizungen

In kleineren Gewächshäusern werden in letzter Zeit häufig elektrische Rohrheizkörper eingesetzt. Dieses System besteht aus verschieden langen Metallrohren, die

Heizung und Stellplätze

Wenn Sie Stellplätze und Heizanlage sorgfältig planen, kann der vorhandene Raum maximal genutzt werden. In diesem Schaubild sind niedrige und normal hohe Wände gezeigt, so daß der Liebhaber alle möglichen Alternativen sieht.

Der Thermostat sollte an einer Stelle montiert werden, wo er weder von der Sonne beschienen noch der Heizung ausgesetzt ist.

Ein umgekehrter Blumentopf ist ein einfaches, aber wirksames Mittel, um eine Pflanze, die mehr Licht benötigt, höher zu stellen.

Wenn Thermometer oder Hygrometer richtig anzeigen sollen, muß man sie in der Höhe der Pflanzen anbringen, so daß sie nicht von den Sonnenstrahlen erreicht werden, da sie sonst falsche Werte angeben.

Etagenstellplätze haben viele Vorteile: Man kann eine größere Anzahl von Pflanzen unterbringen, die einzelnen Stellplätze sind besser zugänglich. Die durch die natürliche Konvektion verursachten höheren Temperaturen im Bereich der obersten Stellplätze machen es möglich, im gleichen Gewächshaus sowohl kühler zu ziehende als auch Warmhaus-Orchideen zu halten.

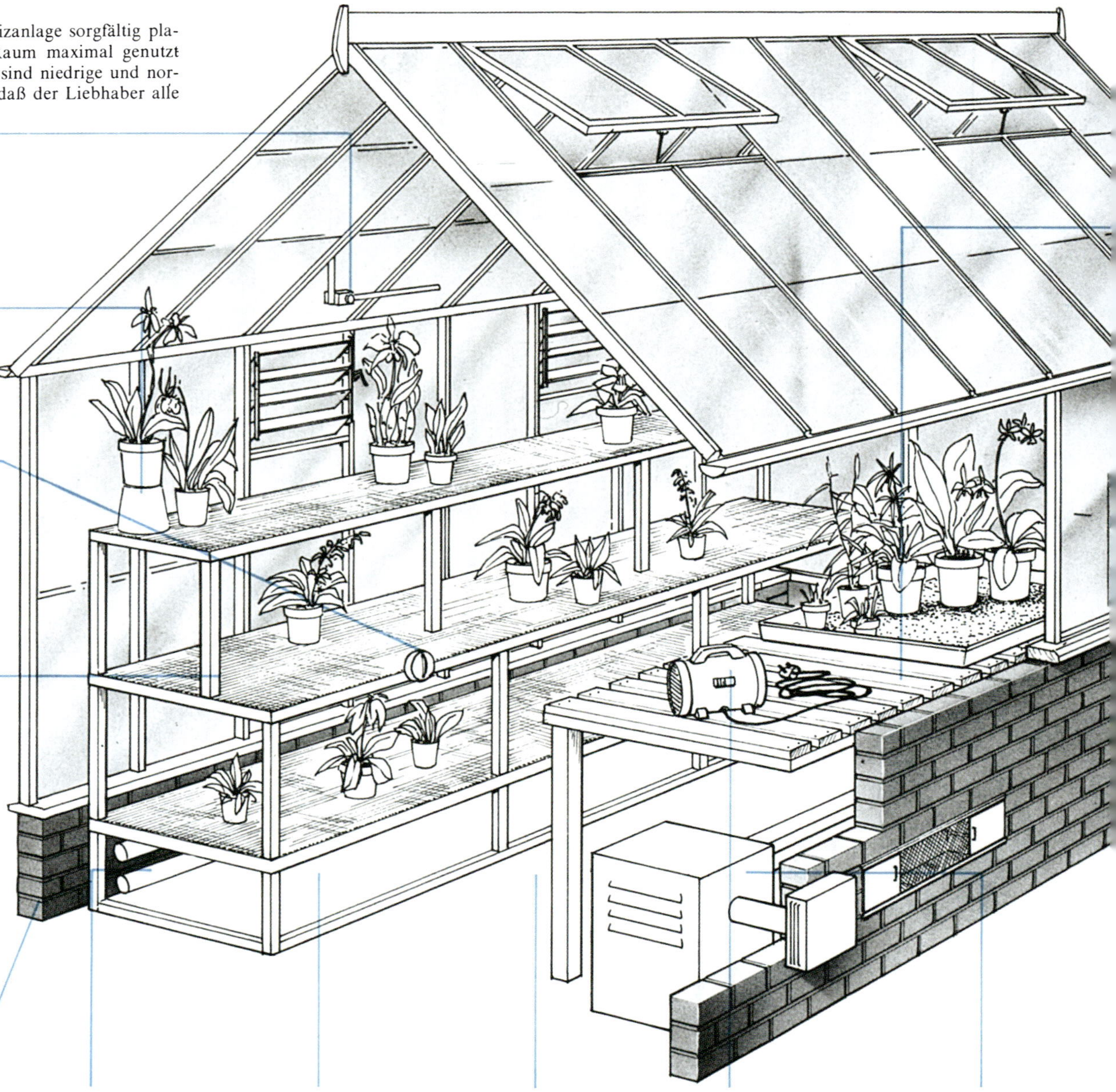

Niedrigere Wände z. B. auf einer Seite lassen mehr Licht in das Gewächshaus. Dies ist von Vorteil, wenn man eine Art Etagenaufstellung verwendet – auch für die Haltung von Cymbidien und sonnenhungrigen *Vanda*-Arten.

Warmwasserrohre haben einen Vorteil gegenüber anderen Heizsystemen: Sie halten bei kurzzeitigen Störungen der Wärmezufuhr länger die Wärme. Eine große Rohroberfläche macht es möglich, die Boiler-(Wasser-) Temperatur niedriger einzustellen, so daß die Wärme gleichmäßig abgegeben wird, was sehr erwünscht ist.

Pflanztröge unter den Stellplätzen und/oder auf Bodenhöhe soll man mit Lavagrus oder Bimskies oder einem ähnlichen wasserspeichernden Material füllen. Um für eine günstige relative Luftfeuchtigkeit zu sorgen, hält man das Füllmaterial stets feucht.

Obwohl die Gehwege so breit sein sollten, daß man bequem arbeiten kann, sollten sie nicht zu viel Raum im Gewächshaus einnehmen. Sie sollten eine leicht zu reinigende Oberfläche besitzen.

Heizlüfter wärmen nicht nur die Luft, wenn die Warmwasserheizung außer Betrieb ist, sie sind transportabel und sehr vielseitig. Nach Bedarf läßt sich Wärme und/oder Luftbewegung erzeugen.

Die Heizung sollte in ihrer Leistung groß genug ausgelegt sein, um die erforderlichen Temperaturen auch bei sehr kaltem Wetter aufrechterhalten zu können. Wenn der Boiler innerhalb des Gewächshauses steht, kann seine Wärmeabstrahlung auch noch genutzt werden. Allerdings muß man dann einen Rauchgasabzug vorsehen.

elektrische Heizelemente enthalten, die pro 30 cm Rohrlänge eine Leistung von etwa 60 Watt benötigen. Obwohl man diese Heizvorrichtungen verhältnismäßig billig installieren und ihren Betrieb mittels Thermostat voll kontrollieren kann, werden die Heizkörper doch sehr heiß, so daß die Temperaturen in unmittelbarer Nähe der Heizkörper häufig weit über der Durchschnittstemperatur liegen, während andere Teile des Gewächshauses zu kühl sind. Eine Luftumwälzung könnte diese Unterschiede sicher verringern, aber aufgrund der örtlich beschränkten Hitzeausstrahlung haben diese Rohrheizungen in letzter Zeit an Beliebtheit eingebüßt. Wie bei allen Heizarten, die von der Zufuhr äußerer Energien abhängen, ist der Amateurgärtner auch hier der Gefahr von Stromausfällen oder ähnlichen Störungen ausgesetzt, die sich seiner Kontrolle entziehen. Ohne Heißwasser-Rohrsystem muß er damit rechnen, daß bei einem Ausfall der Heizung die Temperatur im Gewächshaus rapide abfällt.

Gas- oder Ölheizungen

Wenn man zum Heizen des Gewächshauses Gas oder Öl verwendet, muß man sehr sorgfältig sein. Der Brenner (bzw. der Docht) muß immer sauber gehalten und richtig eingestellt werden, da selbst eine geringfügige Fehlfunktion zu einer unvollständigen Verbrennung des Gases oder Heizöls führt, so daß sich Rauch entwickelt. Aber selbst eine gut funktionierende Heizung dieser Art kann den Pflanzen im Gewächshaus schaden, wenn nicht für ausreichende Luftzufuhr gesorgt wird. Für den Verbrennungsvorgang benötigt jede Flamme Sauerstoff; der sich entwickelnde Rauch besteht aus einer Ansammlung von Kohlendioxid. So muß zum einen dem Brenner stets genügend Sauerstoff zugeführt werden (manche der modernen tragbaren Brenner sind zu diesem Zweck sogar mit einer besonderen Au-

Rechts: Etagenstellplätze sind leicht anzufertigen. Die drei Etagen bieten unterschiedliche Licht- und Temperaturverhältnisse.

Wenn kein fester Arbeitsplatz vorhanden ist, kann man auch eine tragbare Umtopfbank verwenden, die man an geeigneter Stelle ins Gewächshaus stellt. Diese Lösung hat den Vorteil, daß Pflanzen und Arbeitsplatz nahe beieinander sind. Man sollte jedoch auf peinliche Sauberkeit achten.

Unten rechts: In diesem von einem Orchideenliebhaber selbst konstruierten Gewächshaus in der herkömmlichen Breite von 3 m sieht man eine maximale Raumausnutzung durch verschieden hohe Stellplätze sowie Aufhängemöglichkeiten für Orchideen, die an Rindenstücken befestigt sind.

ßenluftzuleitung ausgestattet), zum andern muß aber auch in der Nähe des Gewächshausbodens eine kleine Luftklappe eingebaut werden, so daß das Kohlendioxid, das nach unten sinkt, nach außen entweichen kann. Es gibt jetzt auch Gas- und Ölheizungen in Konvektionsbauweise mit Rauchgasabzugsvorrichtung, die man den zwar tragbaren, aber nicht mit Rauchgasabzug ausgestatteten Gewächshausheizungen vorziehen sollte. Die letztere Art mag früher ausgereicht haben, als die Gewächshäuser noch nicht so isoliert waren wie heute, wo diese Räume mit Polyurethan mehr oder weniger wirksam abgedichtet werden.

Heißluft

Man kann das Gewächshaus natürlich auch mit Warmluft beheizen, entweder mit einem einfachen Heizlüfter oder mit einem System aus Polyäthylenrohren. Bei der letztgenannten Methode erhitzt ein Boiler, der mit Gas, Öl, Strom oder Kohle betrieben wird, eine Batterie von „Heizkörpern". Durch und über diese erhitzten Flächen wird nun ein Luftstrom geleitet, der sich erwärmt und schließlich über eines oder mehrere Polyäthylenrohre abgeblasen wird, die mit kleinen, in unregelmäßigem Abstand angebrachten Löchern versehen sind. Bei diesem System wird die warme Luft sehr schnell im ganzen Gewächshaus umgewälzt, was den zusätzlichen Vorteil einer von dem Luftzug erzeugten bewegten Atmosphäre mit sich bringt.

Weniger günstig ist der Einsatz eines Heizlüfters, denn jede Pflanze, die direkt im heißen Luftstrom steht, wird zu einem gewissen Grad ausgetrocknet. Es ist daher empfehlenswert, den Heißluftstrom entweder über den Mittelweg streichen zu lassen oder unter den Stellplätzen hindurchzuleiten, wobei ein Mindestabstand von den Pflanzen von 2 m einzuhalten ist.

Trotz der möglichen Risiken haben Heizlüfter vieles für sich, vor allem wenn sie in kleineren Gewächshäusern zum Einsatz kommen. Ihr Anschaffungspreis ist niedrig, sie können ohne Hilfe durch einen Fachmann installiert werden (nur eine Steckdose wird zum Anschluß an das Stromnetz benötigt), sie haben einen Thermostatregler und erzeugen daher nur dann Wärme, wenn die Temperatur unter den eingestellten Wert abfällt (besonders fein regelt ein zusätzlicher Thermostat), und der Lüfter kann in den Sommermonaten auch an anderer Stelle eingesetzt werden, zum Beispiel zur Verbesserung des Raumklimas im Haus.

Stellagen

Unter Stellagen verstehen wir hier die tisch- oder regalartigen Gestelle, die meist zum Aufstellen der Pflanzen benützt werden. Die Anzahl und der Typ der Stellagen hängen natürlich von der Art der Orchideen ab, die man pflegen will, und auch von der Konstruktion des Gewächshauses. Die Skala der Möglichkeiten reicht hier von gar keinen Stellagen bis zu Stufengestellen, mit oder ohne darunter angebrachten Feuchthaltebekken. Kühl zu haltende Orchideen, wie *Cymbidium* und *Laelium,* stellt man am besten auf eine Maschendrahtunterlage (siehe Bild), so daß eine gute Frischluftzirkulation an Topf und Pflanze herrscht.

„Feuchthaltewannen"

Bei einigen Orchideen, wie z. B. bei *Odontoglossum,* ist es ratsam, die Pflanzen auf Stellagen über eine Feuchthaltewanne zu stellen.
Solche Feuchthaltewannen sind ca. 15 cm hoch, aus wasserdichtem Material, wie zum Beispiel Blech, Asbest oder Kunststoff, und mit einer feuchtigkeitsspeichernden Substanz gefüllt. Vor vielen Jahren verwendete man zu diesem Zweck den Klinker aus kohlebeheizten Kesseln, der nicht nur die Feuchtigkeit gut speicherte, sondern auch noch die Schnecken abwehrte. Jetzt, da Klinkermaterial der Vergangenheit angehört, verwendet man u. a. Perlite, Lavagrus, Blähton, zerkleinertes Vulkangestein, Bimskies, Torf oder Moos. Überschüssiges Wasser, das bei jedem Gießen von den darüberstehenden Pflanzen heruntertropft, oder auch direkt aufgebrachtes Wasser, sorgen dafür, daß das Material immer feucht bleibt. Diese Feuchtigkeit verdunstet langsam, besonders unter warmen Bedingungen, und schafft so die gewünschte feuchte Atmosphäre.
Ein anderer Vorteil dieser Wanne, ob mit feuchtigkeitsspeicherndem Material gefüllt oder nicht, ist seine abschirmende Wirkung gegen die von den Heißwasserrohren aufsteigende Wärme. Feuchthaltewannen sind daher wichtiger in stark beheizten Räumen als dort, wo man die Temperaturen bis auf 10 – 12° C absinken läßt. In Gewächshäusern, die auf schwerem oder natürlichem, feuchtem Boden errichtet worden sind, kann man auf das feuchtigkeitsspeichernde Material verzichten, da hier ausreichend feuchte Verhältnisse herrschen.
In einem kühler gehaltenen Gewächshaus ziehen Cymbidien eine luftigere und etwas trockene Atmosphäre ohne Feuchthaltewanne vor. Wo es aber die örtlichen Verhältnisse erschweren, ein Klima mit genügend Feuchtigkeit aufrechtzuerhalten, kann man Perlite oder die zuvor erwähnten Materialien auf dem Gewächshausboden unter die Stellagen verteilen. *Odontoglossum* und viele andere Gattungen dagegen fühlen sich am wohlsten in einer feuchten, luftigen Atmosphäre, wie sie durch die feuchte aufsteigende Luft aus der Feuchthaltewanne entsteht. Auch die wärmeliebenden Paphiopedilen und Phalaenopsis ziehen ähnliche Bedingungen vor, während Vanda, die meisten *Angraecum*-Arten und einige Cattleyen am besten gedeihen, wenn man für eine

ausreichende Luftzirkulation und weniger konstante Feuchtigkeitsverhältnisse sorgt.

Wasserablauf

Wenn ein Blumentopf auf einer glatten Fläche steht, kann es sein, daß er seiner Unterlage so dicht anliegt, daß der so überaus wichtige Abfluß verstopft wird. Bei der Verwendung von Lattenrosten besteht die Gefahr, daß kleinere Blumentöpfe umgestoßen werden. Beide möglichen Risiken kann man ausschalten, indem man auf den Lattenrost oder auf die Maschendrahtunterlage ein Material wie z. B. stranggepreßtes Polyurethannetz auflegt, das man als Windschutz kaufen kann. Hierdurch erhält auch der kleinste Blumentopf durch den Kontakt mit vielen tragenden Punkten einen festen Halt, und auch der Abfluß kann nicht mehr verstopft werden.
Wer sich noch nie mit der Pflege von Orchideen befaßt hat, wird sich wundern, daß es so wichtig sein soll, nicht nur den Pflanzen, sondern auch deren Töpfen immer viel frische Luft zuzuführen. Man muß sich aber vor Augen halten, daß die meisten in Gewächshäusern gehaltenen Orchideen ursprünglich Epiphyten, also Baumbewohner, waren und selbst bodenbewachsende Arten verhältnismäßig dikke Wurzeln haben. Es schadet allen Orchideenwurzeln, wenn sie nicht genügend Luft bekommen; selbst Orchideen können nicht länger als ein oder zwei Jahre ohne Wurzeln leben! Wenn dagegen immer reichlich Luft um die ganze Pflanze herum vorhanden ist, wird die Orchidee prächtig gedeihen und auch besser Blüten hervorbringen.
Aus diesem Grund eignen sich Orchideen auch nicht gut für Bewässerungssysteme, bei denen den Pflanzen z. B. auf dem Wege einer Kapillarversorgung ständig Wasser zugeführt wird. Auch wenn im

Oben: Wenn man die Orchideen treppenförmig auf den Pflanztischen aufbaut, kann man alle Pflanzen gut überblicken und sieht sofort, wo Wasser benötigt wird, welche Pflanze Blüten ansetzt oder welche kränkelt.

unteren Teil des Blumentopfes kontinuierlich nasse Verhältnisse herrschen, neigen die Wurzeln in diesem Bereich zum Verfaulen.

Hydrokultur

Einige Gärtner führen gegenwärtig in kleinerem Rahmen Versuche durch, ob sich Orchideen für die Hydrokultur eignen. Bei diesen Versuchen stellt man die Körbe oder Maschentöpfe mit den Pflanzen in eine etwa 2,5 cm hoch mit Wasser gefüllte Wanne. Das Wasser zirkuliert ständig, wobei ihm Sauerstoff zugeführt und eine bestimmte chemische Zusammensetzung aufrechterhalten wird. Obwohl man heute viele Blatt- und Blütenpflanzen auf diese Weise kultiviert, ist kaum anzunehmen, daß man die Orchideen – mit ihrem andersartigen epiphytischen Wurzelwerk – einmal auf diese Weise halten können wird.

Belüftung

Daß Orchideen sehr viel frische Luft brauchen, ist keine neue Erkenntnis, man kam schon vor über einem Jahrhundert darauf, daß epiphytisch wachsende Pflanzen vor allem Luft brauchen, um zu gedeihen. Dennoch konnte man 1964 in einem Buch über die Haltung von Orchideen folgendes lesen: „Luft darf nur mit größter Sorgfalt und in kleinen Mengen zugeführt werden". Es ist natürlich wahr, daß es unklug wäre, bei kaltem Wind die Luftklappen zu öffnen; es ist aber auch wahr, daß man so viel frische Luft wie möglich zuführen sollte. Um dies zu er-

Oben: Durch die Luftumwälzung mit einem elektrischen Lüfter werden Kalt- oder Warmluftblasen im Gewächshaus erheblich verringert.

reichen, braucht man ein wirksames Luftklappensystem. Je kleiner das Gewächshaus, um so entscheidender sind Größe, Lage und Wirkungsweise der vorhandenen Luftklappen. Mit Bedauern haben wir festgestellt, daß die Hersteller kleiner Gewächshäuser aber oft die Belüftung zu vergessen scheinen und wohl damit rechnen, daß der gutgläubige Käufer die Luftklappen nachträglich noch einbauen wird.
Das durchschnittliche Standard-Gewächshaus, mit einer Bodenfläche von ca. 9,3 qm, wird meist nur mit zwei Lüftungsklappen am Dach und je einer Klappe in Stellplatzhöhe in den Seitenwänden geliefert. Fast immer sind diese Klappen größenmäßig falsch ausgelegt und auch noch an der falschen Stelle angebracht! Um einen günstigen Luftstrom innerhalb des Gewächshauses zu erhalten, muß die Luft in Bodennähe eingelassen werden (oder zumindest unterhalb der Stellplätze). Hier bieten sich verschiedene Möglichkeiten, aber nur zwei Grundmethoden an:

Lüftungsöffnungen

Die meisten Gewächshäuser besitzen bis in Stellplatzhöhe massive Wände, in die man Lüftungsöffnungen in Kastenform einbauen kann. Normalerweise sieht man das schon vor, wenn die Ziegelwände gemauert werden, denn die Standardgröße für diese Lüftungsöffnungen beträgt 61 cm (Länge) × 15 cm (Höhe). Kastenförmige Lüftungen haben entweder eine Klappe, die sich von innen über Seile und Rollen öffnen und schließen läßt, oder zwei von Hand verstellbare Schieber, die an der Außenseite der Gewächshauswand montiert sind. Will man allerdings an der Außenwand des Gewächshauses zur Verschönerung Pflanzkübel aufstellen, müssen die Verschlußklappen der Lüftungsöffnung natürlich an der Innenwand angebracht werden. Bei sehr kaltem Wetter kann man die Klappen ein wenig öffnen,

Lüftung und Schattierung

Lüftung und Schattierung sind die beiden Hauptmaßnahmen, um an heißen Sommertagen einen zu hohen Temperaturanstieg im Gewächshaus zu verhindern. Beide sollten weitgehend flexibel und anpassungsfähig gehandhabt werden.

Durch Dachlüftungsfenster kann die Warmluft entweichen, so daß das Gewächshaus abkühlt. Um wirksam zu sein, müssen sie sich aber mindestens bis in eine Horizontalstellung öffnen lassen. Auf jeder Seite des Daches sollten mindestens zwei solcher Fenster vorhanden sein; bei größeren Gewächshäusern wird alle 1,5 – 2 m ein Fenster benötigt.

Lüftungs-Jalousien erlauben eine feinere Einstellung der Belüftung. Man kann damit selbst bei windigem Wetter eine zuglose Belüftung erreichen.

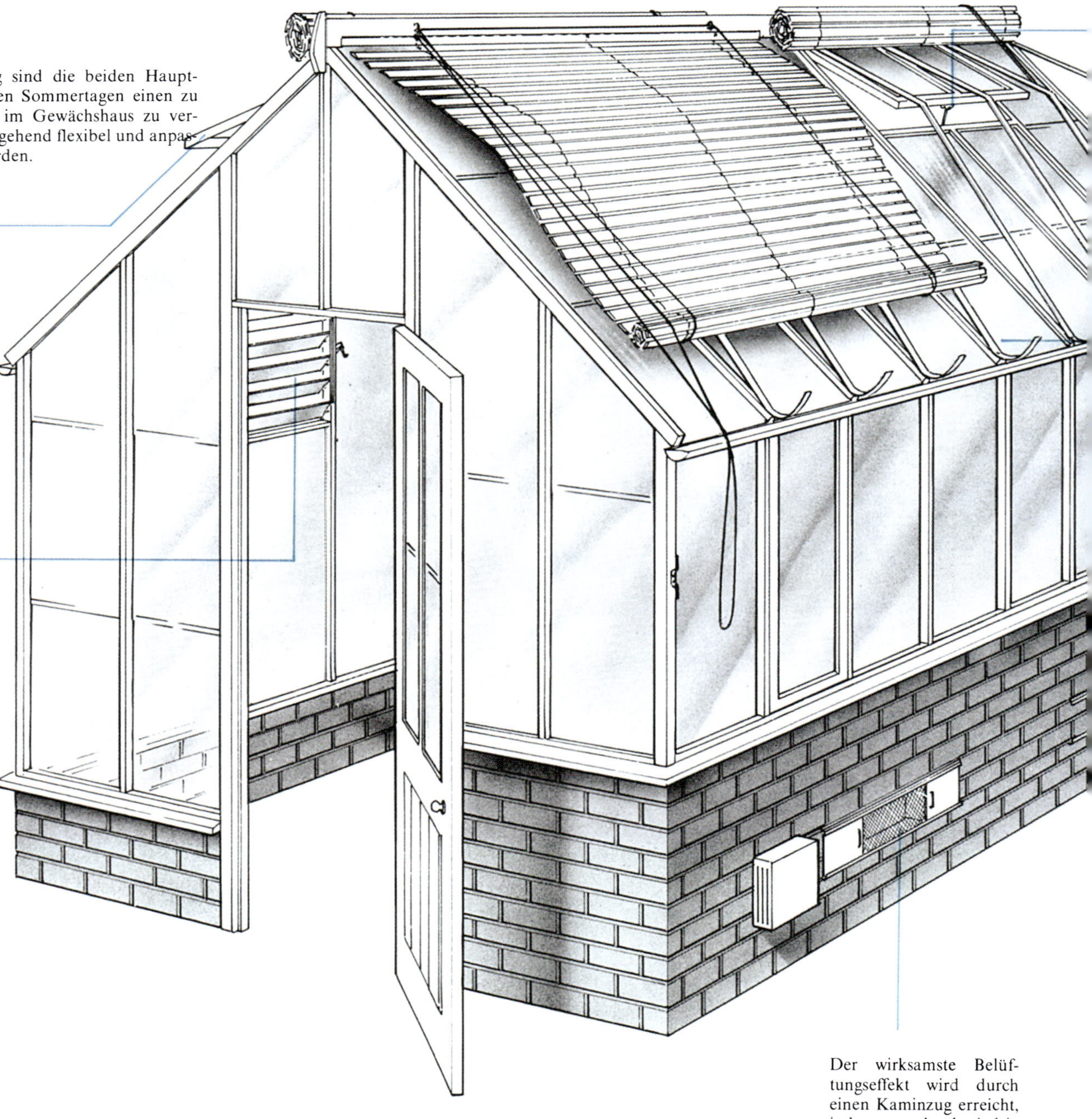

Der wirksamste Belüftungseffekt wird durch einen Kaminzug erreicht, indem man durch niedrig angebrachte Belüftungsklappen kühle Luft einläßt, vor allem dann, wenn ein Sauggebläse die kühle Luft ansaugt.

damit die Pflanzkübel etwas von der warmen Gewächshausluft abbekommen und vor Frost geschützt sind. Wie bei allen Lüftungsvorrichtungen sollte an jeder Seitenwand mindestens eine solche Öffnung vorgesehen werden.

Bei Gewächshäusern, die nicht gemauert, sondern aus Holz gebaut sind, kann man jederzeit leicht Lüftungsschächte einbauen: Man sägt einfach – so weit unten wie möglich – eine ausreichend große Öffnung in die Holzwand und baut eine Klappe, die etwas größer als diese Öffnung ist. Wenn man nicht lüften will, schiebt man diese Klappe einfach über die Öffnung.

Jalousielüftung

Für Gewächshäuser, die bis zum Boden verglast sind, braucht man ganz andere Belüftungsvorrichtungen. Lüftungskästen sind für Glaswände natürlich nicht geeignet, stattdessen ersetzt man eine oder mehrere Glasscheiben durch Jalousien. Diese bestehen aus einem einfachen Metallrahmen und mehreren stabilen Glasstreifen, die in diesem Rahmen jalousieartig angebracht sind. Man kann diese Jalousien in Baumärkten und Gartenartikelfirmen fertig kaufen. Die Glasstreifen lassen sich mit Hilfe einer Zugkette leicht öffnen und schließen und bleiben ohne Schwierigkeiten in jeder gewünschten Stellung. Die bestmögliche Lüftung erreicht man, wenn die Glasstreifen ganz waagrecht stehen. In geschlossenem Zustand ist diese Jalousie absolut dicht. Man kann sie sogar auf der Windseite geringfügig offenlassen, ohne daß die Pflanzen dadurch gefährdet wären.

Dachlüftungsfenster

Früher brachte man in Gewächshäusern oft Lüftungsfenster an, die von einem Ende des Dachfirstes bis zum andern reichten – und zwar auf beiden Seiten. Zweifellos erzielte man damit eine nahezu perfekte Lüftung, denn auf diese Weise war es möglich, entweder nur eine oder auch beide Klappen selbst bei ungünstigem Wetter leicht geöffnet zu halten. Wirtschaftliche Überlegungen zwangen dann aber dazu, von einer solchen Lösung abzugehen. Aber selbst relativ kleine Gewächshäuser sollten mindestens drei Lüftungsklappen am Dach haben, zwei in Nordrichtung (nach der dem Wind abgewandten Seite) und eine auf der gegenüberliegenden Seite.

Größere Gewächshäuser sollten mindestens alle 1,5 m eine Dachluke haben, abwechselnd auf der Nord- und auf der Südseite; weniger Luken würden unbelüftete Stellen im Gewächshaus entstehen lassen. Versuche haben ergeben, daß bis zu einer nahezu horizontalen Stellung der Dachlüftungsklappen nur sehr wenig warme Luft entweicht; es ist deshalb wichtig, daß sich alle Dachluken über die Horizontalstellung hinaus öffnen lassen.

Ungeeignete Lüftungseinrichtungen

So ziemlich die einzige Stelle, an der man keine Belüftungseinrichtung brauchen

Eine nicht zu teure Vorrichtung zur automatischen Betätigung der Dachlüftungsfenster erleichtert dem Orchideenfreund die Arbeit. Sie funktioniert unabhängig vom elektrischen Stromnetz und wird so eingestellt, daß sich die Dachluken öffnen, wenn die gewünschte Temperatur überschritten wird.

Lattenjalousien sollten in einem Abstand vom Glas montiert werden. Dies ermöglicht ein ausreichendes Öffnen der Dachlüftungsklappen. Gleichzeitig entsteht ein kühlendes Luftkissen zwischen Glas und Jalousie, das die Aufrechterhaltung der richtigen Gewächshaustemperatur erleichtert.

Unten: Die Öffnung der Wandlüftungsklappen sollte mit einem feinmaschigen Material abgedeckt werden, um Schädlinge wie Schnecken, Bienen oder Mäuse fernzuhalten.

Oben: Das gedämpfte Licht, das durch Lattenjalousien erreicht wird, ist für viele Orchideen ideal. Bei Verwendung von Etagengestellen kann man Masdevallien unter dem zusätzlichen Schatten der Sommerblätter von Lycasten ziehen.

Rechts: Jalousielüftungen sind vor allem bei kühlem Wetter sehr nützlich, da man auch kleinste Mengen Frischluft zugfrei einlassen kann.

kann, ist in Höhe des Stellplatzbereiches der Pflanzen, trotzdem werden die meisten Standardgewächshäuser, vollverglaste und andere, mit Belüftungsöffnungen geliefert, die gerade in dieser Höhe angebracht sind. Wenn diese Lüftungen offen sind, sinkt die Luftfeuchtigkeit um die Orchideen herum viel zu stark ab; hält dieser Zustand länger an, so besteht die Gefahr, daß die Pflanzen austrocknen, mit dem unvermeidlichen Ergebnis eines reduzierten Wachstums. Daher sollten seitlich angebrachte Lüftungsklappen am besten für immer verschlossen werden!

Abzugsventilatoren

In wärmeren Zonen werden viele Gewächshäuser dadurch entlüftet oder gekühlt, daß an einem Ende des Hauses ein großer Abzugsventilator und am anderen Ende Jalousien oder offene Klappen montiert sind. Der Ventilator wird durch einen Thermostat gesteuert, der ihn anstellt, wenn die Temperatur im Gewächshaus einen vorher eingestellten Wert überschreitet.

Ein Nachteil einer solchen Anlage ist das schnelle Absinken der Luftfeuchtigkeit. Bewegte Luft, und vor allem bewegte Warmluft, bezieht überall Feuchtigkeit her, auch von den Pflanzen. Selbst Pflanzen, die im Moorgebiet wachsen, lassen an einem heißen, windigen Tag die Blätter hängen, und obwohl eine solche kurzzeitige Austrocknung der Pflanze nicht schadet, muß sie doch ausgeglichen werden (was meist nachts geschieht, wenn die Temperaturen sinken).

Warme Luft kann mehr Feuchtigkeit aufnehmen als kalte. Der oft angewandte Ausdruck „Luftfeuchtigkeit" sollte daher besser „relative Luftfeuchtigkeit" lauten, wobei dann der Feuchtigkeitsgehalt der Luft prozentual ausgedrückt wird. Wenn z. B. am Abend die relative Luftfeuchtigkeit bei 10° C 100% beträgt, wird sie am Tage bei einer Temperatur von 26,7° C nur 35% ausmachen; die Pflanzen verlieren also Wasser an die Atmosphäre.

Dort wo eine geringe relative Luftfeuchtigkeit ein ständiges Problem darstellt, ist es ratsam, ein „Befeuchtungskissen" vor der Lüftungsjalousie anzubringen (Näheres über diese Methode können Sie auf S. 84 nachlesen.)

Zur Belüftung kleinerer Gewächshäuser eignet sich ein etwas abgeändertes Abzugssystem; viele Amateurgärtner verwenden nur diese Methode: An einem Ende des Gewächshauses wird eine Lüftungsjalousie – wie vorher beschrieben – eingebaut, die mit einem auf der Gegenseite montierten Ansaugventilator gekoppelt wird. Der Vorteil dieses Ventilators besteht darin, daß man feuchte Nachtluft in das Gewächshaus „saugen" kann, was vor allem bei heißem Wetter vorteilhaft ist.

Schattierung

Die Belüftung soll u. a. dafür sorgen, daß im Gewächshaus keine übermäßig hohen Temperaturen auftreten. In den heißen Sommermonaten reicht die Belüftung allein jedoch nicht aus, die Temperatur unter Kontrolle zu halten – man muß eine Schattierung des Gewächshauses anbringen, da die hohe Lichtintensität die Blüten ausbleichen würde und durch die hohe Wärmeeinstrahlung an den Pflanzen Verbrennungen entstehen können. Man deckt ein Gewächshaus in erster Linie ab, damit übermäßig hohe Temperaturen im Innern vermieden werden. Am besten ist es, wenn man von vornherein eine Erwärmung des Glases verhindert, denn wenn die Glasaußenseite erst einmal heiß ist, dringt warme Luft so lange ein, bis ein Ausgleich zwischen Innen- und Außentemperatur erfolgt ist – also der umgekehrte Vorgang wie im Winter, wo warme Luft nach außen drängt. Es ist also auf jeden Fall besser, das Gewächshaus von außen gegen die Sonneneinstrahlung zu schützen, als eine Innenabdeckung anzubringen. Bei kleineren Gewächshäusern sollte die Innenabdeckung auf jeden Fall vermieden werden.

Schutzanstriche

Es gibt sehr viele verschiedene Möglichkeiten – billige und teure –, die Pflanzen im Gewächshaus vor übermäßiger Wärmeeinstrahlung zu schützen. Zu den einfacheren und auch billigeren Methoden gehört der Schutzanstrich, mit dem das Gewächshaus schattiert wird und die Sonnenstrahlen gefiltert werden. Man kann dazu Kalk (gelöschter Kalk), Schlämmkreide oder einfach einen Brei aus Weißmehl und Wasser verwenden. Der „Mehlanstrich" ist zum einen billig (wir können uns Kehrmehl aus der Mühle besorgen oder sonstiges minderwertiges Mehl), zum zweiten quellen bei feuchtem Wetter die Stärkekörner in diesem Brei auf, und der Anstrich wird dadurch etwas lichtdurchlässiger, was bei feuchtem, trübem Wetter für die Pflanzen nur von Vorteil sein kann, zum dritten kann man den Anstrich auch im Herbst wieder leicht entfernen. Dann kann man natürlich auch noch spezielle Schattierfarbe im Fachgeschäft kaufen. Hier hat sich gezeigt, daß die weiße Schattierfarbe am günstigsten ist, sie ist ein guter Wärmeschutz, läßt dabei aber noch eine optimale Photosynthese zu, was bei den farbigen Schattierfarben nicht in diesem Maße gegeben ist. Vor dem Anstreichen, Bepinseln oder Besprühen muß man das Glas sehr sorgfältig reinigen und trocknen, damit der Anstrich auch lückenlos hält.
Einen Nachteil hat dieser Schutzanstrich allerdings: Er verdunkelt an trüben Tagen das Gewächshaus noch mehr.

Rolljalousien

Die vielleicht beste, aber auch teuerste Lösung sind Rolljalousien aus Holzlatten (siehe Bild S. 55 oben), die man außen auf dem Gewächshausdach befestigt. Entweder man legt bei Bedarf die Rollos immer selbst aus, oder aber man entscheidet sich für die teure, aber bequeme und wirkungsvolle Anschaffung eines automatisch über Fotozellen und Zugseile gesteuerten Systems, bei dem je nach Lichteinfall die Rollos ganz oder teilweise herabgelassen oder geöffnet werden. Rolljalousien aus Holzlatten sind über Jahre hinweg äußerst wirkungsvoll einzusetzen. Wenn die Rollos direkt auf dem Glasdach montiert werden, gelangt immer noch ein Teil der Wärmeeinstrahlung ins Gewächshaus. Um auch diese Wärme noch auszuschalten, bringt man die Abdeckung am besten in einer Entfernung von 15 – 25 cm über dem Gewächshausdach an, so daß in dem Zwischenraum zwischen Glasdach und Holzlattenrollo noch gut Luft zirkulieren kann, die die Temperatur nochmals herabsetzt. Um diesen Abstand zu erhalten, bauen wir auf das Glasdach ein grobes Metallgestell, das am besten mit T-Stücken von 15 – 25 cm Länge an den Metallrahmen der Verglasung befestigt wird. Über dieses Metallgestell läßt man nun die Jalousie laufen. Das Ganze ist zwar nicht ganz billig, dafür aber sehr wirkungsvoll. Auch hier eignet sich das System von Zugseilen und Fotozellensteuerung wieder hervorragend, um zu beschatten oder nicht. In größeren Gärtnereien verwendet man auch Innenrollos, die über einen Thermostaten und über Fotozellen gesteuert wer-

Oben: Für einen Schattieranstrich von Gewächshäusern eignen sich viele Farben. Da helle Farben Sonnenstrahlen reflektieren, wählt man jedoch am besten einen weißen Anstrich, der die Glastemperatur und damit auch die Temperatur im Inneren des Gewächshauses herabsetzt.

Oben: Schattierung durch Lattenjalousien, die in einem Abstand zum Glas auf Metallschienen laufen. Diese hier werden durch Fotozellen gesteuert, die einen Auf- und Abwickelmechanismus betätigen, sobald sich die Lichtintensität ändert.
Rechts: Alternativ kann der Zeitpunkt der Beschattung mit Zeitschaltuhren gesteuert werden.

den, so daß die Rollos heruntergelassen werden, wenn entweder die Lichtintensität zu groß wird oder die Innentemperatur über den eingestellten Wert steigt. Dieses System ist aber für den Amateur viel zu teuer und oft auch gar nicht notwendig. Der letzte Schrei auf dem Gebiet der „automatischen Beschattung" ist eine spezielle Glasart, die bei steigender Lichtintensität immer undurchsichtiger wird. Sicherlich wird auf diesem Gebiet noch vieles angeboten werden, nützliches und nutzloses, teures und billiges.

Zubehör

Die im folgenden beschriebenen Zubehöreinrichtungen wie Isolierung, Luftumwälzer, Befeuchter, Spritzanlagen müssen nicht unbedingt sein. Wenn aber die ersten Kosten für den Bau des Gewächshauses, die Heizung und die Elektroinstallation verschmerzt sind, wird sich der eine oder andere Orchideenliebhaber doch noch dies und das anschaffen. Sei es, um durch arbeitssparende Vorrichtungen die notwendigen täglichen Routinearbeiten abgenommen zu bekommen, sei es, um Folgekosten einzusparen bzw. so gering wie möglich zu halten (z. B. Heizkosten).

Wärmedämmung

Eine gute Gewächshausisolierung spart sehr viel Heizkosten. Man kann auf verschiedene Weise eine gute bis sehr gute Wärmedämmung durch Isolation erreichen.
1. Man unterspannt das Gewächshaus von innen mit Folie; 2. man überspannt das Gewächshaus von außen mit Folie; 3. man benützt entweder innen oder außen Noppenfolie; 4. man verwendet Wärmedämmplatten aus Styropor oder 5. man verwendet eine Doppelverglasung.

Bespannung mit Folie, Doppelverglasung

Der größte Teil des Gewächshauses besteht aus Glas, einem Material, das sehr hohe Wärmeverluste verursacht. Diese Verluste kann man beträchtlich mindern, wenn man das Glas von innen (Unterzugfolie) oder von außen (Überzugfolie) mit Folie bespannt. Hier gibt es im Fachhandel verschiedene Arten zu kaufen. Geeignet sind PVC-Folie, Polyäthylenfolie, Noppenfolie (Luftpolsterfolie) oder eine spezielle Isolierfolie, die den Vorteil hat, breiter zu sein (über 10 m), also nicht immer wieder neu angesetzt werden muß.
Zwei Dinge sind bei der Bespannung mit Folie sehr wichtig: Erstens soll die Bespannung so lückenlos wie möglich verlegt sein, also keinerlei Lücken aufweisen, zweitens muß zwischen Glas und Folie immer eine isolierende Luftschicht sein, die Folie muß also etwas Abstand zum Glas haben. Folie, die außen am Glas befestigt wird, muß dicker sein als Innenfolie, da sie ständig wechselnder Witterung ausgesetzt ist; am besten eignet sich eine 0,5 mm starke PVC-Folie.
Bei Gewächshäusern in Holzbauweise ist es verhältnismäßig einfach, die Folie zu befestigen. Man nagelt an den Dachfirst ca. 25 mm starke Holzlatten, an denen man die Folie befestigt. Dann zieht man die Folie straff und befestigt sie – wiederum mit Holzleisten – an den Verglasungsstreben. Bei Gewächshäusern mit Metallrahmen ist die Bespannung nicht so einfach. Es gibt jedoch spezielle Klammern, mit denen man die Folie an den Rahmen befestigen kann. Neuere Gewächshäuser mit Metallrahmen haben zum Teil nach innen gekehlte Verglasungsstreben, in die man die Folie mit Hilfe von Gummidichtstreifen einklemmen kann. Bei der Innenbespannung muß man darauf achten, daß keine Falten und Wellen entstehen, in denen sich dann Kondenswasser ansammeln könnte, das dann auf die darunterstehenden Pflanzen tropft und zu Schäden führen kann.
Die Innenbespannung sollte bis unter die Pflanzenstellplatzhöhe oder – bei bis zum Boden verglasten Häusern – bis auf Bodenhöhe hinab reichen. Bei einem kleinen Gewächshaus müßte es möglich sein, das Dach und die Seitenwände mit einer einzigen Folie zu bespannen; wenn es sich aber nicht vermeiden läßt, mehrere Stücke zu verwenden, müssen die Kanten reichlich überlappen. Der Abstand zwischen dem äußeren Glas und der inneren Bespannung sollte mindestens 38 – 50 mm betragen, da ein geringerer Abstand nicht nur eine geringere Isolierwirkung erzielt, sondern auch die Gefahr besteht, daß sich die beiden Flächen berühren und damit der Wärmedämmeffekt vollständig aufgehoben wird. Lüftungsklappen am Dach und unter den Stellplätzen müssen separat bespannt werden. Alle Außentüren, die man oft bei der Bespannung eines Gewächshauses vergißt, müssen ebenfalls entsprechend verkleidet werden, oder – was noch besser ist – man bringt einen Vorhang aus Polyäthylenfolie an, also gleichsam eine „zweite Tür" als Windfang.
Manche Leute verwenden sehr dünne Polyäthylenfolie, die man jedes Jahr oder zumindest jedes zweite Jahr auswechseln muß, während andere stärkere Qualitäten vorziehen, die fünf bis acht Jahre halten, bevor sie verschleißen. Beide Methoden haben ihre Vorteile, aber in verhältnismäßig kleinen Gewächshäusern mit Bodenflächen von nicht mehr als 14 m², wo man nicht zu viele Pflanzen beiseite stellen muß, ist es vielleicht am besten, die Bespannung in jedem Herbst anzubringen und sie gegen Ende des folgenden Frühjahres wieder zu entfernen. Der Hauptvorteil eines solchen Vorgehens ist darin zu sehen, daß dann das Gewächshaus mindestens zweimal im Jahr gründlich sauber gemacht wird.
In größeren Gewächshäusern oder dort, wo eine besondere Konstruktion das Bespannen sehr schwierig macht, verwendet man besser dauerhafteres Material. Ein fast unbegrenzt haltbares Material sind Acrylglasplatten, als Plexiglas bekannt, die man in Baumärkten kaufen kann. Dieses ebene, feste Material kann entweder mit einem scharfen Messer oder einer feinen Säge in entsprechender Form und Größe zugeschnitten werden. Acrylmaterial ist viel widerstandsfähiger als Polyäthylen und verträgt eine normale Beanspruchung ohne Verschleißerscheinungen. Es bleibt durchsichtig – Polyäthylen verfärbt sich und verliert mit der Zeit seine Durchsichtigkeit – und ist leicht zu reinigen.
Die teuerste, wohl aber beste Isolierung sind speziell konstruierte, für die Langzeitverwendung hermetisch versiegelte

Oben: Um Kondenswasserbildung zu vermeiden, die bei kaltem Wetter eintreten könnte, muß man die Polyäthylenfolie straff spannen. In einem aus Holz konstruierten Gewächshaus ist es am besten, wenn man 2,5 cm starke Latten als Befestigung für die Bespannung verwendet.

Doppelglasscheiben. Diese Doppelscheiben sind aber nicht nur sehr teuer, ihr Gewicht macht es auch erforderlich, das Untergestell erheblich zu verstärken.
Ein Problem, das sich bei innen mit Folie bespannten Gewächshäusern oft einstellt, ist eine übermäßige Kondenswasserbildung, besonders während längerdauernden Kälteperioden, wenn man nicht lüften kann. Wenn die Bespannung so angebracht ist, daß sie keine Falten oder Wellen bildet und die Neigung des Daches

steil genug ist – mindestens 35° oder mehr –, läuft das Kondenswasser an der Bespannung hinunter auf die Stellplätze oder auf den Fußboden, ohne die Pflanzen zu beeinträchtigen. Wo dies aber aus konstruktionsbedingten Gründen unmöglich ist, sollte man sich vielleicht überlegen, ob man die Folienbespannung doch außen anbringt. Abgesehen von der Vermeidung des Auftretens von Kondenswasser bietet diese Methode noch einige andere Vorteile: An der Außenfläche des Gewächshauses sind nicht so viele Vorrichtungen angebracht, die man bei der Innenbespannung umgehen muß. Ein weiterer Vorteil der Außenbespannung liegt darin, daß sie sich schneller wieder entfernen läßt.

Wenn das völlig bespannte Gewächshaus beheizt wird, muß allerdings für eine ausreichende Belüftung gesorgt werden. Von noch größerer Wichtigkeit ist eine Frischluftleitung zum Brenner und eine Belüftungsöffnung in Bodennähe zum Abzug der Verbrennungsgase in Gewächshäusern, die durch die Bespannung praktisch ganz abgedichtet wurden.

Die Isolierung der Glasverkleidung des Gewächshauses hat aber auch einige Nachteile: eine Minderung der Lichtintensität zum einen, zum andern fällt es nicht mehr so sehr auf, wenn das Glas beschädigt ist. Bevor man damit anfing, Gewächshäuser zu bespannen, fiel einem auch der kleinste Sprung im Glas sofort auf. So sollte man auf jeden Fall hin und wieder Kontrollen durchführen, damit ernsterer Schaden vermieden wird.

Es wird auch oft vergessen, daß Wärme – zwar langsamer – auch durch die Mauern und den Fußboden verlorengeht. In einem Gewächshaus mit Naturboden, der meist mit Kies oder einem ähnlichen Material bestreut ist, wird es schwierig, wenn nicht unmöglich sein, eine wirksame Isolierung zu erreichen. Da aber auf diesem Wege nur wenig Wärme verlorengeht, ist dies ein Bereich, bei dem man noch am ehesten auf eine Isolierung verzichten kann.

Tatsächlich kann ein Gewächshaus nur dann nach unten wirklich wirksam isoliert werden, wenn es auf einem Betonfundament errichtet ist, in dem in ca. 25 mm Tiefe unter dem Fußboden eine feuchtigkeitshemmende Polyäthylenschicht eingearbeitet wurde. Eine 13 oder

19 mm starke Polystyrolschicht unmittelbar unter der feuchtigkeitsfesten Polyäthylenschicht sollte in der Lage sein, einen Teil der durch den Boden sonst verlorengehenden Wärme zurückzuhalten. Die meisten Gärtner nehmen jedoch einen geringen Wärmeverlust in Kauf und ziehen gewachsenen Boden vor, der Ablaufwasser aufnehmen kann und von dem auch etwas Feuchtigkeit aufsteigt.
Der Wärmeverlust durch die Grundmauern eines Gewächshauses wird auch oft übersehen. Jede massive Wand nimmt Wärme vom Inneren des Gewächshauses auf und gibt sie an die kühlere Außenseite weiter. Es wird jedem einleuchten, daß eine 13 mm starke vertäfelte Holzwand mehr Wärme durchläßt als eine 23 cm dicke massive Ziegelmauer. Auf jeden Fall sollten auch die lichtundurchlässigen Teile des Gewächshauses isoliert werden. Dies erreicht man am besten durch Wärmedämmplatten aus Styropor, die auf der Innenfläche der Gewächshauswände angebracht werden. Styropor gibt es in den verschiedensten Dicken. Je dikker, desto besser natürlich. Man kann selbstverständlich auch den Zwischenraum zwischen den Wänden mit einem modernen Isoliermaterial ausfüllen; dies ist jedoch teurer und benötigt zusätzlichen Platz. Beim Bau eines neuen Gewächshauses sollte man gleich 23 cm dikke Hohlblocksteine verwenden. Diese Steine besitzen einen Hohlraum von 15,5 cm Tiefe. Durch Ausfüllen dieses Hohlraumes mit einem geeigneten Isoliermaterial wird eine hervorragende Wärmedämmung erreicht.

Luftumwälzung

Die Isoliermaßnahmen halten zwar die Wärme, verringern aber die Luftbewegung. In den gemäßigten Zonen der Welt ist es oft über Wochen, ja Monate hinweg nicht ratsam, die Lüftungsklappen zu öffnen. Man rät den Gärtnern oft, während dieser Zeit im Gewächshaus „Ruhe" einkehren zu lassen, lediglich die Minimaltemperaturen einzuhalten und die Pflanzen nur in dem Maße zu gießen, wie es erforderlich ist, um sie vor dem Austrocknen zu bewahren. Dies ist zwar für eine kurze Zeit gut, aber bei längerer Dauer werden derartige Bedingungen mit Bestimmtheit zu einem verminderten Wachstum der Pflanzen führen. Auf der anderen Seite muß man daran denken, daß für den Fall, daß überschüssiges Wasser entweder auf den Pflanzen, dem Gewächshausboden oder den Stellplätzen stehen bleibt, eine dämpfige Atmosphäre entsteht, die Pilzinfektionen hervorrufen kann. Dieses Risiko kann man durch eine Umwälzung der Luft verringern, aber selbst wenn es möglich wäre, die Lüftungsklappen zu öffnen, würde sich die Luft nur geringfügig bewegen, die Situation also kaum wesentlich verbessert. Man ist sich heute allgemein darüber einig, daß ein modernes Gewächshaus ohne einen oder zwei Ventilatoren, die oft ständig in Betrieb sind, nicht komplett ist. Die beste Art, die Luft innerhalb eines

Oben: Eine Außenbespannung mit Polyäthylenfolie läßt sich leichter anbringen und wieder abnehmen als eine Innenbespannung. Die Kondenswasserbildung wird praktisch ausgeschlossen.

Gewächshauses umzuwälzen, ist der Einsatz eines Schwenkventilators, der innerhalb eines Bereiches von 180° ständige Drehbewegungen ausführt. Die meisten dieser Ventilatoren kann man auf drei verschiedene Geschwindigkeiten einstellen, um sie sowohl der Gewächshausgröße als auch den allgemeinen Bedingungen anpassen zu können. Sie schaffen eine bewegte Atmosphäre und sorgen gleichzeitig für gleichmäßigere Temperaturverhältnisse im ganzen Gewächshaus. Pflanzen, die offensichtlich bei starkem Wind besonders gut gedeihen – wie viele Gattungen aus den höheren Gebieten Südamerikas, z. B. *Odontoglossum* und *Masdevallia* – stellt man möglichst nahe am Ventilator auf. Besser ist es aber, einen kleineren Ventilator nahe dieser Pflanzengruppe aufzustellen, um damit örtlich eine Art „Bergklima" zu schaffen. Die Vorteile einer raschen Luftumwälzung beschränken sich aber nicht auf die Wintermonate, wenn die Heizung arbeitet und die Lüftungsklappen geschlossen bleiben müssen. In Zonen mit wärmerem Klima und im Sommer auch in den gemäßigten Zonen ist es oft erforderlich, für eine starke Abdeckung zu sorgen, um zu verhindern, daß das Blattwerk der Pflanzen durch die Sonnenstrahlen verbrannt wird. Frische Luft, die über die Blätter der Pflanzen streicht, hilft gegen ein Verbrennen. Ein Ventilator, in der Nähe einer bodennahen Lüftungsklappe aufgestellt, wäre dann eine große Hilfe. Man könnte dann auch eine schwächere Abdeckung wählen, so daß die Pflanzen noch genügend Licht abbekommen.

Luftbefeuchtung

Wenn man die Luft ständig stark umwälzt, kann dies einen gewissen Verlust an Feuchtigkeit bewirken.
Versprüht man Wasser um und unter die Pflanzen sowie über den ganzen Boden, so erhöht sich der Feuchtigkeitsgehalt der

Oben: In einem kleinen Gewächshaus läßt sich zur Luftumwälzung sehr gut ein Schwenkventilator einsetzen.

Rechts: Ein kleiner Ventilator kann die Atmosphäre speziell für die Orchideen beleben, die bei stagnierender Luft nicht gedeihen wollen.

Luft, so daß die Pflanze weniger Wasser über ihr Wurzelwerk aufnehmen muß. Es gibt verschiedene Methoden, diesen wünschenswerten Zustand zu erreichen. Die Skala reicht von den einfachsten Vorrichtungen bis zu vollautomatischen Anlagen, die genauso gut im Gewächshaus eines Liebhabers wie in den großen Gärtnereien eingesetzt werden können.

Ohne Zweifel ist der Gartenschlauch noch immer die verläßlichste Methode, um innerhalb des Gewächshausbereiches Feuchtigkeit zu erzeugen. Im großen und ganzen gesehen hat dies viele Vorteile: Man braucht keine Störungen zu befürchten, ein elektrischer Anschluß wird nicht benötigt, und man ist auch nicht vom Funktionieren von Schaltern oder Reglern abhängig. Der Hauptnachteil besteht aber darin, daß jemand verfügbar sein muß, der genügend Zeit und Lust hat, diese Aufgabe mindestens einmal, wenn nicht mehrmals täglich zu übernehmen.

Wenn Sie für längere Zeit abwesend sind, gibt es eine relativ einfache und billige Methode, die Luftfeuchtigkeit im Gewächshaus zu „automatisieren“: Sie heben in dem Erdboden unter den Stellplätzen eine flache Grube aus, die Sie mit Polyäthylenfolie auslegen. Dieser flache „Trog“ wird dann mit Kies oder noch besser mit Perlite gefüllt. Anschließend gießen Sie Wasser in den Trog, aber nicht höher als 2,5 – 5 cm unter dem Füllmaterial, und sorgen dafür, daß der Wasserstand entweder durch Tropfbeschickung aus einem an geeigneter Stelle aufgestellten Sammeltank oder durch Auffüllen von Hand alle drei bis vier Tage aufrechterhalten wird. Diese Methode kann zwar keine perfekten Verhältnisse schaffen, eine zu starke Austrocknung des Gewächshauses kann aber vermieden werden.

Eine andere einfache, jedoch effektivere Methode, die ebenfalls stromunabhängig ist, ist der Gießschlauch, ein Kunststoffschlauch mit Wasseraustrittsöffnungen in verschiedenster Anordnung. So gibt es ihn als Sprühschlauch, bei dem das Wasser aus kleinsten Öffnungen in feinen Strahlen hervorsprüht, und als Tropfschlauch, der pro laufendem Meter ca. 200 – 300 größere Öffnungen hat, so daß das Wasser nicht sprüht, sondern tropft (mit diesem Schlauch kann man allerdings nur die unmittelbare Umgebung bewässern). Es gibt auch Sprühschläuche, bei denen die Austrittsöffnungen mit lippenförmigen Vorrichtungen versehen sind, so daß das Wasser nicht in weitem Bogen herausspritzt, sondern ebenfalls nur bestimmte Bezirke besprüht. Diese Schläuche sind aber teurer als die normalen Sprühschläuche. Fast denselben Effekt erzielt man, wenn man an den Sprühschläuchen einen kurzen Vorhang aus Polyäthylenfolie auf beiden Seiten des Schlauches anbringt.

Die einzige Alternative zum Gießschlauch sind Sprühdüsen, die über ein Hygrometer und ein elektrisch betriebenes Ventil betrieben werden. Wenn die relative Luftfeuchtigkeit unter den gewünschten, vorher eingestellten Wert abfällt, öffnet sich das Ventil, so daß die Sprühdüsen arbeiten können, bis die Feuchtigkeit den gewünschten Wert erreicht hat, dann schließt sich das Ventil wieder. Die Sprühdüsen können auch über eine Zeituhr gesteuert werden, die das Ventil für ca. 5 Minuten pro Stunde öffnet; aber hier besteht die Gefahr, daß man bei kühlen Temperaturen übermäßi-

ge Feuchtigkeitsverhältnisse schafft und bei heißen Temperaturen die Luftfeuchtigkeit zu gering ist.

Es gibt eine ganze Anzahl verschiedener Sprühdüsen, von billigen Plastikdüsen bis zu solchen in stabilerer Messingausführung mit Feinverstellung zwischen Tropfen und feinem Nebel. Die Zuleitung kann aus einem Plastikschlauch (mit Schlauchklemmen zur Abdichtung an den Übergangsstellen) bestehen, den wir an die Wasserleitung anschließen. Das Wasser innerhalb der Zuleitung zu den Sprühdüsen steht unter dem Druck der Wasserleitung, an die sie angeschlossen sind. In der Zeit, in der die Düsen außer Betrieb sind, müssen alle Dichtungsstellen also diesem Druck standhalten. In der Praxis wird sich hier nun eine Schwachstelle ausbilden, und die Schlauchleitung wird innerhalb weniger Wochen brechen. Wenn Sie eine absolut verläßliche Anlage wünschen, verwenden Sie 15-mm-Kupferleitungen und Druckdichtungen an allen Übergangsstellen. Solche Dichtungen brauchen nicht gelötet zu werden, man verschraubt sie mit einem Schraubenschlüssel.

Wenn Sie die Leitung unterhalb der Stellplätze verlegen und alle 1,2 m an einer Seite des Mittelweges eine Sprühdüse anbringen, können Sie das ganze Gewächshaus sprühen. Obwohl mancher vielleicht eine vollautomatische Befeuchtungsanlage als unnötigen Luxus betrachten wird, so kann man sich doch darauf verlassen, daß ein solches System über viele Jahre hinweg gute Dienste tut und dem Orchideenfreund während seiner Abwesenheit eine Sorge abnimmt.

Mühelos gießen

Das automatische Befeuchtungssystem kann auch zu einer mühelosen Wasserversorgung der Pflanzen eingesetzt werden. An den Glasrahmen über den Pflanzen können Sie eine Rohrleitung mit der entsprechenden Anzahl von Sprühdüsen aufhängen und Wasser über ein hygrometer- oder zeituhrgesteuertes Ventil zuführen oder – was noch besser ist – den Wassernachschub durch manuelles Auf- und Zudrehen des Wasserhahnes regeln.

Der Hauptnachteil eines solchen Systems für den Amateurgärtner mit einer vielseitigen Sammlung wird darin liegen, daß immer einige Orchideen blühen. Zu dieser Zeit ist eine regelmäßige Sättigung der Feuchtigkeit natürlich unerwünscht. Dort aber, wo eine größere Anzahl von ähn-

Links: Ein Sprührohr mit auswechselbaren Düsen eignet sich sehr gut zum Besprühen von an Rindenstücken und dgl. befestigten, luftwurzelbildenden Orchideen. Man kann damit auch hochgelegene Stellplätze mühelos erreichen.

Oben: In die Wasserleitung eingebaute Sprühdüsen unter den Stellplätzen können entweder von Hand oder vollautomatisch verstellt werden. Die Düse sollte zwischen Grob- und Feinvernebelung einstellbar sein und einen Bereich von etwa 1,5 m² versorgen.

lichen Pflanzen zusammen in gleich großen Töpfen gehalten werden, läßt sich eine solche Anlage sehr gut einsetzen. Ähnliche Kriterien gelten, wenn man ein System mit Einzelleitungen für jeden Blumentopf verwendet, die von einer zentralen Sammelleitung ausgehen. Der Einsatz automatischer Bewässerungsanlagen muß sich also auf Fälle beschränken, bei denen alle Pflanzen die gleichen Wasserbedürfnisse haben und alle Blumentöpfe nach ungefähr der gleichen Zeit austrocknen.
Wie kann also der Halter einer gemischten Orchideensammlung mühe- und zeitsparend gießen? Hier gibt es eine verhältnismäßig preisgünstige Methode: ein Pflanzensprührohr in Verbindung mit einer kleinen Saugpumpe. Die Sprührohre haben am Griff einen Druckhebelabzug und auswechselbare Düsen für das Gießen mit direktem Strahl oder zur Feinbesprühung. Die Saugpumpe muß nicht groß sein, die für kleine Gartenspringbrunnen eingesetzte Größe wird genügen – vorausgesetzt, sie erzeugt einen Wassersäulendruck, der mindestens der Höhe Ihres Gewächshauses entspricht. Geringere Druckleistungen werden nicht ausreichen, um die auf höheren Stellplätzen stehenden Pflanzen zu erreichen. Wenn man dann eine genügende Schlauchlänge zwischen Sprührohr und Pumpe zur Verfügung hat, die Pumpe in der Nähe eines günstig gelegenen Wasserbehälters aufstellt und sie an die nächste Steckdose anschließt, hat man eine mühelose, voll bewegliche Bewässerungsmöglichkeit zur Verfügung, die wenig kostet. Hier möchte ich jedoch warnend darauf hinweisen, daß man die Pumpe nie über längere Zeit laufen lassen sollte, ohne das Sprührohrventil zu öffnen, da der Rückstaudruck sonst zu einem Durchbrennen des Pumpenmotors führen könnte. Kompliziertere – und daher erheblich teurere – Pumpen sind mit einem wassergesteuerten Ein-Aus-Magnetventil ausgerüstet, das die Pumpe bei zunehmendem Wasserdruck, der durch ein geschlossenes Sprührohrventil verursacht wird, abstellt.
Trotz der auf den ersten Blick kompliziert anmutenden Apparatur stellt die Kombination Sprührohr und Pumpe ein leicht zu installierendes System dar, das man selbst für sehr große Sammlungen einsetzen kann.
Für diejenigen, die die gute alte Gießkanne vorziehen, folgende Ratschläge: Ver-

wenden Sie keine Kannen, die ein zu kurzes oder zu dickes Ausgußrohr haben; mit der Kanne mit kurzem Ausgußrohr werden Sie die ganz hinten auf der Pflanzbank stehenden Pflanzen nicht erreichen; mit einem dicken Ausgußrohr läßt sich der Wasserstrom schlecht dosieren, und oft werden dann kleinere Pflanzen herausgeschwemmt. Geeignete Gießkannen besitzen lange, schlanke Ausgußrohre und außer gröberen und feineren Brausen auch noch Ausgußrohr-Verlängerungsstücke, die dünner sind als das Kannenrohr und deren vorderes Ende meist etwas nach unten gebogen ist, so daß sich auch ganz abseits plazierte Pflanzen mit Leichtigkeit erreichen lassen, ohne daß die halbe Blumenerde aus dem Topf gespült wird.

Schädlingsbekämpfung

Auch zur Schädlingsbekämpfung werden längst besondere Vorrichtungen eingesetzt. Anfang des 19. Jahrhunderts verwendeten die Gärtner handbetriebene Blasebälge, um Schädlingsbekämpfungsmittel (auch damals schon kannte man das Nikotin als wirkungsvolles Mittel zur Vernichtung der meisten Schädlinge) im Gewächshaus zu verteilen. Verschiedene Ausräucherungsapparate, viele davon ziemlich kompliziert, kamen von Zeit zu Zeit auf den Markt, und obwohl viele davon alsbald wieder verschwunden sind, hat sich zumindest ein solches Gerät, der RICHARDSCHE Räucherapparat, der schon 1925 eingeführt wurde, gehalten. Dieser Apparat wird auch heute noch gern und regelmäßig in Großbritannien eingesetzt. Er besteht aus einem einfachen durchlöcherten Metallkegel, der an beiden Enden offen ist und im Innern einen Spiritusbrenner hat. Auf der oberen Öffnung sitzt eine flache Schale, in die man die benötigte Menge des Schädlingsbekämpfungsmittels schüttet. Dann zündet man den Spiritusbrenner an. Das Mittel auf der Schale wird erhitzt und verdampft – zum Schaden der Störenfriede, die man bekämpfen will.

Seit einigen Jahren gibt es auch eine moderne Ausführung dieses Räucherapparates, der aber einen elektrischen Anschluß benötigt. Diese Räuchergeräte, in die man das meist kristalline Schädlingsbekämpfungsmittel eingeben muß, bestehen aus einem kelchförmigen Metallgehäuse (siehe Bild Seite 63 oben), in das ein Glasbecher aus hitzefestem Glas gestellt wird. Ein thermostatgesteuertes Heizelement bringt die Kristalle zum Schmelzen, und sie verdampfen schließlich. Ein Vorteil dieses elektrischen Räuchergerätes gegenüber dem alten mit Spiritus betriebenen Gerät ist der saubere Betrieb und die thermostatisch geregelte Wärmeabga-Für eine rasche Verteilung der Schädlingsbekämpfungsmittel im Gewächshaus steht seit einigen Jahren noch ein anderes elektrisch betriebenes Räuchergerät zur Verfügung (siehe Bild Seite 63 unten). In die Düse dieses wie ein Fön konstruierten Gerätes setzt man eine Patrone, die aus mit Schädlingsbekämpfungsmittel imprägnierter Pappe besteht. Heiße Luft, die aus der Düse ausströmt, bringt das Mittel zum Verdampfen, und man kann dann den Dampf im ganzen Gewächshaus verteilen.

Schädlingsbekämpfungspulver werden heute meist schon in Zerstäuberpakkungen, die man sofort verwenden kann, angeboten. Flüssige Schädlingsbekämpfungsmittel müssen mit einer entsprechenden Menge Wasser – manchmal auch mit Schmierseife – verdünnt werden und können mit einer einfachen Spritze oder einem Druckzerstäuber versprüht werden.

Natürlich müssen beim Umgang mit den oft sehr giftigen Chemikalien alle Vorsichtsmaßregeln beachtet werden – in Ihrem eigenen Interesse und dem Ihrer Pflanzen!

Fragen, die den Pflanzenschutz betreffen, beantworten Ihnen gerne die für die jeweiligen Länder zuständigen Pflanzenschutzämter. Hier einige Adressen:

86152 Augsburg, Obstmarkt 12
12347 Berlin, Mohringer Alle 137
01307 Dresden, Stübelallee 2
60487 Frankfurt/M., Friedrich-Wilhelm-von-Steuben-Str. 2
30453 Hannover, Wunstorfer Landstr. 9
22609 Hamburg, Ohnhorststraße 18
24118 Kiel, Westring 383
55128 Mainz, Essenheimer Str. 144
26121 Oldenburg, Sedanstraße 4
66121 Saarbrücken, Lessingstraße 12
70197 Stuttgart, Reinsburgstraße 107
99426 Weimar, Carl-August-Allee 1a

Unten: So eine elektrische Wasserpumpe, wie man sie für kleinere Springbrunnen im Garten einsetzt, mit einem Anschluß zum Wassertank und über einen Schlauch mit dem Sprührohr verbunden, ist für die meisten Gewächshäuser ausreichend.

Wie man Orchideen zieht

Es ist immer äußerst schwierig, Kulturanweisungen zu geben: Es gibt so vielerlei verschiedene Faktoren, die alle mitwirken und denen man Beachtung schenken sollte, und es wird kaum zwei Gärtner geben, die auf die gleiche Weise zu den erzielten Resultaten gekommen sind. Man muß davon ausgehen, daß es keine festen Regeln gibt und keine wissenschaftlichen oder mathematischen Formeln, die eine erfolgreiche Kultur garantieren. Stattdessen kann man aber einige auf praktischer Erfahrung beruhende Ratschläge erteilen, in der Hoffnung, damit zumindest einem unsicheren Blumenfreund durch ein besseres Verständnis der Grundbedürfnisse der Orchideen zu helfen, den richtigen Weg bei der Haltung einzuschlagen.

Die erfolgreiche Pflege aller Pflanzen hängt im wesentlichen davon ab, wie man die verschiedenen Aspekte, die bei der Kultur zu beachten sind, miteinander in Einklang bringen kann, dies ist bei Orchideen so wichtig wie bei jeder winterharten Gartenpflanze. Bevor man mit der Pflege einer Pflanze beginnt, sollte man erst einmal wissen, unter welchen Bedingungen sie in der freien Natur wächst: in welchem Gebiet und welcher Höhenlage ist sie zu Hause? Welche klimatischen Verhältnisse herrschen dort? Inwieweit ist die Pflanze jahreszeitlich bedingten Trok-

Oben: Schädlingsbekämpfungsmittel sprüht oder räuchert man am besten an warmen Abenden, damit sie bei geschlossenem Gewächshaus eine Nacht lang einwirken können. Am darauffolgenden Morgen gründlich lüften. Elektrische Räuchergeräte kann man zur Bekämpfung der meisten Schädlinge und gegen Pilzbefall einsetzen, achten Sie aber darauf, daß während des Räucherns unmittelbar über dem Gerät keine Pflanzen stehen.

Unten: In solchen Sprühpistolen wird Heißluft erzeugt und durch eine imprägnierte Papp-Patrone geleitet, so daß der Dampf zur Insektenvertilgung frei wird.

kenzeiten (die man bei der Kultur als „Ruhezeiten" einstuft) bzw. Monsunperioden unterworfen, gedeiht sie in Lagen, die einer ständigen Sonnenbestrahlung ausgesetzt sind oder braucht sie Halbschatten? Bei einer Pflanzengruppe, die so weitverbreitet ist wie die Orchideen, die in allen erdenklichen völlig verschiedenen Zonen und eng begrenzten ökologischen Nischen vorkommen, sind Kenntnisse ihrer natürlichen Lebensweise um so wichtiger.

Temperaturbedürfnisse

Es ist allerdings völlig unmöglich, alle diese vielleicht idealen Bedingungen für jede einzelne Art oder Gattung nachzuahmen. Fast alle Orchideen sind sehr anpassungsfähig und haben bewiesen, daß sie sich in „fremder" Umgebung einleben können.
Grundsätzlich kann man Orchideen in drei Haupt-Temperaturklassen einteilen: in warmwachsende, bei denen man eine Mindesttemperatur von 15,5° C bei Nacht einhalten sollte; in Pflanzen mit mittleren Temperaturanforderungen, hier sollte das Thermometer nicht unter 13° C fallen, und in kühlwachsende, die Nachttemperaturen bis etwa 10° C vertragen. Es ist klar, daß verschiedene Orchideenarten verschiedene Temperaturanforderungen stellen; man wird aber auch feststellen können, daß es in jedem Gewächshaus mehrere künstliche Kleinklimazonen gibt. Bereiche, die sich in der Nähe der Heizrohre befinden, werden im Normalfall mit mehr Wärme versorgt werden, und die Luft ist dort weniger feucht als in Bereichen, die nicht so der direkten Einwirkung der Heizung ausgesetzt sind. (Auch ein Umluftventilator ändert diese Mikroklimate nicht wesentlich). Auf der anderen Seite müssen Pflanzen, die in der Nähe der Türe stehen, die regelmäßig eintretenden Temperaturstürze tolerieren können.

Die bestmögliche Nutzung des Gewächshauses

Die meisten Amateurgärtner haben nur ein Gewächshaus, in dem sie ihre oftmals sehr gemischten Sammlungen halten, und für gewöhnlich ist die Heizung nur für Temperaturen von 10 – 12° C ausgelegt. Hier empfiehlt es sich, sich auf die Haltung von kühlwachsenden Arten zu beschränken. Doch gibt es auch in diesen Gewächshäusern wärmere Zonen; wenn man diese Bereiche findet und hochliegende Stellplätze vorsieht, kann man seine Sammlung bedeutend erweitern. Viele der zu den südamerikanischen Laelien gehörenden Arten – wie *Cattleya, Brassavola* und *Laelia* – würden sich in den etwas wärmeren und weniger feuchten Bedingungen eines solchen Stellplatzes wohlfühlen. Ihre lederartigen Blätter und dicken Pseudobulben würden auch von dem dort reichlich vorhandenen Licht profitieren, und – vorausgesetzt, daß die Temperaturen nicht auf Werte unter 12° C abfallen – diese Orchideen, die

man zu den mäßig warm zu haltenden rechnet, werden auch in einem verhältnismäßig kühlen Gewächshaus ihre Blüten entwickeln.
Man könnte jetzt natürlich sagen, man braucht das Gewächshaus einfach nur senkrecht aufzuteilen und erhält dadurch schon verschiedene Temperaturen, gewiß ließe sich dann auch die natürliche Konvektion besser ausnutzen. Aber diese Einteilung geht natürlich nur mit Stellbrettern, die wiederum die Wärme am Aufsteigen hindern und dadurch die Vorteile der Konvektion wirkungslos machen. Wenn Sie daher einen Bereich des kühlgehaltenen Gewächshauses für wärmeliebende Orchideen einrichten wollen, so ist es am besten, ihn ganz abzuteilen, damit sich die Wärme innerhalb des umschriebenen Raumes besser halten kann. Hierfür sieht man entweder einen dauernden, festen Einbau vor oder man schafft ein Provisorium. In diesem Fall genügt die Abteilung mit einer Polyäthylenfolie. In jedem Fall muß dieser Bereich zugänglich sein und eine Belüftungsmöglichkeit haben. Um die Temperaturen in dem Abteil noch weiter zu erhöhen, kann man entweder einen kleinen elektrischen Heizlüfter hineinstellen, oder man verwendet ein Flächenheizkabel.

Warmes oder mäßig warmes Klima

Der wärmste Teil eines jeden Gewächshauses liegt im oberen Drittel, und doch nutzen die wenigsten Orchideenliebhaber diesen Bereich aus – außer vielleicht als

Links: Obwohl sich einige Arten auch im Kalthaus halten, benötigen die meisten Paphiopedilen mittlere Temperaturen. Aus diesem Grunde, wegen ihrer kompakten Wuchsform und den lange haltenden Blüten, eignen sie sich gut als Zimmerpflanzen.

Rechts: Diese kleine Vitrine, die durch Lufterhitzungskabel beheizt wird, bietet die Möglichkeit, auch wärmeliebende Orchideen innerhalb eines kühl gehaltenen Gewächshauses zu halten.

Unten: Dendrobien wie diese, *Dendrobium victoriae reginae*, hält man am besten in einem Warmhaus. Man sollte jedoch eine kühle Ruheperiode einschalten, damit sich die Blüten entwickeln.

„Ruheplatz" für bestimmte (meist laubwechselnde) Orchideen während der Wintermonate. In kleineren Gewächshäusern, die nicht breiter als 3 m sind, wird kaum Platz sein, um über dem Mittelweg „Hochregale" anzubringen – obwohl es selten ganz unmöglich ist, Etagengestelle einzubauen, vor allem dann, wenn man die genormte Pflanzbankhöhe von 84 cm etwas verringert, so daß eine zweite Etage darüber gebaut werden kann. Die Temperaturen in den „Hochregalen" liegen 3 – 4° C über den Bodentemperaturen, so daß man ohne weiteres in einem kühlen Gewächshaus in den oberen Bereichen Arten halten kann, die es gerne mäßig warm haben wollen. In ähnlicher Weise gedeihen in einem Gewächshaus für mittelwarm zu haltende Pflanzen Orchideen mit höheren Wärmeansprüchen, wenn man sie auf Hochgestelle stellt.

Bei der Haltung von Pflanzen auf Hochstellagen ergeben sich u. a. zwei Nachteile – vor allem während der Sommermonate: Die Pflanzen stehen sehr nahe am Außenglas, sind also einer viel intensiveren Lichtstärke und Wärmeeinstrahlung ausgesetzt als die übrigen Pflanzen im Gewächshaus. Außerdem ist die Luftfeuchtigkeit in diesen wärmeren Regionen auch viel geringer. Die oben aufgestellten Pflanzen werden also viel eher austrocknen und ausbleichen als die tieferstehenden. Man muß sie also eher gießen und abdecken als die anderen. Obwohl es scheint, als biete eine Aufstellung in der Höhe der Pflanzen nicht gerade ideale Bedingungen, gibt es doch viele Orchideen, die sich gerade hier sehr wohl fühlen, vor allem im Spätsommer und Herbst, wenn es so wichtig ist, daß die älteren Pflanzensprosse und die Pseudobulben reifen können.

Dendrobium

Dendrobien gehören nicht gerade zu den Orchideen, die man leicht zum Blühen bringen kann, wird aber die Pseudobulbe im Spätsommer dem vollen Licht ausgesetzt und kann so heranreifen – ein hoher Stellplatz nahe den Dach-Lüftungsklappen bietet dafür ideale Verhältnisse – hat man eine größere Chance, diese wunderschönen Orchideen zur vollen Entfaltung ihrer Blüten zu bringen. Die Arten mit fleischigen Blättern, wie *Dendrobium lingueforme* und *Dendrobium teretifolium*, die meist aus Australien kommen, wo sie während der dort regelmäßig auftretenden Trockenzeiten lange Zeit einer intensiven Sonnenbestrahlung ausgesetzt sind, eignen sich besonders gut für eine Haltung „auf der Höhe". Man kann davon ausgehen, daß diese Dendrobien unter den Bedingungen in gemäßigten Zonen nie zum Blühen kommen, es sei denn, man bietet ihnen maximale Lichtverhältnisse, besonders während der Wintermonate.

Paphiopedilum und Phalaenopsis

Ein großer Temperaturspielraum ermöglicht natürlich auch eine größere Vielfalt an Pflanzen. Gewächshäuser, in denen eine Mindesttemperatur von 15,5° C eingehalten werden kann, bieten ideale Voraussetzungen für die Haltung der wärmeliebenden *Paphiopedilum*- und *Phalaenopsis*-Arten. Beide Gattungen benötigen in den Sommermonaten ziemlich schattige und feuchte Verhältnisse – ähnlich wie sie den meisten der wärmeliebenden *Angraecum*-Arten aus dem afrikanischen Kontinent geboten werden sollten. Geeignete, aber sonnenhungrigere Partner für diese drei Gruppen – also Kandidaten für hohe Stellplätze – sind viele vandaartige Orchideen aus Südostasien. Pflanzen dieser Gruppe haben entweder riemenförmige oder zylindrische (bleistiftförmige) Blätter, abgesehen von einigen Zwischenformen. Hybridenzüchter haben andere Zwischentypen kreiert, indem sie Vandas mit zylindrischen Blättern mit solchen mit riemenförmigem Blattwerk kreuzten, woraus Pflanzen mit halb- oder viertelzylindrischen Blattformen entstanden; je höher der Prozentsatz an zylinderblättrigem „Erbgut" ist, um so mehr Licht braucht die Orchidee, um Blüten auszubilden. In der Tat sind Vandas mit zylindrischem Blattwerk für die Kleingewächshaushaltung in gemäßigten Zonen nicht gut geeignet. Diese Arten brauchen nicht nur sehr viel Licht – das leider während der Wintermonate nicht geboten werden kann –, sie haben auch einen kletternden Wuchs, so daß die vielen Luftwurzeln, die für Kletterorchideen in ihrer natürlichen Umgebung so wichtig sind, eine herkömmliche Topfhaltung unmöglich machen.

Oncidium

Nicht alle lichthungrigen, wärmeliebenden Orchideen haben solche störenden Eigenschaften. Oncidien werden normalerweise unter die kühlwachsenden Arten eingestuft, zusammen mit ihren Verwandten, den Odontoglossums, es gibt aber mehrere Arten, zu denen eine immer steigende Anzahl von Hybriden kommt, die sich als ideale Pfleglinge für einen hohen Stellplatz in einem Warmhaus anbieten. Die wärmeliebenden *Oncidium*-Arten besitzen dicke, fast zylindrische oder „viereckige" 8 – 10 cm lange Blätter, die sehr dicht beieinanderstehen und Blattbüschel bilden. Das verhältnismäßig spärliche Wurzelwerk ist sehr empfindlich, was Feuchtigkeit betrifft. Am besten hält man die Pflanzen in Töpfen, die gerade groß genug sind, um der Pflanze einen guten Halt zu geben. Das Substrat sollte gut wasserdurchlässig sein, so daß sich kein Wasserstau bildet, da die Wurzeln schnell zum Faulen neigen, andererseits aber auch gerne austrocknen. Damit man nicht allzu oft umtopfen muß, sollte das Substrat dauerhaft sein. Verwendet man grobkörnige Rinde mit vielen großen Stücken, also ein „offenes" Substrat, muß man – besonders in den heißen Sommermonaten – täglich etwas gießen, da die kleinwüchsigen Orchideen zwar sehr viel Licht, aber weniger zu große Feuchtigkeit verlangen, aber auch nicht austrocknen dürfen.

Von Kleinwüchsigkeit spricht man jedoch nicht mehr, wenn man die prächtigen Blüten sieht – vor allem bei *Oncidium desertorum, Oncidium pulchellum* und *Oncidium variegatum.* Hier wird der Pfleger für seine sorgfältige Arbeit großzügig belohnt. In freier Natur sind diese Pflanzen

Orchideen, unterschiedlicher Temperaturansprüche

Warm zu halten	Mittelwarm zu halten	Kühl zu halten
Aerides fieldingii	Bifrenaria harrisoniae	Ada aurantiaca
Angraecum sesquipedale	Brassia verrucosa	Coelogyne cristata
Angraecum veitchii	Brassolaeliocattleya Norman's Bay	Cymbidium devonianum
Ansellia africana	Cattleya Bow Bells	Cattleya aurantiaca
Calanthe vestita	Cattleya bowringiana	Cymbidium Pearl Balkis
Chysis bractescens	Dendrochilum glumaceum	Cymbidium Peter Pan
Dendrobium phalaenopsis	Epidendrum cochliatum	Cymbidium Vieux Rose
Phalaenopsis aphrodite	Epidendrum ibaguense	Dendrobium nobile
Phalaenopsis equestris	Gomesa crispa	Dendrochilum glumaceum
Phalaenopsis lueddemanniana	Lycaste aromatica	Gomesa crispa
Phalaenopsis Party Dress	Maxillaria luteo-alba	Laelia anceps
Phalaenopsis sanderiana	Miltonia clowesii	Masdevallia coccinea
Phalaenopsis Temple Cloud	Paphiopedilum callosum	Masdevallia simula
Phalaenopsis Zada	Paphiopedilum fairieanum	Maxillaria tenuifolia
Potinaria Sunrise	Stanhopea wardii	Odontioda Memtor
Rhynchostylis gigantea	Trichopilia suavis	Odontoglossum crispum
Sobralia macrantha	Vanda coerulea	Odontoglossum grande
Thunia marshalliana	Vuylstekeara Cambria	Pleione formosana
Vanda sanderana	Wilsonaria Lyoth	Vuylstekeara Cambria
Vanda tricolor suavis	Zygopetalum intermedium	Zygopetalum intermedium

Links: Cymbidien eignen sich sehr gut für Gewächshäuser, in denen im Winter Nachttemperaturen bis 10° C eingehalten werden können. Sie brauchen aber kühle Sommernächte, damit sich Blüten ausbilden.

Rechts: Ihr kompakter Wuchs und die großen Blütenstände machen *Odontocidium* Thwaitesii zu einer beliebten Orchidee für das Kalthaus.

reichlicher Sonnenbestrahlung, wenig Regenfällen und manchmal sogar regelrechten Wüstenbedingungen ausgesetzt; sie stammen von einigen der Westindischen Inseln.

Kühles Klima

Nicht alle Orchideen lassen sich mit Erfolg bei hohen Temperaturen pflegen. Obwohl viele der als kühlwachsend eingestuften Pflanzen auch bei warmen Temperaturen gedeihen, werden sie mit ziemlicher Sicherheit keine Blüten ausbilden, wenn man ihnen nicht im Hochsommer niedrige Nachttemperaturen – am besten bis 10° C oder noch niedriger – bietet, die Voraussetzung für die Knospenbildung. In tropischen und subtropischen Gebieten der Erde, in denen die Nachttemperaturen selten tief genug absinken, ist es fast unmöglich, Gattungen wie *Cymbidium, Odontoglossum,* die meisten *Masdevallia*-Arten und die vielen kühlwachsenden Gruppen zu kultivieren, die aus dem Hochland stammen.
Die Kenntnis der natürlichen Lebensbedingungen der Orchideen ist auch ausschlaggebend für einen Erfolg bei der Kultur der von diesen Arten abstammenden Hybriden. Ein Beispiel hierfür ist Thailand, in dem das traditionelle Anbaugebiet um die Hauptstadt Bangkok herum gelegen ist, einer früheren Küstenregion. Hier wachsen Cattleyen, die wärmer zu haltenden *Dendrobium-Phalaenopsis*-Hybriden und sehr viele *Vanda*-Hybriden und intergenerische Züchtungen in großer Zahl auf Veranden und in Vorgärten. Die Hitze und die hohe Luftfeuchtigkeit sind ideal für diese Orchideen, wären aber absolut ungeeignet für kühlerwachsende Arten, die in gemäßigten Zonen so gut bekannt sind. Und doch kann man bei einem Besuch in Chiengmai, einer im Bergland etwa 800 km nördlich von Bangkok gelegenen Stadt, *Cymbidium*-Hybriden sehen, die gut wachsen und reichlich Blüten treiben. Obwohl in Chiengmai Tagestemperaturen von 30 – 32° C die Regel sind, sinken die Nachttemperaturen oft bis auf 11 – 13° C ab, so daß sich Knospen bilden können.
Blumenfreunde, die Cymbidien pflegen und Schwierigkeiten haben, diese zum Blühen zu bringen, können vielleicht diese „thailändische" Lösung versuchen. In einem Gewächshaus, in dem nur Cymbidien gehalten werden und in dem man die Kulturbedingungen ganz auf die Bedürfnisse dieser Art abstimmen kann, wird es nicht schwierig sein, schöne Blüten zu erhalten, zumal jede reife Pseudobulbe mindestens zwei Blütendolden hervorbringt. Aber da bei den meisten Liebhabersammlungen Cymbidien nur eine von 20 oder 30 verschiedenen Arten sind, werden die Licht-, Temperatur- und Lüftungsverhältnisse von den Bedürfnissen der Mehrheit diktiert.

Im Freien gehaltene Orchideen

Um im Sommer so niedrige Nachttemperaturen wie möglich zu erhalten (die – wie schon gesagt – vor allem von Cymbidien benötigt werden), ist es vorteilhaft, ein „Sommerquartier" im Freien einzurichten, in dem vom Sommer bis in den frühen Herbst günstige Bedingungen für Cymbidien herrschen.
Ein zusätzlicher Vorteil, der sich ergibt, wenn man wenigstens einen Teil der Sammlung die Sommermonate über ins Freie stellt, ist der – wenn auch nur vorübergehend verfügbare – Platz, den man im Gewächshaus schafft. Der Versuchung, diesen Platz wieder mit Orchideen auszufüllen, sollte man widerstehen, wenn man nicht die dann zwangsläufig folgenden Probleme mit einer Unterbringung der Pflanzen im Herbst auf eine andere Weise lösen kann! Stattdessen sollte man den freiwerdenden Platz dazu nutzen, die im Gewächshaus verbleibenden Orchideen weiter auseinanderzustellen. Auf diese Weise werden sie mehr Licht und mehr Luft erhalten, was während der Wachstumszeit überaus wichtig ist. Man kann diese Pflanzen dann leichter überblicken, und sie bekommen die richtige Menge an Wasser und Nahrung. Denn so viel Mühe man sich auch geben mag, überfüllte Gewächshäuser lassen sich mit einer vorbildlichen Kultur nicht vereinbaren. Im Spätsommer sollte man das Gewächshaus gründlich reinigen und gegebenenfalls instandsetzen – beides läßt sich in einem teilweise leeren Gewächshaus besser bewerkstelligen.

Ruhezeiten

Bisher haben wir uns nur mit den Bedingungen befaßt, die für ein gutes Wachstum der Orchideen wünschenswert sind. Damit eine gutwachsende Orchidee aber auch schöne Blüten ausbildet, muß man eine Ruhezeit einhalten. Die Frage, wann und wie man eine Orchidee ruhen lassen sollte, verwirrt nicht nur Amateure, selbst erfahrene Gärtner können in dieser Hinsicht keine genauen Verhaltensregeln aufstellen. In den meisten Fällen besteht die Ruhezeit lediglich darin, daß man der Pflanze in ihrem natürlichen Bestreben entgegenkommt, das Wachstum während der Wintermonate zu verlangsamen. Dies ist gewöhnlich bei Hybriden weniger wichtig als bei Orchideenarten, die in ihrer natürlichen Umgebung ihr Wuchsverhalten anpassen müssen, um jahreszeitlich bedingte Trockenzeiten durchzustehen. In extremen Fällen wirft die Pflanze alle Blätter ab, um ihre Feuchtigkeitsbedürfnisse auf ein Minimum herabzusetzen, und es kommt auch vor, daß die Pseudobulben stark schrumpfen.

Blätterabwerfende Orchideen

In Gebieten, in denen sehr harte Trokkenzeiten auftreten, sind meist auch die durchschnittlichen Temperaturen in der Trockenzeit niedriger als während der feuchten Periode, so daß es daher kaum zu einer übermäßigen Austrocknung der Orchideen kommt. Aber nicht nur die Orchidee paßt sich den jahreszeitlichen Änderungen an: auch der Baum, auf dem die Pflanze wächst und der ihr durch sein Blätterdach vorher Schutz gegen die heißen Sonnenstrahlen gewährte, verliert jetzt seine Blätter, so daß die reifen Pseudobulben und die Triebe dem vollen Licht ausgesetzt werden.
Nicht alle Orchideen sind solchen Verhältnissen in ihrem natürlichen Lebensraum ausgesetzt, manche wachsen auch in immergrünen Wäldern, in denen die Temperaturverhältnisse über das ganze Jahr hinweg nur geringfügigen Schwankungen unterworfen sind. Die Kenntnis des natürlichen Lebensraumes, eine gute Beobachtungsgabe und Erfahrung werden uns helfen, die richtige Entscheidung bezüglich der vorzusehenden Ruhezeit zu treffen.
Bei Orchideen, die von Natur aus im Winter und im zeitigen Frühjahr keine Blätter haben – dazu gehören z. B. die meisten *Pleione-*, *Calanthe-* und die *Nobile*-Arten von *Dendrobium* und *Catasetum* – sollte man bei beginnender Gelbfärbung der Blätter Anfang des Herbstes die Wasserzufuhr allmählich reduzieren. Gleichzeitig muß man der Pflanze mehr Licht und Luft bieten, also die Schattierung entfernen oder die Orchidee an eine hellere Stelle innerhalb des Gewächshauses stellen. Wenn möglich, sollte man auch die Temperatur ein wenig herabsetzen.
Ein weiteres Anzeichen dafür, daß eine Orchidee sich der natürlichen Ruhezeit nähert, ist eine geringere oder gar keine Wurzelbildung, d. h. das Velamen wächst teilweise oder vollständig über die normalerweise hellgrünen Wurzelspitzen. Auf diese Weise gibt die Pflanze zu verstehen, daß der Winter naht: Das Velamen bedeckt die feinen Wurzelspitzen,

Oben: Die bläulichen Blattnerven zeigen an, daß die Pflanze Wasser braucht. Gießen Sie während der Ruhezeit aber nicht zuviel, da sonst die Wurzeln faulen könnten.

Unten: Das Ende der Ruhezeit kündigt sich mit der Bildung eines neuen Triebes aus der letztjährigen Pseudobulbe an.

Oben und rechts: Viele Cattleyen bilden unmittelbar vor Beginn der Ruhezeit ihre Blütenknospen aus. Sonnenschein im Spätwinter regt die Knospen innerhalb der Scheide zum Wachstum an (rechts); innerhalb weniger Wochen stoßen sie oben durch und entfalten die prachtvollen Blüten.

um sie sowohl vor Witterungseinflüssen als auch vor einer möglichen Beschädigung zu schützen.
Bei nur geringfügiger Wurzelaktivität und teilweisem oder völligem Blattverlust ist der Feuchtigkeitsbedarf der Pflanze sehr gering. Wenn die Pseudobulben nicht zu sehr schrumpfen, sollte man das Gießen vollständig einstellen, bis im folgenden Frühjahr aufgrund hellerer und wärmerer Verhältnisse das Wachstum wieder einsetzt. Gelegentliches leichtes Besprühen der Pflanze – zum Beispiel während zufällig eintretender sonniger Perioden im Winter – verhindert übermäßiges Austrocknen.

Immergrüne Orchideen

Nicht nur die laubabwerfenden Orchideen benötigen eine Ruhezeit. Auch die immergrünen Arten kennen eine Zeit geringerer Aktivität, die gewöhnlich mit den trüberen Tagen des Winters zusammenfällt. Orchideen, die ihr Blattwerk abwerfen – vorausgesetzt natürlich aus naturbedingten Gründen – haben offensichtlich ein minimales Feuchtigkeitsbedürfnis.
Immergrüne Orchideen muß der Liebhaber jedoch ganz genau im Auge behalten und die Wurzelaktivität genau beobachten. Auch das Blattwerk gibt gewisse Hinweise: Wenn die Blätter schlaff werden oder in extremen Fällen etwas austrocknen, hat man die Pflanze zu lange nicht gegossen. Aber kurz vor diesem Stadium färben sich bei vielen Arten die Blätter leicht bläulich, ein Anzeichen dafür, daß man gießen muß, bevor die Austrocknung des Gewebes Dauerschäden verursachen kann.

Die Dauer der Ruhezeit

Die Ruhezeit kann ein paar Wochen, aber auch mehrere Monate dauern und ist von Art zu Art verschieden. Während der Ruhezeit sollte man die Pflanzen wirklich in Ruhe lassen, so wenig wie möglich gießen und nicht düngen. Wenn die Pflanze ihr Wachstum wieder aufnimmt, sich also neue Wurzeln und Trie-

be bilden, sollte man die normale Pflege wieder aufnehmen. Der Beginn der Aktivität fällt meist zusammen mit der Entwicklung der Blütenknospen, die während der winterlichen Ruhezeit ganz oder teilweise untätig geblieben waren. Im Frühling blühende Cattleyen bilden schon im Herbst eine Blütenhülle, in der die Knospen dann im Frühjahr heranwachsen; bei Dendrobien schwellen die Knoten der Pseudobulben an und bilden Blütenknospen aus. Für die Blütenentwicklung wird nun natürlich wieder Wasser benötigt. Versuchen Sie aber nicht, die Pflanze übereilt zum Wachstum anzuregen, indem Sie übermäßig gießen, bevor der neue Trieb kräftig wächst. Wie überall gibt es hier natürlich auch wieder Ausnahmen: *Dendrochilum glumaceum*, eine tropische Orchidee aus den Philippinen, die im frühen Frühjahr lange Ähren süßduftender, cremeweißer Blüten hervorbringt, bildet ihre neuen Triebe bereits im Hochsommer aus. Dann legt sie eine lange Ruhepause bis Winterbeginn ein, dann erst wachsen die Triebe – aus deren Mitte sich dann die Blütenähren entwikkeln. *Angraecum, Aerangis* und andere Arten der Unterfamilie Sarcanthinae legen im Spätsommer eine kurze Ruhepause ein, wenn man sie in unseren Zonen hält. Bei diesen afrikanischen, immergrünen monopodialen Arten erkennt man die Ruhepause an den Wurzelspitzen, die ihr Wachstum für drei oder vier Wochen einstellen. Man sollte aber während dieser Zeit die Bewässerung nicht völlig einstellen, denn da diese Orchideen keine Pseudobulben besitzen, können sie nur wenig Wasser speichern. Weniger Wasser, verbunden mit voller Lichtintensität und reichlicher Luftzufuhr, scheint die Bildung der Blütentrauben anzuregen, die mit Beginn der Wurzelaktivität aus den Blattachseln hervortreten.

Erdorchideen

Während tropische Orchideen eine Ruhezeit einlegen, um die trockene Jahreszeit, die für ihr Wachstum ungünstig ist, überleben zu können, ist für die in Europa und auf der nördlichen Halbkugel wachsenden Erdorchideen nicht die Trockenzeit, sondern der Frost gefährlich. Wie andere ausdauernde Pflanzen der gemäßigten Zonen schützen sich diese winterharten Orchideen vor der strengen Winterkälte, indem die über den Erdboden hinausragenden Teile absterben. Viele dieser Orchideen besitzen ein knollenartiges oder verdicktes Wurzelwerk, in dem die während einer Wachstumsperiode gesammelten Nährstoffe gespeichert werden. Wenn im folgenden Frühjahr das Wetter wieder wärmer wird, bildet die Pflanze mit Hilfe dieser Speicherstoffe einen Trieb, der dann zur gegebenen Zeit wieder seine eigenen Knollen bildet, um die alten Knollen, die inzwischen verbraucht sind, zu ersetzen. Kartoffeln und Dahlien wachsen und überleben in ähnlicher Weise, sind jedoch nicht frostbeständig.

Mit den Problemen der winterharten Erdorchideen brauchen wir uns hier gar nicht zu befassen, da sie zum einen aufgrund ihrer Symbiose mit den *Mycorrhiza*-Pilzen sehr schwierig zu halten wären, zum andern aber sowieso geschützt sind – also auf gar keinen Fall für eine Gartenhaltung ausgegraben werden dürfen!

Worin wachsen Orchideen?

Die Wahl des Pflanzenmediums, in dem man Orchideen halten will, spielt natürlich eine sehr große Rolle bei der Orchideenzucht.
Die meisten in Gärtnereien oder in Liebhabersammlungen gehaltenen Orchideen stammen aus den Tropen. Viele von ihnen sind Epiphyten, deren Wurzeln der Luft ausgesetzt sind, und selbst die auf dem Boden wachsenden Arten senken ihre Wurzeln nicht wie andere Pflanzen in den Boden hinein, sondern breiten sie horizontal im gut durchlüfteten oberen Humusteil aus. Deshalb ist Luft der wichtigste Bestandteil des die Wurzeln umgebenden Mediums.
Eine zweite wichtige Voraussetzung für den Pflanzstoff ist eine gute Durchlässigkeit, d. h. das Gießwasser muß gut ablaufen können, damit die Orchideenwurzeln keine „nassen Füße" bekommen. In tropischen Gebieten regnet es zwar häufig und auch stark, dennoch werden wir an Stellen, an denen das Wasser nach dem Regen nicht ablaufen kann, für gewöhnlich keine Orchideen finden können.
Trotz einer guten Luftdurchlässigkeit und eines guten Wasserablaufs benötigen die Orchideenwurzeln natürlich einen festen Halt, sie wollen in engem Kontakt mit der Oberfläche des Substrats bleiben, auf oder in dem sie wachsen. Jeder, der schon einmal Vandas oder Phalaenopsis gehalten hat, wird seine Erfahrungen mit den Adventivwurzeln gesammelt haben, die sich an allen festen Gegenständen, die sie erreichen können, festklammern. Selbst die feineren Wurzeln von Oncidien und Odontoglossums setzen sich an der Innenseite des Topfes oder an Einlagematerial fest, das der Entwässerung dient, vor allem an Topfscherben und Polystyrol. Die Wurzeln klammern sich dann so fest an dieses Material, daß sie abreißen, wenn man versucht, sie zu entfernen.
Dennoch sollte das Substrat genügend Wasser aufnehmen können, denn wenn es zu schnell austrocknet, d. h. innerhalb weniger Stunden nach dem Gießen schon wieder trocken ist, sind die meisten Orchideen nicht in der Lage, in dieser Zeit genügend Feuchtigkeit aufzunehmen, die ein stetiges Wachstum erfordert. Wo dies der Fall ist, wächst die Pflanze nur in Raten, was am Ende der Wachstumsperiode zu kleineren Trieben und/oder Pseudobulben führt, die kaum befriedigende Blüten ausbilden können.
Das ideale Substrat sollte also das Wasser zwar gut abfließen lassen, aber dennoch genügend Feuchtigkeit binden, es sollte der Pflanze aber auch einen guten Halt

Rechts: Orchideen gedeihen gut in Töpfen und Schalen, in Körben und an Rindenstücken. Bei einer gemischten Sammlung wird immer etwas im Gewächshaus blühen.

bieten, und es muß vor allem sehr gut durchlüftet sein, denn nur ganz wenige Pflanzen gedeihen, wenn das Medium um die Wurzeln herum fast „luftlos" ist, und die Orchideen benötigen noch viel mehr Luft um ihre Wurzeln als alle anderen Pflanzen.
In der folgenden Übersicht der Substrate, die man in den letzten zwei Jahrhunderten verwendet hat, wird aufgezeigt, wie sich diese Mischungen bis zum heutigen Tag entwickelt haben.

Die Entwicklung der Pflanzstoffe

Als in der ersten Hälfte des 18. Jahrhunderts zum erstenmal tropische Orchideen in Europa eingeführt wurden, wußte man so gut wie gar nichts über die Haltungsbedingungen dieser exotischen Pflanzen. In der falschen Annahme, daß alle Orchideen sehr viel Wärme und Feuchtigkeit brauchen, pflanzte man die Neuimporte in eine Mischung aus verrottetem Holz und Blättern und plazierte die Töpfe dann in Sägemehlkästen, die auf Heizungsrohre oder gemauerte Abzüge von Kohlefeuerstätten gestellt wurden. Zwar trugen die übermäßig hohen Temperaturen und die hohe Feuchtigkeit wenig zu einem guten Wachstum bei, auslösend für das Absterben der Pflanzen waren aber die fast völlig luftlosen Bedingungen – vor allem um die Wurzeln herum. In den ersten 100 Jahren der Orchideenhaltung mußte man, vor allem in England, Tausende faulender und absterbender Orchideen wegwerfen.
Erst als man Mitte des 19. Jahrhunderts begriff, daß Licht und Luft wesentlich zum Wohlbefinden der Orchideen beitragen, ließen sich so langsam Erfolge in der Orchideenhaltung erzielen. Zu dieser Zeit verwendete man ein Substrat auf Torfgrundlage und erzielte damit recht zufriedenstellende Ergebnisse. Als der geeignete Torf knapp wurde, suchten die Gärtner nach einem Ersatzmaterial. Faserwurzeln von Farnen (*Polypodium vulgare* in Europa und *Osmunda gracilis* in den USA), die man fein zerkleinerte und mit Sphagnum-Moos mischte, boten eine Alternative, die für über ein halbes Jahrhundert das Standardsubstrat wurde und auch heute noch von einigen Gärtnern verwendet wird.

Moderne Substrate

Abgesehen von den schwindenden Beständen und den damit verbundenen beträchtlichen Kostensteigerungen hat das Osmunda/Sphagnum-Substrat einige große Nachteile: Es zersetzt sich schnell, wenn es mit modernen anorganischen Düngemitteln in Berührung kommt, und auch die Zubereitung der Mischung ist eine zeitraubende Prozedur. Dazukommt, daß man Monate oder sogar noch länger braucht, um die Topfhaltung mit diesem Substrat wirklich zu beherrschen, wohingegen jedermann in der Lage ist, Orchideen erfolgreich einzutopfen, wenn er eines der modernen Substratmaterialien verwendet. Obwohl einige Gärtner noch immer Mischungen auf Torfbasis vorziehen, wird jetzt meist ein Substrat verwendet, das auf zerkleinerter Kiefern- oder Redwoodrinde aufgebaut ist. Es ist schwierig, präzise Angaben über die verschiedenen Substratbestandteile zu machen, aber die beiden folgenden Mischungen haben sich für viele Gattungen bewährt:

Substrat auf Rindengrundlage:
10 Teile mittelfein geschrotete Kiefernrinde
5 Teile feingeschrotete Kiefernrinde
1½ Teile Perlite, grob
¼ Teil gekörnte Holzkohle, Feinheit 0,6 cm

Substrat auf Torfgrundlage:
2 Teile Sphagnummoos-Torf
1 Teil Gartensand
1 Teil Perlite, fein

Um den Säuregehalt eines solchen Substrats zu reduzieren, sollte man ca. 85 g Dolomitkalk pro 36 l Mischungsmasse hinzufügen, so daß der pH-Wert auf etwa 5,5 – 6 steigt. Einige Gattungen, wie *Paphiopedilum*, benötigen ein etwas alkalischeres Substrat, mit einem pH-Wert bis zu 6,5.
Mittelfein geschrotete Rinde besteht aus etwa fingernagelgroßen Stücken, mit Teilchengrößen von ca. 1,3 cm, während feingeschrotete Rinde aus Teilchen besteht, die nur etwa ⅓ so groß sind.

Substrat auf Rindenbasis

Substrat auf Torfbasis

Perlite besteht aus thermisch behandeltem Vulkangestein und ist sehr saugfähig und leicht. Dieser Stoff wird nicht von Bakterien angegriffen, auch nimmt er keine meßbaren Mengen von Nährstoffen auf.
Ein Wort der Warnung: Obwohl es möglich ist, ein Substrat auf Torfgrundlage durch einen Zusatz von geschroteter Rinde durchlässiger zu machen, sollte man sich nicht dazu verleiten lassen, die Dichte einer Rindenmischung durch Hinzufügung von Torf zu erhöhen. Die feineren Torfteilchen werden während des normalen Gießvorganges durch die oberen Schichten des Rindensubstrats gespült, bis die untere Hälfte des Topfes ganz mit nassem Torf verstopft ist, so daß der Wasserabfluß ernsthaft behindert wird.
Sollte man ein dichteres Substrat benötigen, zum Beispiel für die Sämlingseintopfung, erhöht man den Anteil an feingeschroteter Rinde auf 10 Teile und verringert den Anteil an grobgeschroteter Rinde auf 5 Teile.
In einigen Teilen der Welt werden auch andere Stoffe mit großem Erfolg verwendet. Am wirtschaftlichsten arbeiten viele Züchter von zur Vanda-Familie gehörenden Orchideen, wie *Vanda, Arachnis, Renanthera* und anderer monopodial wachsender Arten in Südostasien: Sie binden diese Pflanzen ohne Medium in Körben aus Teakholz ein, die Wurzeln liegen also völlig frei, durch die in diesen Gebieten herrschenden sehr feuchten Bedingungen werden sie jedoch schnell rund und wachsen durch den Korb nach außen. Zum „Umtopfen“ muß man nur den ursprünglich verwendeten Korb in einen größeren stellen.

Orchideen in Körben

Die Kultur von Orchideen in hölzernen Körben beschränkt sich nicht auf den Fernen Osten. Als die Erkenntnis, daß viel frische Luft um die Wurzeln von Orchideen streichen muß, allgemein bekannt wurde, begannen im 19. Jahrhundert die Gärtner in Europa und den USA, Orchideen in Körben zu halten.
Solche Kulturkörbe (siehe Bild) kann man fertig kaufen, aber auch ganz einfach selbst bauen.
Einige Gattungen, wie z. B. *Stanhopea* und *Coryanthes,* treiben hängende Blütentrauben, die sich gerne im Substrat verstecken, wenn man sie in Töpfen hält. Tatsächlich konnte man Stanhopeen in Europa nicht zum Blühen bringen, bis etwa zum Jahr 1820, als man einen Topf versehentlich fallen ließ, der zerbrach und die mißhandelten Blütentrauben freilegte!
Die modernen Substrate eignen sich jedoch schlecht für eine Kultur in Körben, es sei denn, man legt entweder den Korb vor der Verwendung aus oder verkleinert die Zwischenräume in den Seiten und am

Unten: Viele epiphytische Orchideen, wie die madegassische Art, *Angraecum sesquipedale,* sind für eine Korbkultur ideal. Körbe kann man fertig kaufen oder selbst basteln. Teak ist die traditionelle Holzart für diese Körbe, man kann aber auch Zedern- oder Kiefernholz verwenden.

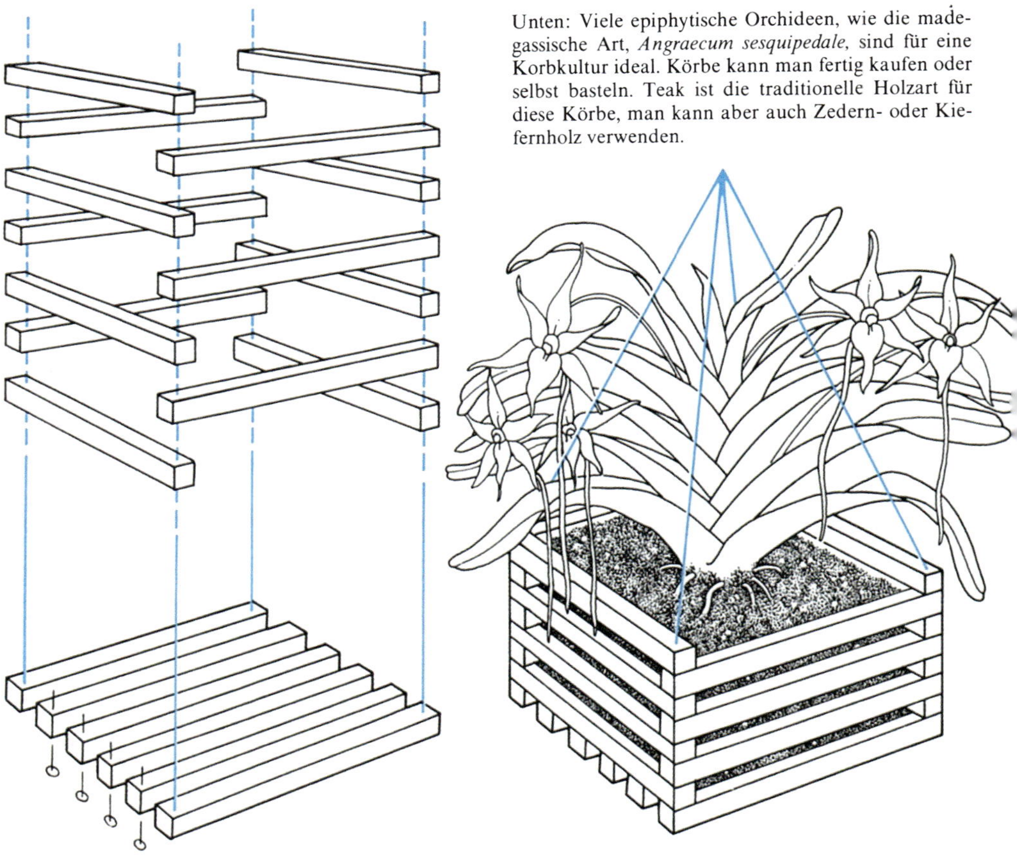

Rechts: Kleinwüchsigere Orchideen lassen sich erfolgreich im Topf ziehen, die Haltung in einem Korb ist für größere Pflanzen günstiger.

Boden des Korbes durch zusätzliche Holzstücke. Zum Auslegen verwendet man entweder frisches Sphagnum-Moos oder Streifen von Polypropylen-Netzmaterial.

Wenn der Korb so weit gerichtet ist, setzt man die Orchidee so ein, daß für die nächsten zwei Jahre genügend Platz zum Wachsen zur Verfügung steht; aus diesem Grund setzt man die Orchideen am besten diagonal ein (siehe Zeichnung). Dann füllt man den Korb mit Substrat auf, und zwar so, daß der Raum unter dem Rhizom und zwischen den Wurzeln dicht ausgefüllt, aber nicht zusammengedrückt wird, so daß die Orchidee genügend Halt hat, bis die neuen Wurzeln ihre Aktivität aufnehmen.

„Kopflastige" Orchideen sollten gleich mit Bindfaden oder etwas ähnlichem gesichert werden. Man spannt sie von einer Seite des Korbes um das Rhizom herum und hinüber zur anderen Seite des Behälters. Die Orchidee sollte so fest eingepflanzt werden, daß sie nicht schon vom kleinsten Lüftchen umgeworfen wird. Das Rhizom muß direkt auf der Oberfläche des Substrats liegen, und man sollte bei sympodialen Arten immer genügend Platz freilassen für die nachwachsenden Triebe oder Pseudobulben.

Orchideen in Töpfen

Anfang dieses Jahrhunderts entwickelte man einen speziellen Orchideentopf, der an den Seiten und unten große Öffnungen besaß. Zu dieser Zeit wurden die Tontöpfe noch mit der Hand gefertigt, und man konnte sie in fast allen Typen und Größen bekommen. Sie waren nicht glasiert und hatten eine rauhe, durchlässige Oberfläche, durch die die Pflanzen „atmen" konnten. Allerdings hafteten die Orchideenwurzeln oft so fest an der rauhen Oberfläche, daß die einzige gangbare Methode beim Umtopfen darin bestand, den Topf zu zerschlagen.

Unten: Wenn man eine sympodial wachsende Orchidee im Korb diagonal einpflanzt, nutzt man den vorhandenen Raum günstig aus, und die Pflanze kann zwei bis drei Jahre ungestört wachsen. Die langen Rhizome einiger Cattleyen erschweren eine Topfhaltung, und Pflanzen mit Bulben gedeihen besser in Körben.

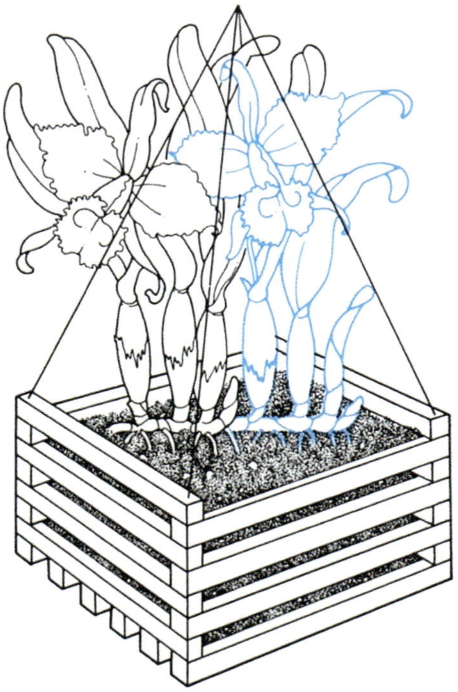

Der Zusammenbruch der gewerblichen Töpfereibetriebe in den 30er-Jahren und auch die Einführung neuer Substrate führten dazu, daß Mitte dieses Jahrhunderts die meisten Topfpflanzen, einschließlich der Orchideen, in industriell gefertigten Töpfen gehalten werden, die nur in der Mitte des Bodens ein kleines Entwässerungsloch haben und auch nur in genormten Größen erhältlich sind. Als dann auch noch die Plastikblumentöpfe auf den Markt kamen, wurden Tontöpfe rar und teuer. Diese Plastiktöpfe hatten jedoch einen großen Nachteil: Sie wurden nach einiger Zeit brüchig und damit verwendungsunfähig, außerdem wurden sie auch sehr schnell unansehnlich. Inzwischen hat man Blumentöpfe aus Polypropylen auf den Markt gebracht, die leicht, biegsam und relativ unzerbrechlich sind. Hier gibt es dann auch wieder verschiedene Typen: Durchbrochene oder korbartige Polypropylentöpfe, die wir für Orchideen verwenden können, deren Wurzeln trockenere Verhältnisse lieben, und Töpfe mit sehr großen Entwässerungslöchern, durch die hängende Blütentrauben von *Coryanthes, Stanhopea* und z. B. *Cymbidium devonianum* leicht hindurchkommen. Polypropylen ist kein durchlässiges Material, eine Verdunstung durch die Topfwände hindurch findet nicht statt; daher setzen sich an der Topfinnenwand auch keine Salze ab. Da Polypropylen gut isoliert, leiden die Wurzeln weniger unter Temperaturschwankungen, wie das bei Tontöpfen auftreten kann.

Die durchbrochenen Töpfe eignen sich auch für einige Vandas, Phalaenopsis und mehrere der kühlerwachsenden Arten, die ein feines, saugfähiges Substrat vorziehen, aber hängende oder horizontale Blütenrispen ausbilden, so daß eine Korb- oder Topfkultur unpraktisch wäre. Das Eintopfen geschieht wie bei normalen Töpfen, nur braucht man jetzt zur Sicherung des Abflusses keine Scherben oder anderes Material auf den Boden zu legen.

Orchideen an Rinde oder Stämmen

So anpassungsfähig die Orchideen im allgemeinen sind, es gibt doch einige Arten, die sich in einem Topf nicht wohlfühlen und eine andere Haltungsweise vorziehen. Diese Arten kann man folgendermaßen halten: Man befestigt sie mit einem kleinen Polster aus Baumfarn oder Sumpfmoos an Korkrindenstücken oder Baumstämmen.

Diese Art der Pflanzung ziehen vor allem die Orchideen der aus dem kontinentalen Afrika und aus Madagaskar stammenden Angraecis-Gruppe vor – und sie gilt in besonderem Maße für *Cyrtorchis arcuata,* eine wunderbar duftende Art aus Ostafrika. Wenn man diese Orchidee in einem Topf hält, will sie ihre Wurzeln immer in

Links: Man bekommt alle Größen von Polypropylen- oder Tontöpfen. Durchbrochene Töpfe sind ein guter Ersatz für Holzkörbe.

horizontaler Richtung ausbreiten, jeder Versuch, die Wurzeln in senkrechte Wuchsrichtung zu zwingen, endet damit, daß man die Wurzeln entweder verletzt oder sogar abbricht. Hält man *Cyrtorchis arcuata* aber an einem Stamm- oder Rindenstück, was ihrer natürlichen epiphytischen Lebensweise voll entspricht, wird sie sich schnell mit den Wurzeln an der Rindenoberfläche festklammern und gut gedeihen.

Das Befestigen der Pflanzen ist ganz einfach: Zuerst sucht man sich ein entsprechend großes Baumfarn- oder Sumpfmoosstück aus (die Pflanze sollte mehrere Jahre auf ein und derselben Unterlage wachsen können, ohne zwischenzeitlich auf ein größeres Stück umgepflanzt zu werden, was zumeist mit dem Abbrechen etlicher Wurzeln verbunden ist). Baumfarn, Sumpfmoos und Korkrinde gibt es in den meisten Gärtnereien zu kaufen, in allen Formen und Größen. Baumstämme sucht man sich am besten selbst, läßt sie gut abtrocknen und achtet darauf, daß sämtliches eventuell noch in der Rinde vorhandenes Ungeziefer abgetötet wird. Wenn Sie sich das richtige Stück ausgesucht haben, brauchen Sie die Orchideen nur mit Angel- oder Perlonschnur, einem plastikbespannten Draht oder Kupferdraht auf der Oberfläche befestigen. Manche Gärtner legen noch ein Kissen aus Sphagnum-Moos zwischen Unterlage und Orchidee, damit noch etwas Feuchtigkeit um die Pflanze herum gehalten wird, bis die neuen Wurzeln hervorkommen.

Auch sympodial wachsende Orchideen mit Pseudobulben eignen sich für eine Verankerung auf solchen Bündeln oder Stücken, vor allem die Arten, die zwischen jeder Pseudobulbe ein langes Rhizom ausbilden, und diejenigen, die ein Rhizom besitzen, das in einem Winkel von etwa 45 Grad nach oben wächst, so daß die Orchidee aus einem normalen Topf „herausklettert". Man befestigt diese Orchideen auf einer geeigneten Unterlage, ähnlich wie bereits für monopodiale Arten beschrieben, wobei man allerdings darauf achten sollte, daß der vorderste Trieb oder die entsprechende Pseudobulbe nach innen – also in Richtung auf die Befestigungsunterlage – zeigt. Dies wird die neuen Wurzeln dazu anreizen, beim Hervortreten am Grunde des Triebes die Richtung auf die Unterlage einzuschlagen.

Wie schön es auch aussehen mag, die Pflanzen so auf „natürliche" Weise im Gewächshaus zu ziehen, auch diese Haltung hat einige Nachteile: Eine Schwierigkeit besteht darin, immer genügend Feuchtigkeit um die Pflanze herum aufrechtzuerhalten, um ein stetiges Wachstum zu gewährleisten. Man wird also mindestens einmal am Tag die Pflanzen besprühen müssen. Eine Kompromißlösung, diese epiphytischen Orchideen in

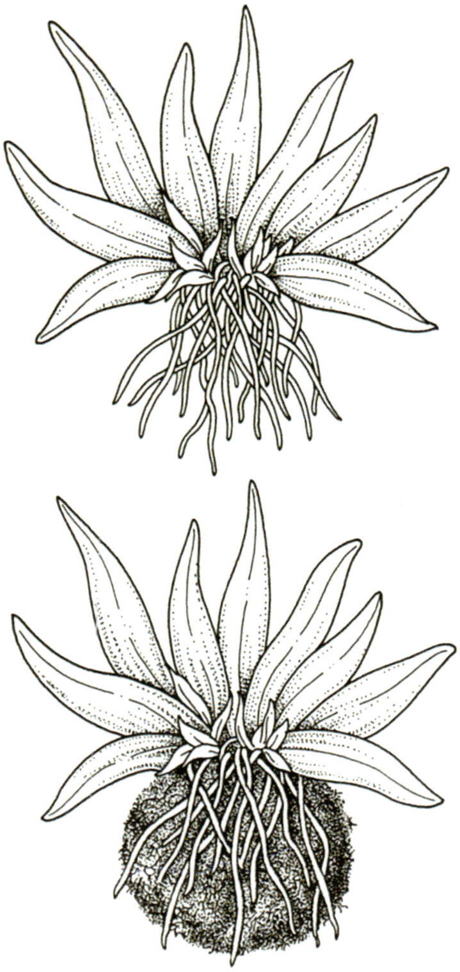

Unten: Um Orchideen an Rindenstücken zu befestigen, legt man ein Büschel Osmundafaser oder Sphagnum-Moos zwischen Rinde und Orchidee und befestigt das Ganze mit Perlonschnur oder Draht.

Rechts: Viele Orchideen – besonders die mit langen Luftwurzeln – gedeihen an Rindenstücken, die man an der Gewächshausdecke aufhängt.

den Griff zu bekommen, besteht darin, sie in Körbe zu setzen. Monopodiale Pflanzen werden dort immer noch eine feste Oberfläche finden, an der sich ihre Wurzeln festhalten können, und dennoch kann man zur Feuchtigkeitserhaltung etwas Substrat um die Wurzeln herum verteilen. Für Orchideen, die verlängerte Rhizome besitzen, bieten sich lange, rautenförmige Körbe an, die dem neuen Trieb ausreichend Platz bieten.

Umtopfen

Die günstigste Zeit zum Umtopfen ist dann, wenn der neue Trieb etwa 5 cm lang ist, d. h. wenn die neuen Wurzeln unmittelbar vor dem Durchbrechen stehen. Meist geschieht dies im frühen Frühjahr und fällt mit einer erhöhten Aktivität der Orchidee bei zunehmender Tageslänge zusammen. Man kann die Pflanzen auch am Herbstanfang umtopfen, wenn die Sommerhitze abgenommen hat, aber noch genügend Zeit für das Wurzelwerk der Orchidee zur Verfügung steht, sich vor dem Einsetzen des Winters wieder einzurichten. Nicht jede Orchidee kann zu diesen Zeiten umgetopft werden; es hat sich gezeigt, daß praktisch jederzeit umgetopft werden kann, mit Ausnahme des Hochsommers, wenn die Pflanzen ihr gesamtes Wurzelwerk benötigen, um gut zu wachsen, und der Mitte des Winters, wenn die meisten Orchideen sich in ihrer Ruhezeit befinden.

Oben und unten: Ein alter Baumstamm bietet einen idealen Lebensraum für Orchideen mit langen, kletternden Rhizomen. Die hängenden Blütentrauben von *Coelogyne massangeana* (unten) kommen bei einer solchen Haltungsart voll zur Geltung.

Wie topft man um?

Orchideen, die man umtopfen muß, weil entweder das Substrat überaltert oder der Topf zu klein geworden ist, sollte man vor dem Umtopfen ein wenig austrocknen (nicht vertrocknen!) lassen, damit sich das Substrat um die Wurzeln herum besser lösen läßt. Das Herauslösen aus dem Topf wird oft nicht leicht sein, da sich die Orchideen fest auf ihrer Unterlage anheften (vor allem bei Tontöpfen). Zuerst versuchen wir einmal vorsichtig, die Pflanze aus dem Topf herauszuklopfen: dazu halten wir die Pflanze vorsichtig mit der einen Hand fest und klopfen dann mit dem Topfrand einmal kurz, aber kräftig, auf die Kante der Pflanzbank. Sollte sich die Pflanze nicht aus dem Topf lösen, dann fahren wir mit einem langen Messer vorsichtig innen am Topfrand entlang und heben dann den Pflanzballen mit dem Messer oder einem Bambusstab oder Pflanzholz aus dem Topf (auf die jungen Triebe achten!). Geht das auch nicht, dann müssen wir den Topf zerschlagen (Plastiktopf aufschneiden).
Schon beim Herausnehmen des Ballens fällt eine Menge Substrat heraus, den Rest streichen wir vorsichtig in Wuchsrichtung der Wurzeln heraus – bis auf denjenigen Teil, der zu fest mit den Wurzeln verankert ist.
Nun untersuchen wir noch die Wurzeln. Kompakte, festfleischige helle Wurzeln sind gesund. Hier müssen nur die überlangen Wurzeln abgeschnitten werden, da sie beim Umtopfen brechen würden. Dunkle, leicht zusammenzudrückende Wurzelteile sind abgestorben und müssen bis zum festen Wurzelteil abgeschnitten werden. Die Schnittstellen reiben wir mit Holzkohlenstaub ein, damit sie nicht zu faulen beginnen.
Nun wählen wir einen neuen Topf. Er sollte so groß sein, daß er das restliche Wurzelwerk aufnimmt und noch Platz für ein Wachstum von zwei Jahren hat. Bei sympodialen Orchideen sollte die älteste Pseudobulbe am Topfrand anstoßen, während vor dem letzten Trieb so viel Platz wie möglich frei sein sollte. Arten, die nach allen Seiten wachsen, sollten in

die Mitte des Topfes gestellt werden, ebenfalls die monopodialen Arten.
Nun schüttet man Entwässerungsmaterial in den Topf (Tonscherben, Polystyrol, Perlite, Kieselsteine, grobgeschrotete Kiefern- oder Redwoodrinde), bis etwa ein Drittel des Topfes gefüllt ist. Nun halten wir die Pflanzen so, daß die Triebunterseite sich etwa 2,5 cm unterhalb der Topfkante befindet, und pressen vom Topfrand her das Substrat nach innen und vorsichtig unter die Wurzeln, bis der Topf halb gefüllt ist. Das Substrat sollte dazu etwas feucht sein. Nun füllt man bis 1 cm unter Topfrand auf – immer von außen nach innen pressen –, so daß ein fester Ballen entsteht und die Pflanze gut von selbst steht. Orchideen, die für eine Vermehrung vorgesehen sind, sollten vor dem Umtopfen geteilt werden.

„Auftopfen"

Diese Prozedur wird manchmal angewandt, wenn das Substrat, in dem eine junge Pflanze wächst, sich noch in einem guten Zustand befindet, das Wurzelwerk der Orchidee jedoch für den Topf zu groß geworden ist. Am Tag vorher sollten die Pflanzen gegossen werden, damit sich beim Umtopfen das Substrat nicht von den Wurzeln löst, der Wurzelballen also in einem Stück bleibt und die Wurzeln geschont werden. Man wählt einen Topf, der eine oder möglichst zwei Nummern größer ist (hängt aber auch von der Größe und Ausbildung des Wurzelwerkes ab) und schüttet Topfscherben und ein wenig Substrat in den Topf, und zwar gerade so viel, daß der Ballen bis unmittelbar unter den Topfrand reicht. Wenn man nun den Pflanzballen an die richtige Stelle im neuen Topf gebracht hat, braucht man nur noch den Raum an den Seiten mit frischem Substrat anzufüllen. Wieder darauf achten, daß ein kompakter Ballen entsteht und beim vorsichtigen Umdrehen des Topfes kein Substrat und vor allem nicht die Pflanze mit dem alten Ballen herausfällt!

Oben: Wenn man Orchideen mit herunterhängenden Blütentrauben in Töpfen hält, muß man die Entwicklung des Blütenstiels genau beobachten. Bei *Cymbidium devonianum* wächst der Blütenstiel von der Basis der Pseudobulbe aus nach unten und könnte sich möglicherweise in das Substrat hineingraben. Solche Orchideen sollten etwas höher als der Topfrand eingepflanzt werden (oben rechts), dann kann der Blütenstiel frei über die Seite des Topfes hängen.

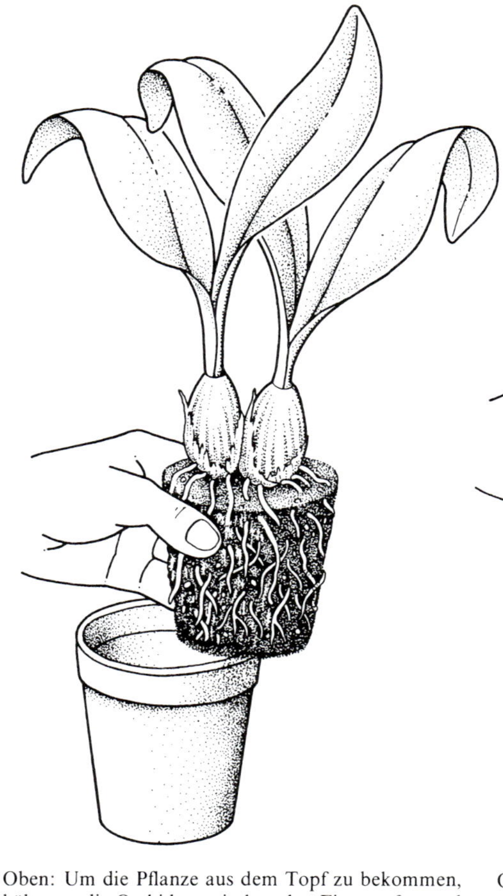

Oben: Um die Pflanze aus dem Topf zu bekommen, hält man die Orchidee zwischen den Fingern fest und klopft den Topfrand kurz und kräftig auf.

Oben: Das alte Substrat sollte so weit wie möglich entfernt, abgestorbene und überlange Wurzeln abgeschnitten werden.

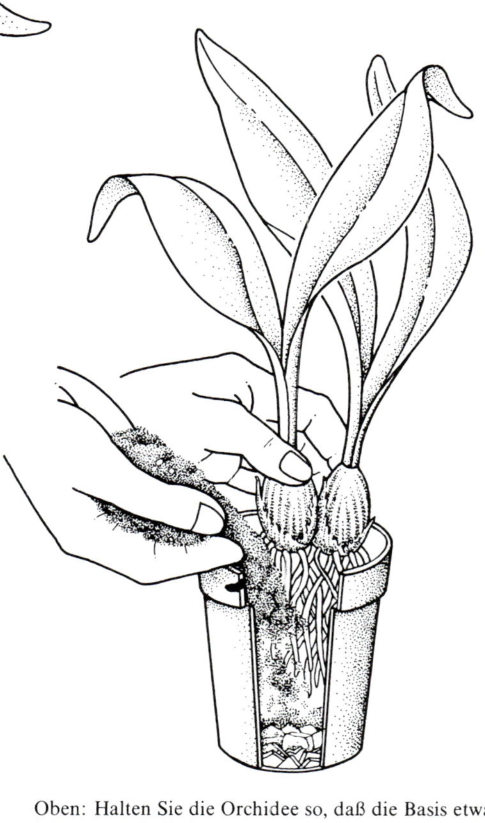

Oben: Halten Sie die Orchidee so, daß die Basis etwa 2,5 cm unterhalb des Topfrandes hängt. Dann füllen und drücken Sie Substrat um die Pflanze herum ein.

Links: Diese Pflanze ist reif zum Umtopfen – die neuen Wurzeln sollten im Substrat eingebettet sein. Die neuen Triebe können von der Elternpflanze abgeschnitten und in frisches Substrat eingepflanzt werden.

Pflege nach dem Umtopfen

Nach dem Umtopfen ist es äußerst wichtig, ein Austrocknen zu verhindern. Die Orchideen sind mit ihren wasserspeichernden Pseudobulben und fleischigen Wurzeln für die Zeit nach dem Umtopfen zwar besser ausgerüstet als die meisten anderen Pflanzen, aber einige einfache Maßnahmen können die Eingewöhnung erleichtern: Nach dem Umtopfen muß man die Pflanze gründlich gießen, damit sie in dem neuen Substrat fester sitzt. Anschließend sollte man die Pflanze etwas trockener halten, damit beschädigte oder abgeschnittene Wurzelteile vernarben können und das Wurzelwerk angeregt wird, Feuchtigkeit in dem frischen Substrat zu suchen.

Um das verringerte Feuchtigkeitsangebot für die Orchideenwurzeln auszugleichen, muß man die Luftfeuchtigkeit erhöhen. Dies geht so weit, daß man frisch eingepflanzte Orchideen – besonders die in Körben oder auf Baumstücken verankerten – jeden Morgen leicht besprüht; wenn es tagsüber warm war, am frühen Abend nochmals sprühen. Wenn das Wetter sehr sonnig und heiß wird, benötigen umgetopfte Orchideen eine zusätzliche Schattierung. Nach etwa drei bis vier Wochen kann man zur normalen Pflege übergehen.

Junge Sämlinge wachsen gut heran, wenn man sie alle paar Monate in einen größeren Topf mit frischem Substrat umpflanzt. Ältere Pflanzen dagegen sollte man lieber zu wenig als zu viel umtopfen! Wenn das Substrat sich jedoch zu stark zersetzt oder die Wurzeln sich in der Enge nicht mehr richtig entwickeln können, ist Umtopfen die einzige Lösung.

Vegetative Vermehrung

Es gibt zwei verschiedene vegetative Vermehrungsarten, eine für die monopodialen Orchideen, eine für die sympodialen Orchideen.

Monopodiale Orchideen

Die meisten monopodialen Orchideen wachsen durch ständige Verlängerung ihres Sprosses, d. h. oben bilden sich immer wieder Blätter und Blüten aus. Die kleineren, ebenfalls monopodialen *Angraecum*-Arten weichen von diesem Grundtyp etwas ab, sie wachsen von der Basis aus nach oben. Bei den älteren Pflanzen beginnen dann die unteren Blätter abzufallen, so daß nur der nackte Stamm übrigbleibt.

Monopodiale Orchideen, die höher als 75 cm sind, werden zu einem Problem für den Liebhaber: Sie müssen ständig neu befestigt werden, damit sie nicht umkippen, und sie werden durch das Abfallen der alten Blätter immer unschöner. Bei solchen großen Orchideen haben sich zumindest in den unteren zwei Dritteln schon Luftwurzeln gebildet, so daß man die Pflanze gut teilen kann. Man schneidet unmittelbar unter einer dieser Wurzeln die Pflanze ab, aber so, daß am unteren Teil zumindest noch drei oder vier Blattpaare übrigbleiben. Diese Blätter ermöglichen der Restpflanze noch die Photosynthese.

Der obere Teil mit den Luftwurzeln wird dann in ein geeignetes Gefäß gepflanzt. Nicht vergessen: Monopodiale Orchideen benötigen besonders viel Luft um ihre Wurzeln! Im Frühjahr oder Frühsommer wird man im Laufe der nächsten sechs bis acht Wochen bemerken, daß eine oder mehrere der ruhenden Knospen („Augen") sich in den Blattachseln des unteren Teiles zu entwickeln beginnen. Diese Triebe kann man entweder an der Elternpflanze belassen oder aber man kann warten, bis jeder Trieb sein eigenes Wurzelwerk entwickelt hat (was oft mehrere Monate dauern kann) und man das neue Pflänzchen entfernen und separat eintopfen kann.

Bei bestimmten monopodialen Orchideen, zum Beispiel einigen Arten der Gattungen *Phalaenopsis* und *Vanda,* bilden sich an den Blütenstengeln sogenannte Kindel. Sobald solch ein Kindel ein eigenes Wurzelwerk entwickelt hat, kann man es von der Elternpflanze entfernen und eintopfen.

Ein gutes Beispiel einer solchen Kindel-Bildung ist *Vanda cristata* (Bild unten). Im Frühsommer bildet sich am Ende der kurzen Blütenrispe ein junger Trieb aus, dessen Wurzelsystem sich aber erst im darauffolgenden Frühjahr entwickelt. Solange der Trieb noch mit der Mutterpflanze verbunden ist, wird er von dem Blütenstengel, der grün bleibt, ernährt. Sobald der Trieb selbst ein gesundes Wurzelwerk entwickelt hat, nimmt man ihn von der Mutterpflanze ab und topft ihn ein.

Bei Arten der *Phalaenopsis lueddemanniana*-Gruppe, die aus den Philippinen stammen, wachsen oft junge Pflänzchen aus den Enden oder Knoten der Blütenstengel heraus. Dies geschieht aber nicht auf Kosten der Blütenbildung: Kindel und Blüten erscheinen oft zusammen.

Sympodiale Orchideen

Jede sympodiale Orchidee mit mehr als zwei bis drei Pseudobulben hinter dem vordersten Austrieb kommt für eine Teilung in Frage. Wenn Sie das Rhizom etwa zwei Monate vor der Umtopfzeit zwischen zwei Pseudobulben durchschneiden, können Sie damit rechnen, daß der neue Trieb bereits ausgebildet wird, wenn Sie die Orchidee zum Umtopfen herausnehmen. Sie sind also schon auf dem Wege zu einer neuen Pflanze.

Blätterabwerfende Orchideen, wie *Thunia, Pleione, Calanthe* und *Cycnoches,* die man den Winter über trocken halten muß, kann man teilen, bevor die Ruhezeit beginnt. Wenn die Blätter verwelkt sind, nimmt man die Orchideen aus ihrem Topf, entfernt das alte Substrat, abgestorbene Blätter und/oder Wurzeln,

Vegetative Vermehrung monopodialer Orchideen

Die Abbildungen auf diesen beiden Seiten zeigen, wie man eine typische monopodiale Orchidee dreiteilen kann. Man sollte aber auf jeden Fall der Versuchung widerstehen, Pflanzen unnötigerweise zu teilen. Wenn Orchideen in zu kleine Einheiten geteilt werden, verwenden sie alle Energie darauf, nach oben zu wachsen, und solche Exemplare werden selten – wenn überhaupt – zum Blühen kommen.

Grundregeln

Vermehren Sie nur kräftige, schön blühende Pflanzen. Es hat wenig Sinn, Orchideen aufzuziehen, die von vornherein nicht zufriedenstellen können.

Vor dem Teilen sterilisieren Sie die Schneidwerkzeuge in einer Flamme oder mit Alkohol, damit eventuelle Krankheiten nicht übertragen werden.

Wenn die Pflanze Zeichen von Pilzbefall oder Fäulnis aufweist, sollte man alle Schnittstellen gründlich mit einem Fungizid einstäuben, um die Infektion unter Kontrolle zu bringen.

1 Diese *Vanda cristata* ist zu groß geworden und bietet sich für eine Vermehrung durch Teilung an. Wenn man den Stamm durchschneidet, kann der obere Teil abgetrennt werden. Auch das in der Mitte wachsende Kindel kann extra eingepflanzt werden.

2 Beim Durchschneiden des Stammes achte man auf einen klaren Schnitt unmittelbar unter neuen Wurzeln. Alle beschädigten Teile müssen abgeschnitten werden.

3 Das am Ende eines alten Blütenstengels wachsende Kindel hat sein eigenes Wurzelwerk gebildet und kann als neue Pflanze aufgezogen werden. Wenn man es entfernen will, schneidet man den Stengel unmittelbar hinter dem neuen Pflänzchen durch.

trennt die einzelnen Pseudobulben und legt sie in ein luftdurchlässiges Sand-Torf-Gemisch. Man sollte sie in einer etwas luftigen Position unterbringen, vielleicht auf einem Brett über den anderen Stellplätzen, bis an der Basis der Pseudobulben zu Beginn des Frühjahrs neue Triebe erscheinen. Nun kann man die Pseudobulben eintopfen.

Sympodiale Orchideen ohne Pseudobulben eignen sich ebenfalls für diese Vermehrungsart, vorausgesetzt, die alten Triebe, die schon einmal geblüht haben, besitzen noch Blätter. Während man eine alte Pseudobulbe, die vielleicht schon zwei bis drei Jahre ohne Blätter war, zum Austreiben bringen kann, können Sie da-

Rechts: Sowohl wildwachsend als auch in Kultur bilden Phalaenopsis Kindel aus, und eine Elternpflanze kann viele solcher Pflänzchen hervorbringen. Dieses *Phalaenopsis lueddemanniana*-Kindel hat ein reiches Wurzelwerk gebildet und blüht schon von selbst. In diesem Stadium kann man das Kindel gut abtrennen und einpflanzen.

4 Sowohl der Oberteil der Pflanze als auch das Kindel werden in grobe Rindenstücke eingetopft. Die meisten monopodialen Orchideen gedeihen in Körbchen, in denen ihre Wurzeln viel Luft bekommen. Diese Plastikkörbchen sind flexibel, so daß auch besondere Wurzelformen untergebracht werden können.

5 Eine Vanda, drei Monate nach Abtrennung des Kopfstückes. In den obersten Blattachseln haben sich bereits drei neue Triebe gebildet. Die älteren Blätter vergilben.

6 Das Kopfstück sechs Monate nach der Trennung. Die Trennung vom alten Pflanzenteil hat zu gewebebildender Aktivität und zur Ausbildung gesunder neuer Wurzeln geführt. Wie man sieht, wächst nahe der Basis des alten ein neuer Stamm hervor.

7 Das Kopfstück hat sich nach der Teilung wieder eingerichtet und wächst kräftig zu einer gesunden neuen Pflanze heran.

von ausgehen, daß Triebe, beispielsweise von Paphiopedilen oder Masdevallien, die nach einmaligem Blühen ihre Blätter verloren haben, als tot gelten müssen. Um dies zu kompensieren, ist das Blattwerk vieler sympodialer Orchideen, die keine Pseudobulben besitzen, dauerhafter und bleibt noch mehrere Jahre, nachdem der Trieb geblüht hat, in guter Verfassung.

Die Vermehrungstechnik für beide Arten von sympodialen Orchideen ist die gleiche: Pflanzen, die zu groß geworden sind und die man für eine Teilung ausersehen hat, werden zum ersten Mal in der Mitte oder am Ende des Winters geteilt, wenn die Pflanze die geringste Aktivität entwikkelt. Viele große Pflanzen werden sich von selbst in drei oder vier Abschnitte oder Ausläufer teilen, die nur durch das Rhizom mit den in der Mitte befindlichen, oft blattlosen Pseudobulben oder alten Trieben verbunden sind. An der Stelle, an der die Pflanze von sich aus zur Teilung neigt, braucht man dann nur die zwei Pseudobulben leicht auseinanderzuschieben und das Rhizom mit einem scharfen Messer oder einer Gartenschere durchzuschneiden (das Rhizom wird unmittelbar unter dem Substrat liegen). Sie müssen aber darauf achten, daß Sie keine neuen Wurzeln durchschneiden oder die ruhenden Augen beschädigen, aus denen danach die neuen Triebe wachsen.

Wenn es sich um eine besonders seltene oder wertvolle Orchidee handelt oder um eine kräftig wachsende Pflanze, kann man jede Pseudobulbe bzw. jeden Trieb nach der ersten Teilung einzeln abtrennen, indem man das Rhizom zwischen jeder dahinterliegenden Bulbe durchschneidet. Man muß jedoch damit rechnen, daß eine neue Pflanze, die aus einer einzigen Pseudobulbe aufgezogen wird, mehrere Jahre brauchen wird, bis sie die ersten Blüten treibt. Man sollte diese Methode daher auf Pflanzen von besonderem Wert beschränken.

Abgesehen davon, daß man darauf achten muß, die Pflanze während des „Zerschneidens“ nicht zu verletzen, sollte man noch folgendes beachten: Die Schnittflächen sollte man sofort mit „Orthocite“-Pulver einstäuben (am besten mit der Puderquaste), um einen Pilzbefall der Pflanze zu verhindern. Das Schneidwerkzeug sollte nach dem Teilen jeder Pflanze über eine Flamme gehalten und sterilisiert werden, um zu vermeiden, daß sich eventuell anhaftende Viren von Pflanze zu Pflanze ausbreiten können. Nach dem Durchtrennen des Rhizoms an einer oder mehreren Stellen läßt man die Pflanze als Ganzes im Topf, bis sie einige Monate später dann umgetopft werden kann.

Bewässerung

Wann und wie man Orchideen bewässert, sind Fragen, die von Erstkäufern immer wieder gestellt werden, und gerade die Bewässerung ist ein schwieriger Teil der Kultur, der es nicht leicht macht, Ratschläge zu erteilen. Fest steht, daß mehr Pflanzen durch zu viel Wasser zugrunde-

Vegetative Vermehrung sympodialer Orchideen

Sympodiale Orchideen können Pseudobulben besitzen oder auch nicht, beide Arten kann man leicht teilen, vorausgesetzt, die Pflanze ist groß genug. Bevor Sie damit beginnen, sollten Sie die Pflanzengröße und die vorhandenen Stellmöglichkeiten abschätzen. Es hat wenig Sinn, eine Pflanze in viele kleine Stücke zu teilen, die dann nicht nur den ganzen Platz verstellen, sondern, soweit diese Abschnitte überhaupt überleben, auch viele Jahre brauchen, um ins Blühstadium zu kommen. Wenn Sie eine Pflanze teilen, sollten Sie nicht ihren Charakter zerstören und möglichst nur gesunde und gut angepaßte Pflanzen vermehren. Die Fotos auf diesen beiden Seiten zeigen, wie man eine sympodiale Orchidee teilt. Die für Pflanzen ohne Pseudobulben verwendete Technik ist ähnlich, aber man sollte nur die hinteren Stämme mit Blättern verwenden. Stämme ohne Blätter sind bereits abgestorben oder im Absterben begriffen.

Sauberkeit ist erstes Gebot: Sterilisieren Sie stets das Messer vor dem Schnitt.

1 Im Winter schätzen Sie ab, welche Pflanzen für eine Teilung an welchen Stellen in Frage kommen. Verwenden Sie zum Durchschneiden des Rhizoms ein scharfes, sterilisiertes Messer. Behandeln Sie die Schnittstellen mit einem Fungizid und lassen Sie die Pflanze bis zum Umtopfen an Ort und Stelle. Wenn die Pflanze dann umgetopft wird, kann man sie leicht teilen.

2 Entfernen Sie das Substrat sorgfältig und schneiden Sie alle abgestorbenen Wurzeln zurück. Wenn irgend möglich, sollten bei jeder Teilpflanze mindestens zwei Pseudobulben verbleiben. Obwohl einzelne Pseudobulben überleben können, brauchen sie doch viele Jahre, um das Blühstadium zu erreichen.

3 Schneiden Sie alte Wurzeln sorgfältig fast bis zur Basis der Pseudobulbe zurück. Nehmen Sie sich dabei Zeit und versichern Sie sich, daß Sie keine neuen, aktiven Wurzeln oder ruhende Knospen an der Basis der Pseudobulbe zerstören.

Wo teilt man sympodiale Orchideen?

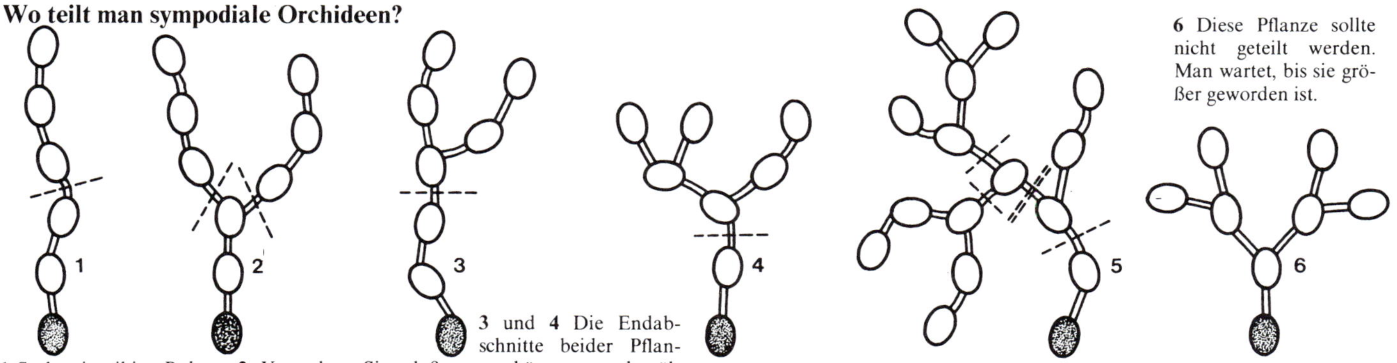

1 Sechs einreihige Bulben können in zwei Pflanzen geteilt werden.

2 Versuchen Sie, daß bei jeder Teilung drei Bulben übrig bleiben.

3 und **4** Die Endabschnitte beider Pflanzen können von den älteren Bulben – wie hier gezeigt – abgetrennt werden.

5 Diese Pflanze kann man so lassen oder wie angedeutet teilen.

6 Diese Pflanze sollte nicht geteilt werden. Man wartet, bis sie größer geworden ist.

gehen als aus irgendeinem anderen Grund.

Was die Wasserqualität angeht: Orchideen kann man im allgemeinen ohne Bedenken mit Leitungswasser gießen. Man sollte jedoch niemals Wasser verwenden, das durch eine Enthärtungsanlage gelaufen ist.

Gießen von oben

Es gibt viele gute Gründe, Orchideen nicht von unten her zu bewässern. Die meisten für Orchideen verwendeten Substrate, auch solche auf Torfgrundlage, bestehen aus einem überaus lockeren Gemisch, ihre Kapillarsaugwirkung ist daher gering. So ist es beispielsweise möglich, daß eine in einem solchen Substrat leben-

4 Pflanzen, die besonders wuchsfreudig sind, und solche, von denen viele Exemplare benötigt werden, kann man bis zu einzelnen Pseudobulben teilen. Dies sollte aber nicht zur Gewohnheit werden. Sympodiale Orchideen ohne Pseudobulben sollten nicht bis auf einzelne Stämme, die nur geringe Überlebenschancen haben, geteilt werden; man sollte immer mindestens zwei oder drei Stämme beieinander lassen.

5 Die Rhizomschnittstelle ist für Pilzinfektionen und Fäulnis anfällig; sie muß daher unbedingt gründlich mit einem Fungizid eingestäubt werden. Diese Pseudobulbe mit ihrem aktiven Trieb kann nun umgetopft werden.

6 Die Elternpflanze wird ebenfalls umgetopft. Darauf achten, daß genügend Platz für heranwachsende neue Pseudobulben bleibt. Dann können die abgeschnittenen hinteren Bulben aufgetopft werden. Versuchen Sie, eine feuchte Atmosphäre mit nur geringen Temperaturschwankungen zu schaffen. Pflanzen Sie die hinteren Bulben nicht so tief ein, da der Trieb sonst vor Erreichen der Oberfläche verfaulen könnte.

de Orchidee über einen Monat mindestens 2,5 cm im Wasser steht, die obere Substrathälfte aber vollkommen trocken bleibt. In einem solchen Fall sterben die im Wasser stehenden Wurzeln ab, weil sie zu wenig Luft, diejenigen weiter oben, weil sie zu wenig Wasser bekommen – und selbst Orchideen können nicht lange ohne gesundes Wurzelwerk gedeihen!
Obwohl Orchideen es gern haben, wenn sie von oben bewässert werden, muß man streng darauf achten, daß in den neuen Trieben kein Wasser stehenbleibt. Wohl gibt es einige Gattungen, die so eine Behandlung, wenn auch in unterschiedlichem Ausmaß, tolerieren, wahrscheinlich sind Cattleyen hier am widerstandsfähigsten. Mit Ausnahme einiger zweiblättriger Arten, wie z. B. *Cattleya bowringiana* und ihrer Hybriden, bilden die neuen Triebe erst ein offenes Blatt, wenn sie mehrere Zentimeter groß sind. Zu diesem Zeitpunkt sind sie dann stabil genug, eine Bewässerung von oben zu vertragen. Auf der anderen Seite der Skala steht die Gattung *Lycaste* und ihr verwandte Gruppen, deren verhältnismäßig weiche, wellige Blätter am Anfang ihrer Entwicklung röhrenförmig wachsen. Wenn in diesen Röhren Wasser stehenbleibt, kann der Trieb verfaulen. Auch Dendrobien bilden sehr zarte neue Triebe aus, und man muß warten, bis diese einige Zentimeter groß und an der Basis hart genug geworden sind, bevor man viel Wasser über den Topf verspritzt.
Andere Pflanzenteile, die kein stehendes Wasser vertragen, sind die Blattachseln bei der monopodialen *Vanda*-Gruppe und vor allem die Kronen von Phalaenopsis, die leicht Wasser zurückhalten können. Paphiopedilen scheinen wenig darunter zu leiden, wenn Wasser auf ihren neuen Trieben hängen bleibt, aber ihre Blütenknospen, die sich im Spätsommer in den schon fast reifen Trieben bilden, werden sicher von Fäulnis befallen, wenn man für längere Zeit Wasser um sie herum stehen läßt. Diese „Wasserprobleme" erhöhen sich bei niedrigen Temperaturen, wenn die Verdunstung geringer wird. Orchideen in einem kühl gehaltenen Gewächshaus oder diejenigen, die Nachttemperaturen unter 10° C ausgesetzt sind, bedürfen einer besonders aufmerksamen Pflege.

Wie oft muß man bewässern?

Allgemein gilt, daß kleinere Töpfe schneller austrocknen als größere; Plastiktöpfe halten mehr Wasser zurück als tönerne. An heißen, sonnigen Tagen und bei sehr trockenen Luftverhältnissen muß man öfter bewässern, und eine große Pflanze benötigt mehr Wasser als eine kleine.
Um festzustellen, ob eine Pflanze Wasser braucht, hebt man Topf für Topf hoch (was bei einer großen Sammlung natürlich sehr zeitraubend und ermüdend ist): Wenn der Topf sich schwer anfühlt, hat die Pflanze anscheinend noch genügend Wasser, während leichtere Pflanzen durstig sind.
Selbst wenn sich das Substrat oben trocken anfühlt, kann der Boden naß sein. Sie können dies überprüfen, wenn Sie das Substrat durch die Entwässerungslöcher betrachten.
Es gibt nur wenige Orchideen, die dauernd feuchte Verhältnisse um ihre Wurzeln lieben. In der freien Natur werden diese Wurzeln wohl manchmal von den tropischen Regengüssen mit Nässe gesättigt, aber sie trocknen vor dem nächsten Schauer oft wieder vollständig ab. Um diese Verhältnisse im Gewächshaus zu simulieren, ist es notwendig, das Substrat im Topf zwischen den einzelnen Wasserzugaben austrocknen zu lassen. Orchideen mit Pseudobulben sind in der Lage, für kurze Zeitabschnitte fast trockene Bedingungen zu ertragen; obwohl Trockenheit nicht gerade ratsam erscheint, ist sie aber einer Überbewässerung vorzuziehen. Mit einer Überbewässerung meinen wir hier, wenn man zu oft, nicht etwa, wenn man zu viel Wasser auf einmal zuführt.
Wenn also Wasser gebraucht wird, sollten Sie darauf achten, daß es durch den ganzen Topf hindurchläuft und nicht etwa nur die oberste Substratschicht angefeuchtet wird.
In einem Gewächshaus werden Pflanzen, die an der Außenseite einer Pflanzbank stehen, oft schneller austrocknen als die mehr in der Mitte stehenden, da die Luftbewegung außen stärker ist. Dies verstärkt sich bei kaltem Wetter, wenn die Heizrohre unter den Stellplätzen in Betrieb sind. Das gleiche ist der Fall in der Nähe von Ventilatoren, vor allem bei Heizlüftern. Man muß deshalb darauf achten, daß ein Mindestabstand von 2 m zwischen solchen Heizgeräten und den Pflanzen eingehalten wird.
Orchideen mit großem Blattwerk werden natürlich das meiste Wasser durch Ver-

Unten: Halten Sie die Paphiopedilum-Blütenknospen frei von Wasser, da sie sonst faulen könnten.

dunstung verlieren und werden öfter bewässert werden müssen als kleinerblättrige Arten. Auf der anderen Seite muß man daran denken, daß in einem kleineren Topf weniger Substrat enthalten ist, so daß auch weniger Feuchtigkeitsreserve zur Verfügung steht, hier ist also ebenfalls ein häufigeres Bewässern erforderlich. Die kürzesten Gießabstände verlangen große Pflanzen, die in einem ziemlich kleinen Topf gehalten werden, besonders in solchen Fällen, in denen das Wurzelwerk den Topf völlig ausfüllt und die Pflanze kräftig wächst.

Während der Hauptwachstumszeit, also vom späten Frühjahr bis Anfang des Herbstes, brauchen gesunde Orchideen, die kräftig wachsen, eine zwei- bis dreimalige Bewässerung pro Woche, abhängig vom Wetter und der Gewächshausatmosphäre.

Auf der anderen Seite sollte man im Winter unter gemäßigten Bedingungen die Abstände zwischen den einzelnen Bewäs-

Oben: Orchideen im direkten Wirkungsbereich eines Ventilators, einer Lüftungsklappe oder einer Jalousie, wo sie starker Luftbewegung ausgesetzt sind, muß man öfter bewässern. Wenn die Heizung an ist, trocknen die Pflanzen am Rand der Stellplätze schneller als die, die mehr in der Mitte stehen.

serungsvorgängen auf eine Woche oder gar länger ausdehnen. Viele Pfleger von kühl zu haltenden Pflanzen, wie Odontoglossums, der meisten Dendrobien, einiger Laelien und Encyclias, unterlassen die Topfbewässerung während des Winters vollständig, vor allem bei Arten, die während dieser Zeit teilweise oder vollständig ruhen. Stattdessen werden die Pflanzen dann an helleren Wintertagen von oben besprüht, um ein Austrocknen zu verhindern.

Obwohl es unmöglich ist, allgemeingültige Regeln aufzustellen, wann bewässert werden muß, kann man sich etwa an folgende Richtlinie halten: Wenn Sie während der Wachstumszeit nicht sicher sind, ob eine Pflanze Wasser benötigt, geben Sie ihr Wasser, wenn Ihnen solche Zweifel aber während der Wintermonate kommen, verschieben Sie die Bewässerung bis zum nächsten Termin.

Wie man Wasserverluste verringert

Wenn die Pflanze von viel Feuchtigkeit umgeben ist, wird sie natürlich weniger Wasser durch Verdunstung verlieren. Obwohl Orchideen eine feuchte Atmosphäre noch mehr schätzen als andere Pflanzen, sollte doch die relative Luftfeuchtigkeit auf Temperatur und Licht abgestimmt sein, und sie sollte innerhalb eines Zeitraumes von 24 Stunden entsprechend schwanken.

Besprühen von oben

Bei warmem Sommerwetter ist es in jedem Fall von Vorteil, wenn man am Abend über die Pflanzen, zwischen die Töpfe, unter die Pflanzbänke usw. Wasser sprüht. Die Orchideen erholen sich dann zusehends von der Hitze des Tages.

Das Übersprühen von unter Glas gehaltenen Orchideen sollte man auf zwei Zeiten beschränken: den frühen Morgen, bevor die Temperatur im Gewächshaus zu hoch wird, und den Abend, wenn die Sonnenhitze abnimmt. Hierfür gibt es zwei Gründe, die beide etwas mit dem Blattwerk der Orchideen zu tun haben. Wenn man Wasser von oben heruntersprüht, ist es unausweichlich, daß etwas davon in Form von Tropfen für längere Zeit liegenbleibt. Die mit Wasser bedeckten Stellen wirken aber bei Sonneneinstrahlung wie ein Brennglas, und es besteht die Gefahr, daß an diesen Stellen die Blätter verbrennen. Das andere Problem hängt mit der Wirkung des kalten Wassers auf die warmen Blätter zusammen. Einige Orchideen, besonders *Phalaenopsis* und verwandte Gattungen, sind hier beson-

Links: Automatische Berieselungsvorrichtungen haben eine doppelte Aufgabe: Sie schaffen eine frische Gewächshausatmosphäre und halten das Substrat feucht. Sie eignen sich gut für junge Pflanzen, aber nicht für blühende Orchideen, da Wasser die Blüten verderben kann.

ders empfindlich, und wenn das Wasser mehr als 11° kälter ist als das Blattwerk, kann das Pflanzengewebe beschädigt werden und wird dann anfälliger für Pilzbefall. Deshalb darauf achten, daß man kein kaltes Wasser auf warmes Blattwerk bringt!

Feinbesprühung im Gewächshaus

Eine Methode, die Luftfeuchtigkeit an besonders heißen und windigen Tagen zu erhöhen, ohne den Blättern zu schaden, besteht darin, daß man einen sehr feinen Wassernebel im Gewächshaus versprüht – am besten morgens. Auf diese Art und Weise kommt nur ein sehr feiner Wasserschleier auf die Blätter, der bereits abgetrocknet ist, bevor die Sonnenstrahlen Verbrennungen verursachen können. Bei sehr hellen und heißen Bedingungen sollte man aber selbst das Benebeln vermeiden.

Erhaltung der Feuchtigkeit im kleinen Gewächshaus

Je kleiner die Gewächshausfläche ist, desto schwieriger wird es sein, während einer Hitzeperiode ausreichend feuchte Verhältnisse aufrechtzuerhalten. Um dieses Problem zu lösen, kann es notwendig werden, zusätzliche Abdeckungen, eine wirksamere Belüftung, einschließlich Lüftungsklappen in Bodennähe, Umluftventilatoren und zusätzliches wasserspeicherndes Material auf den Stellplätzen und am Boden des Gewächshauses vorzusehen.
Eine andere Methode, die in den Vereinigten Staaten, Südafrika und Australien vielfach angewandt wird, ist das sogenannte „Wet-Pad-System“: Große Matten aus feuchtigkeitsspeicherndem Material werden in senkrecht stehenden Maschendrahtbehältern auf einer Seite des Gewächshauses verteilt, auf der gegenüberliegenden Seite wird ein großer Absaugventilator eingebaut. Die Matten werden ständig feucht gehalten, und der Ventilator saugt durch hinter den Matten geöffnete Lüftungsklappen ständig frische Luft an. Wenn die Luft durch die feuchten Matten dringt, wird sie abgekühlt und angefeuchtet, die Gewächshausluft wird kühl und feucht. Zur einwandfreien Funktion dieses Systems ist es erforderlich, alle anderen Lüftungsschlitze geschlossen zu halten, da nur die durch die Feuchtmatten geführte Luft in das Gewächshaus hereingelassen werden darf.

Düngung

Orchideen können nicht nur von frischer Luft leben, wie die anderen Pflanzen benötigen auch sie bescheidene Mengen an Nahrung, um gedeihen zu können. In ihrer natürlichen Umgebung wird ihnen ein großer Teil der Nahrung in der Form von Gasen zugeführt, die von verrottenden Stoffen am Boden des Waldes aufsteigen. Das Märchen, daß Orchideen ganz ohne Nahrung auskommen können, stammt vermutlich noch aus der Zeit des Sphag-

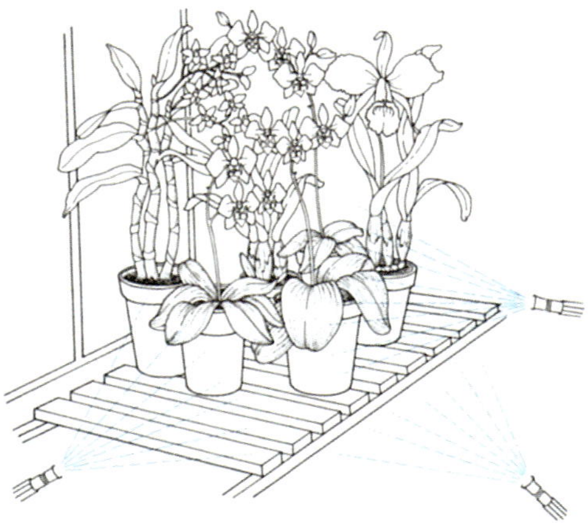

Oben: Es ist nicht leicht, an heißen Tagen eine frische Atmosphäre zu schaffen. Sprüht man aber Wasser unter die Stellplätze und zwischen die Töpfe, so trägt dies zumindest zur Abkühlung bei.

nummoos-Substrats, da die meisten Düngemittel das Moos und schließlich das ganze Substrat angriffen. Moderne Substrate enthalten nicht mehr viel Nährstoffe, und wenn ein gewisser Vorrat beigefügt wurde, ist dieser meist nach acht bis zehn Wochen erschöpft.
Orchideen benötigen keinen Spezialdünger, obwohl Nährlösungen vorzuziehen sind, da alle Pflanzen eine Lösung schneller absorbieren können. Während der aktiven Wachstumsperiode, d. h. vom Frühjahr bis zum Spätsommer, regt ein Dünger mit hohem Stickstoffgehalt die Pflanzen zum Wachsen an. Um die Reifung des Triebes zu unterstützen und die Ausbildung der Blüten anzuregen, sollte man den Herbst über einen ausgeglicheneren Dünger verwenden, bis das Wachstum im Winter praktisch aufhört.

Wurzeldüngung

Die meisten Kombinationsdünger, einschließlich aller im Handel erhältlichen flüssigen oder festen Düngemittel, sind nach einer dreiteiligen Formel zusammengestellt, die außen auf der Packung angegeben ist. Diese Formel gibt das Verhältnis zwischen Stickstoff (N), Phosphor (P) und Kalium (K) an; wenn der Gärtner also von einem hochstickstoffhaltigen Dünger spricht, wäre das NPK-Verhältnis 25 : 15 : 15 oder ähnlich. Ein „ausgeglichener“ Dünger hätte ein Verhältnis von 10 : 10 : 10. Weiterhin sind in diesen Düngern noch geringe Mengen anderer Elemente enthalten, von denen Magnesium am wichtigsten ist. Magnesium-Mangel kann zu einem Ausbleichen führen, Teile der Blätter werden gelb. Solche Stellen werden dann oft von Pilzen befallen. Wenn Sie ein Substrat auf Rindengrundlage verwenden, können Sie dem Wasser alle vier bis sechs Monate Dolomitkalk zugeben, der auch die benötigte Menge an Magnesium enthält.

Im allgemeinen brauchen Orchideen weniger Dünger als andere Pflanzen. Allgemein kann gelten: Man sollte jeweils wenig, aber oft düngen. Die besten Ergebnisse werden Sie erzielen, wenn Sie während der Wachstumszeit einen der Flüssigdünger in halber oder Zweidrittelkonzentration bei drei von vier Bewässerungsvorgängen beigeben und diese Gaben auf eine bei drei Wassergaben während des Winters verringern.
In wärmeren Klimazonen, in denen fast über das ganze Jahr hinweg hohe Lichtintensitätswerte erreicht werden, muß man öfter düngen.

Blattdüngung

In den letzten Jahren wird die Blattdüngung immer öfter angewendet. Bei dieser Methode wird der Dünger mit Wasser verdünnt und dann von oben auf die Pflanzen gesprüht, und zwar entweder am frühen Morgen oder besser noch an warmen Sommerabenden. Da diese Art von Dünger von der Pflanze über die Blätter oder Luftwurzeln aufgenommen wird, gibt man ihr durch das abendliche Besprühen mehr Zeit zum Absorbieren, bevor die Wirkstoffe durch die Hitze der Sonne wieder verdunsten.

Unten: Wenn man morgens als erstes einen feinen Wassernebel im Gewächshaus versprüht, sichert man die richtigen Feuchtigkeitsverhältnisse um die Pflanzen bei den dann steigenden Tagestemperaturen.

Schädlinge und Krankheiten

Es gibt nur wenige Schädlinge, die Orchideen befallen, so z. B. die Rote Spinnmilbe, die Falsche Spinnmilbe, Blattläuse und Schildläuse. Man kann aber davon ausgehen, daß die meisten Pflanzen bei regelmäßigem monatlichem Spritzen mit einem systemischen Insektizid verschont werden. Wenn Sie Mittel zur Bekämpfung schädlicher Insekten einsetzen, denken Sie bitte daran: Es ist äußerst wichtig, die Gebrauchsanweisungen sorgsam zu beachten!

Rote Spinnmilben

Ein schwer zu bekämpfender und daher am häufigsten anzutreffender Schädling ist die Rote Spinnmilbe (*Tetranychus urticae*). Diese winzigen, saftsaugenden korallenroten Milben haben keine Flügel und lieben es warm und trocken. Sie setzen sich an der Unterseite der Blätter fest und scheinen die weichblättrigen Gruppen wie *Lycaste, Calanthe* und *Catasetum* besonders zu mögen. Auch Cymbidien befallen sie gern, besonders in kleineren Gewächshäusern, in denen die Temperaturen zeitweise zu hoch und die Luftfeuchtigkeit zu niedrig ist. Bei solchen Bedingungen kann sich der Schädling natürlich rasch vermehren.
Man muß die Pflanzen regelmäßig auf Befall mit der Roten Spinnmilbe, die man mit bloßem Auge gerade noch sehen kann, untersuchen. Ein Befall ist daran zu erkennen, daß die Blätter an der Unterseite leicht weißlich gesprenkelt sind. Im fortgeschrittenen Stadium werden die Blätter gelb, an ihrer Unterseite zeigen sich feine Spinnfäden. Obwohl Feuchtigkeit die Entwicklung der Roten Spinnmilbe bremst, läßt sie sich am besten durch abwechselndes Spritzen mit einem systemischen Insektizid und Malathion bekämpfen. Wenn sich bereits aktive Kolonien gebildet haben, muß man drei- bis viermal in Abständen von acht bis zehn Tagen spritzen, um alle Generationen auszurotten, denn die wenigsten Mittel greifen die Eier an. Die Bekämpfung mit Nikotinlösung hat sich ebenfalls als günstig erwiesen.
Andere Methoden zur Schädlingsbekämpfung sind das Ausräuchern mit Azobenzol oder die Einnebelung mit einem Mittel, das Malathion enthält.

Falsche Spinnmilben

In den letzten Jahren wurden *Phalaenopsis* oft von der Falschen Spinnmilbe (*Brevipalpus russulus*) befallen, was sich in einer Narbenbildung der Blattoberfläche äußerte. Wenn dieser Schädling nicht bekämpft wird, besteht die Gefahr einer sekundären Pilzinfektion, die unausweichlich zum Abfallen der Blätter führt. Eine Behandlung mit Azobenzol oder einem Malathion-haltigen Bekämpfungsmittel dürfte wirksame Abhilfe schaffen.

Oben: Ein Befall mit der Falschen Spinnmilbe zeigt sich deutlich an der Oberflächenveränderung dieser *Phalaenopsis*-Blätter. *Phalaenopsis* sind die einzigen Orchideen, die von diesem Schädling ernsthaft geschädigt werden.

Unten: Wenn man im Gewächshaus nicht auf peinlichste Sauberkeit achtet, bilden sich schnell Schildlauskolonien. Obwohl man sie leicht ausrotten kann, lassen sie Spuren zurück, die sich nicht mehr beseitigen lassen.

Blattläuse

Die gemeinen Blattläuse kann man wirkungsvoll durch Sprühen oder Ausräuchern bekämpfen; Lindane und flüssiger Derriswurzelextrakt sind gleich wirksam und helfen bei diesen Schädlingsarten, eine Resistenz gegenüber bestimmten chemischen Mitteln zu vermeiden. Obwohl in einem Gewächshaus viele Arten der grünen Blattlaus auftreten, findet man die Orchideenblattlaus *Cerataphis lataniae* am häufigsten. Die blaßgrünen Blattläuse lieben vor allem junge Triebe und Blütendolden und ganz besonders junge Blütenknospen. Wenn die Knospen befallen sind, wird die Blüte, wenn sie sich überhaupt öffnet, gesprenkelt und verformt werden.

Schildläuse

Diese verhältnismäßig oft vorkommenden Schädlinge sind sehr schwer zu bekämpfen, weil sie mit einer harten Schale bedeckt sind. Sowohl die Schmierlaus (*Pseudococcus longispinus*) als auch die Deckelschildläuse (*Diaspis boisduvalii* oder *Coccus hesperidum*) sind saftsaugende Insekten, die bei der Nahrungsaufnahme die Blattoberfläche durchstechen. Mit ihrem Durchmesser von 3,2 mm und größer kann man sie mit bloßem Auge gut erkennen. Schmierläuse sind mit einer wachsartigen weißlichen Substanz bedeckt und verstecken sich gern in den Blattachseln der Pflanzen. Dendrobien, vor allem *Dendrobium nobile* und ihre Hybriden, mit ihren weichen Stengeln, werden oft befallen. Wie schon der Name andeutet, besitzen Schildläuse eine kuppelartige harte Schale, die gegen die meisten chemischen Sprays immun ist. Systemische Insektizide, die die Pflanzen für saftsaugende Insekten giftig machen, sind ein wirksames Mittel im Kampf gegen diese Schädlinge, wenn man sie in Abständen von 10 bis 14 Tagen zwei- oder dreimal anwendet. Wo es sich nur um wenige Orchideen handelt und der Befall nur geringfügig ist, genügt es oftmals, wenn man die Pflanze mit einem in Methylalkohol getauchten Pinsel abbürstet.

Schnecken

Die warmen, feuchten Bedingungen in einem Gewächshaus locken alle Arten von Schnecken an, ob mit oder ohne Gehäuse.

Es gibt vielerlei Schneckenvertilgungsmittel im Handel. Flüssige Mittel haben den Vorteil, daß auch das Substrat mitbehandelt wird, so daß das Gift auch an das Versteck dieser Tiere gebracht wird. Köder in Form einer umgedrehten Kartoffel oder Grapefruitschalen oder sogar einer Orchideenblüte sind oft auch wirksam, allerdings nur, wenn man sie täglich überprüft.

Andere Schädlinge

Obwohl die bis jetzt aufgezählten Schädlinge die häufigsten sind, können auch die Schwarze Fliege, Rüsselkäfer und Raupen Schaden anrichten. Ihre Bekämpfung ist wichtig, denn abgesehen davon, daß sie die Pflanzen schwächen und die Blüten oft verunstalten, sind diese Schädlinge zum großen Teil an der Verbreitung von Viruskrankheiten beteiligt.
Wenn man die Orchideen regelmäßig kontrolliert, schon im frühen Stadium eines Schädlingsbefalles die notwendigen Maßnahmen ergreift und schließlich im Gewächshaus eine zwar feuchte, aber bewegte Atmosphäre schafft, kann man Herr all dieser Plagegeister werden.

Bakterien- und Pilzbefall

Pflanzengewebe, das von Schädlingen verletzt oder anderweitig beschädigt wurde, bildet immer eine geeignete Eingangspforte für Pilzsporen und Bakterien. Um von vornherein Pilzkrankheiten und bakterielle Infektionen der Pflanze zu vermeiden, sollte man beschädigte oder verletzte Pflanzenteile sofort mit Orthocit-Pulver oder einem anderen geeigneten Schutzmittel (Kalk, Schwefel) bestäuben oder einstreichen.
Pilzsporen und Bakterien sind immer in der Luft vorhanden, sie gedeihen aber besonders gut, wenn die Luft wenig umgewälzt wird und eine relativ hohe Luftfeuchtigkeit herrscht. Ein weiterer Herd, in dem sich diese Keime gut vermehren, sind verrottende Pflanzenteile.
Sind die Pflanzen einmal befallen, muß man die Krankheit sehr rasch bekämpfen, da sich Pilze und Bakterien schnell ausbreiten und immer mehr Pflanzen befallen werden können.

Braunfäule

Diese Krankheit, die durch das Bakterium *Pseudomonas cattleyae* hervorgerufen wird, befällt hauptsächlich *Phalaenopsis* und *Paphiopedilum.* Ein frühes Kennzeichen der Infektion ist eine weiche, wässrige Stelle auf der Blattoberfläche, die sich, wenn man nichts dagegen unternimmt, rasch braun färbt und ausbreitet. Die infizierten Stellen muß man so rasch wie möglich mit einem in Alkohol getauchten, scharfen Messer herausschneiden. Anschließend stäubt man die Schnittflächen mit Orthocit- oder Holzkohlenpulver ein. Wenn sehr viele Pflanzen befallen sind, sollte man gründlich mit einer Natriphene-Lösung spritzen.

Brand der Blütenblätter

Der Brand der Blütenblätter wird von dem Pilz *Sclerotinia fuckeliana* verursacht und befällt oft frühe Herbstblüten von *Phalaenopsis* und *Cattleya.* Zuerst erscheinen meist wenige kleine, runde Flekken auf der Blüte. Die Flecken sind gewöhnlich dunkelbraun oder schwarz, und bei näherer Betrachtung stellt man fest, daß sie einen leicht rosafarbenen Rand haben. Als Gegenmaßnahme entfernt man sofort alle infizierten Blüten und sorgt dafür, daß die Nachtfeuchtigkeit nicht zu hoch ansteigt. In gemäßigten Zonen wird es wahrscheinlich erforderlich sein, im Herbst etwas mehr zu heizen, damit sich diese Krankheit nicht ausbreiten kann.

Links: Aufplatzende Pseudobulben rühren von kleinen Schnecken her, die sich in die Pseudobulben hineinfressen und sie schließlich innen aushöhlen.

Unten: Die fahlen Flecken auf diesen Cymbidiumblüten deuten auf einen Befall mit dem Mosaikvirus hin.

Viruskrankheiten

In den letzten Jahren ist das Wort Virus bei Orchideengärtnern zu einem Reizwort geworden. Man soll die Gefahren einer möglichen Viruskrankheit keinesfalls herunterspielen, braucht jedoch keine Angst zu haben, daß jede verformte Blüte und jedes fleckige Blatt durch ein Virus infiziert sei. Viele Pflanzen, die äußerlich gesund aussehen, können mit irgendeinem Virus infiziert sein, und es ist daher von großer Wichtigkeit, Schädlingsinsekten, die das Virus verbreiten, unter Kontrolle zu bekommen. Gärtner sterilisieren ihre Schneidwerkzeuge, bevor sie sie für die nächste Pflanze verwenden. Obwohl dies vielleicht als übertrieben angesehen werden könnte, sollte jede verdächtige Pflanze isoliert werden!

Die Symptome sind je nach befallener Art und je nach Virus verschieden. Bei einigen Gattungen, besonders bei Cattleyen, machen sich Virusinfektionen zuerst an den Blüten bemerkbar, die sich zwar normal öffnen und gesund zu sein scheinen, aber nach ca. einer Woche Farbstörungen aufweisen – unregelmäßige Streifen oder Flecken in anderen Farben.

Hellgelbe Flecken oder Streifen, vergilbte oder farblose Stellen auf jungen Blättern, die sich mit der Zeit immer dunkler verfärben und tiefer gehen, deuten auf einen Befall mit dem Cymbidium-Mosaikvirus hin. Rautenförmige Muster auf Cymbidienblättern deuten auf ein anderes Virus hin, das sich bei Odontoglossum in ringförmigen Flecken und bei Cattleyen in gelblichen Flecken äußert. Purpurrote Flecken auf Cattleya – und Phalaenopsisblättern werden wieder durch ein anderes Virus verursacht.

Die einzige Maßnahme gegen Viruskrankheiten heißt: Vorbeugen. Hierzu gehört, daß das Gewächshaus stets sauber gehalten und gut durchlüftet wird, daß Arbeitsgeräte, wie Scheren und Messer, vor jedem Schnitt am besten mit Alkohol desinfiziert oder ausgebrannt werden, daß virusübertragende Schädlinge so bald und so gut wie möglich bekämpft werden und daß eventuell befallene Pflanzen sofort isoliert werden, wenn man sie nicht sogar gleich verbrennt.

Nützliche Hinweise

Die nachfolgenden Ratschläge sollen eine kleine Zusammenfassung der wichtigsten Punkte sein, die bei der Orchideenhaltung zu berücksichtigen sind:

Der Kauf der Orchideen

Treffen Sie keine übereilten Entschlüsse beim Kauf Ihrer Orchideen. Ziehen Sie zunächst sorgfältig alle Bedingungen in Betracht, die Sie Ihren neuen Schützlingen bieten können und sehen Sie sich erst einmal verschiedene Orchideengärtnereien und -ausstellungen an, damit Sie einen Überblick über das Angebot bekommen. Vielleicht erkundigen Sie sich auch erst einmal bei einer Orchideengesellschaft, welche Orchideenarten sich am besten für welche Bedingungen eignen und wo man am besten Orchideen einkauft.
Die Zeit, die Sie für eine sorgfältige Planung opfern, kommt Ihnen später vielfach wieder herein. Erst wenn Sie sicher sind, daß eine bestimmte Orchidee in den von Ihnen gebotenen Bedingungen gedeiht, sollten Sie sich zum Kauf entscheiden. Kaufen Sie zunächst erwachsene Pflanzen. Jüngere Pflanzen oder Sämlinge mögen preislich günstiger erscheinen, sind aber für den Anfänger nicht sonderlich geeignet, es sollten zum weiteren Anreiz schon ein paar Blüten vorhanden sein. Importierte Pflanzen sind häufig billiger als in der Gärtnerei aufgezogene Pflanzen. Bedenken Sie aber, daß man für die Eingewöhnung frisch importierter Pflanzen viel Zeit und Erfahrung braucht. Ein Neuling wäre da vielleicht überfordert. Vielleicht können Sie zum Kauf einen Spezialisten mitnehmen.

Pflegevoraussetzungen

Jedes Gewächshaus eignet sich für die Pflege von Orchideen, es sind also keine speziellen Konstruktionen erforderlich. Elektrische Installationen immer vom Fachmann anbringen und gut isolieren lassen!

Belüftung

Es sollte stets für eine gute Belüftung, vor allem von unten her, gesorgt sein. Vorsicht aber bei kaltem und nebligem Wetter! Bei Verwendung eines Brenners ohne Rauchgasableitung muß unbedingt von oben und unten ausreichend belüftet werden. Um Schädlinge fernzuhalten, sollten die Lüftungsöffnungen mit feiner Gaze abgedeckt werden. Warme Gewächshäuser ziehen Feldmäuse an, die sich sicher gleich über den süßen Orchideennektar bzw. alles, was süß schmeckt, hermachen werden.

Schattierung

Die Schattierung wird hauptsächlich zur Verringerung der Temperatur im Sommer benötigt, weniger um Licht fernzuhalten. Abdeckungen sollten daher außen am Gewächshaus angebracht werden, damit sich das Glas nicht so sehr erhitzt. Eine Innenabdeckung schützt nur vor übermäßiger Lichtstärke, nicht vor hohen Temperaturen, und behindert oft noch die Luftumwälzung.

Isolierung

Eine Polyäthylenbespannung zur Isolierung des Gewächshauses im Winter kann auch in den Sommermonaten nützliche Dienste leisten, sie hilft nämlich, die Feuchtigkeit zu erhalten. Neuere Untersuchungen zeigten, daß die Temperaturen in einem nicht isolierten Gewächshaus schneller ansteigen und höher bleiben als in einem isolierten.

Umtopfen

Die beste Zeit zum Umtopfen ist dann, wenn sich ein neuer Trieb entwickelt. Nicht an sehr heißen und an sehr kalten Tagen umtopfen! Pflanzen, die Blütenknospen treiben, schon blühen oder Samen tragen, sollten besser nicht umgetopft werden. Macht eine Pflanze einen kränklichen Eindruck, sollten zuerst Substrat und Wurzeln geprüft werden, ein Umtopfen in neues Substrat kann möglicherweise das Problem lösen.
Vermeiden Sie es, verschiedene Substrate zu verwenden. Wenn Sie Ihre Sammlung durch neue Orchideen ergänzen, die in einem anderen Substrat gedeihen, topfen Sie bei nächster Gelegenheit um. Behalten Sie keine kranken Pflanzen oder

Rechts: Um einen schönen geraden Blütenstengel zu bekommen, darf man die Pflanze nicht drehen, da sich die Blüten sonst nach verschiedenen Seiten ausrichten.

Kümmerlinge; wenn Sie die auf solche kranken Orchideen zu verwendende Mühe und Aufmerksamkeit Ihren gesunden Pflanzen zuwenden, kommt dies der ganzen Sammlung zugute.

Wasser

Regenwasser ist nicht notwendig. In der Stadt oder in Industriegebieten kann es unter Umständen sogar zu stark verschmutzt sein. Leitungswasser ist nicht schädlich, aber verwenden Sie nie Wasser, das durch einen herkömmlichen Salzenthärter gelaufen ist. Das in enthärtetem Wasser enthaltene Natrium wird Ihre Pflanzen langsam zum Absterben bringen.
Während der Wachstumszeit im Sommer muß man natürlich häufiger gießen als im Winter. In Zweifelsfällen halten Sie die Orchideen lieber verhältnismäßig trokken. Nicht von oben her gießen oder besprühen, wenn das Blattwerk warm geworden ist oder die Sonne daraufscheint, da die Blätter sonst verbrennen können.

Düngung

Verwenden Sie flüssige Dünger nur in enger Abstimmung mit den anderen Pflegebedingungen wie Licht und Wärme. Versuchen Sie nicht, die Pflanzen unter ungünstigen Voraussetzungen oder wenn sie krank sind zum Wachsen zu zwingen. Düngen ist kein Allheilmittel und kein Ausgleich für mangelnde Haltungsbedingungen.

Pflanzenhygiene

Sauberkeit ist das oberste Gebot für eine gute Pflanzenhaltung. Ganz abgesehen von ästhetischen Gesichtspunkten bildet Unkraut und verrottendes Pflanzenmaterial Brutstätten für Schadinsekten und allerlei Krankheitskeime. Wenn Sie unter den Stellplätzen andere Pflanzen unterbringen wollen, so bieten sich hierfür z. B. Begonien (*Begonia rex* und ihre Abarten) und Usambaraveilchen an. Aber auch diese Pflanzen müssen regelmäßig auf Schädlingsbefall und Krankheitsherde überprüft werden.
Ebenso gründlich muß jeder Neuerwerb untersucht werden, um einen Befall mit Schadinsekten oder Pilz- oder Viruskrankheiten weitgehend auszuschließen. Im Frühjahr und Frühsommer ist ein regelmäßiges vorbeugendes Sprühen mit Schädlingsbekämpfungsmitteln anzuraten. Zu dieser Jahreszeit werden vor allem Blütenknospen und neue Triebe häufig von Blatt- oder Schildläusen befallen. Gegen Pilzerkrankungen sollte man jedoch nicht vorbeugend spritzen. Es gibt Anzeichen dafür, daß bei mehr als zweimaliger Spritzung mit systemischen Pilzbekämpfungsmitteln gewisse Orchideen in ihrem Wachstum gehindert werden. Fungizide (Pilzbekämpfungsmittel) sollte man erst anwenden, wenn erste Anzeichen für eine Pilzerkrankung vorliegen.
Blütenstengel und Knospen sind Leckerbissen für alle Schneckenarten. Hier hilft nur eine ganz schnelle Bekämpfung! Am besten ist es, schon vor der Bildung des Blütenstiels Schneckenvernichtungsmittel auszulegen und ein wachsames Auge auf diese gefräßigen Tiere zu haben.

Blütenstengel

Einige Gattungen bilden auf dem gleichen Blütenstengel nacheinander einzelne Blüten aus, was sich manchmal über zwei oder sogar drei Jahreszeiten ausdehnen kann. Aus diesem Grund sollte man Blütenstengel nie entfernen, solange sie noch grün sind. *Oncidium papilio, Oncidium krameranum* und *Paphiopedilum glaucophyllum* bilden ihre Blüten nacheinander aus. *Phalaenopsis lueddemanniana, Phalaenopsis cornucervi, Masdevallia tovarensis* und viele andere bilden sowohl aus neuen als auch aus mehrere Jahre alten Stengeln zur gleichen Zeit Blüten aus.

Bleiben Sie konsequent

Man sollte es auf jeden Fall vermeiden, die Pflegebedingungen umzustellen. Pflanzen brauchen eine gewisse Zeit, um sich anzupassen, und sie werden unter keinen Umständen gedeihen, wenn man ihre Umweltbedingungen jedes Jahr drei- oder viermal radikal verändert. Am besten ist es, wenn Sie alle neuen, die Pflege betreffenden Ratschläge gründlich auf ihre Anwendbarkeit unter den bei Ihnen vorhandenen Bedingungen prüfen und immer daran denken, daß es viele Wege zum Erfolg gibt.

Rechts: Zu Beginn ihrer Entwicklung reagieren Blütenknospen sehr empfindlich auf chemische Sprays. Seien Sie daher sehr vorsichtig bei der Anwendung von Chemikalien. Geschädigte Knospen können zu Blütenverfärbungen führen (siehe linke Blüte).

Die Pflege blühender Orchideen

Bei guter Pflege werden ausgewachsene Orchideen jedes Jahr aufs neue blühen. Jede Art hat eine bestimmte Blütezeit, die meist mit großer Regelmäßigkeit eingehalten wird.

Unterstützung der Blütenstengel

Die schönen aufrechtstehenden Orchideenblüten, die man auf den Ausstellungen zu sehen bekommt, kommen nicht von ungefähr, sondern beruhen auf einer sehr sorgfältigen Pflege. Fast alle Blütenstengel müssen mehr oder weniger unterstützt werden, damit sie nicht schief wachsen oder gar abbrechen. In vielen Fällen muß man mit der Unterstützung des Stengels schon beginnen, wenn der Blütenstengel erst wenige Zentimeter hoch ist. Besser ist es, wenn man gleich, wenn der Blütenstiel sich ausbildet, einen Bambus- oder Holzstab neben ihn in das Pflanzgefäß steckt. Eine solche Kennzeichnung ist zunächst ein Schutz gegen zufällige Beschädigungen beim Gießen oder Anfassen der Pflanze. Wenn der Stengel dann weiter wächst, bindet man ihn in regelmäßigen Abständen mit Bast an dem Stab fest (siehe Bild).
Den leicht angespitzten Stab drücken wir nahe am Stengel in das Substrat. Darauf achten, daß wir dem unteren Teil der Pflanze nicht zu nahe kommen und eventuell neue Triebe verletzen! Auch nicht zu dicht am Topfrand den Stab reinstekken, da sich hier die meisten aktiven Wurzeln der Pflanze befinden, die ebenfalls leicht verletzt werden könnten. In 10 – 15 cm Höhe bindet man den Blütenstengel zum ersten Mal mit Bast oder einer weichen Schnur an – nicht zu fest, damit der Bast nicht einschneidet! Junge Blütenstengel sind außerordentlich brüchig. Sollte einer davon horizontal austreiben, muß man ihn über einen Zeitraum von mehreren Wochen ganz allmählich zu einer senkrechten Stellung aufrichten. Dies trifft natürlich nicht für die Arten zu, die von Natur aus hängende Blütenstengel ausbilden. Im allgemeinen benötigen die Hybriden mehr Unterstützung als die echten Arten. Wir sollten jedoch versuchen, mit einem Minimum an Stecken und Anbindestellen auszukommen. Etwa drei Bindestellen pro Stengel sollten ausreichen. Die oberste Bindestelle sollte grade über der ersten Blüte liegen, danach sollte man den Stengel in einem natürlichen Bogen fallen lassen und den Haltestab in Höhe der letzten Bindestelle abschneiden. Bei Paphiopedilen sollte nur eine einzige Anbindung erfolgen, und zwar unmittelbar unter der Einzelblüte; bei Pflanzen mit mehreren Blüten direkt unter der obersten Blüte.

Rechts: Da Cattleyablüten für ihren Stengel zu schwer sind, befestigt man sie an einem Stab, der sie stützen soll.

Blühende Orchideen in der Wohnung

Viele Orchideen, die normalerweise am besten im Gewächshaus gedeihen, kann man während der Blütezeit unbedenklich in die Wohnung nehmen, wenn man einige einfache Voraussetzungen erfüllt: Damit um die Pflanze herum eine höhere Feuchtigkeit als in der Wohnung herrscht, stellt man den ganzen Topf am besten in einen mit feuchtem Sand oder Kies oder einem ähnlichen feuchtigkeitshaltenden Material gefüllten Behälter. Der Raum zwischen Blumentopf und Behälter kann vollständig mit feuchtigkeitsspeicherndem Material ausgefüllt werden, so daß das Wurzelwerk auch in der Wohnung feucht und kühl gehalten wird.

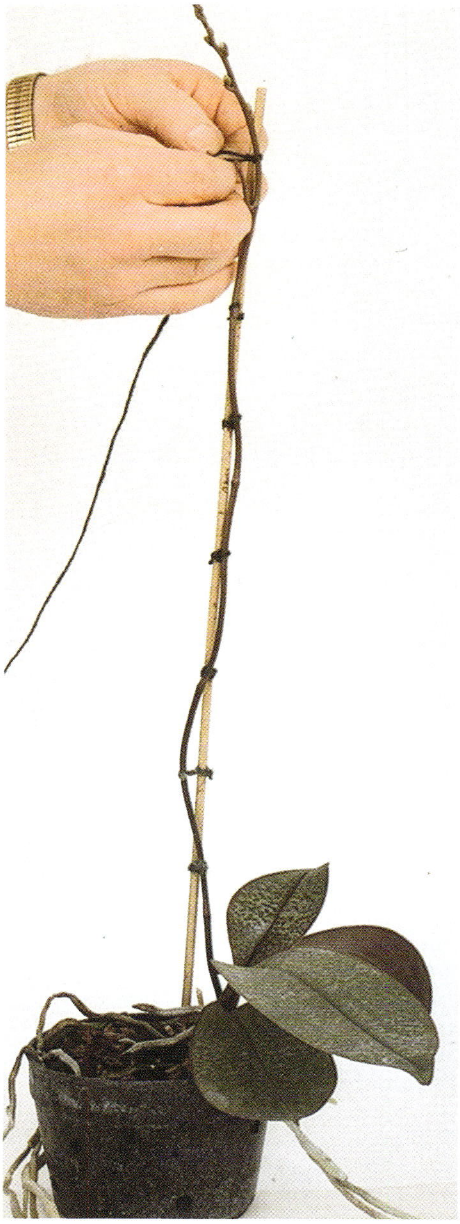

Unten und rechts: Zum Anbinden der Blütenstengel verwendet man weiche Schnur oder Bast. Zum ersten Mal bindet man den Stengel nahe der Basis fest.

Um die in der Wohnung herrschende geringere Luftfeuchtigkeit auszugleichen, wird man die Orchideen häufiger gießen müssen als im Gewächshaus. Am besten ist es dann, wenn man die Pflanzen in die Badewanne stellt, gründlich wässert und das überschüssige Wasser gut herauslaufen läßt. Wenn man die Pflanzen nur 3 – 4 Wochen in der Wohnung halten will, erübrigt sich eine Düngung. Sollte die Orchidee jedoch zu kümmern beginnen oder sonstige Anzeichen einer „Unpäßlichkeit“ zeigen, muß man sie schnellstens wieder ins Gewächshaus zurückbringen. Hier sollten wir die Pflanzen aber etwas isoliert von den anderen, im Gewächshaus verbliebenen unterbringen, damit eine Übertragung einer eventuellen Krankheit oder von Schadinsekten weitgehend vermieden wird.

Unten: Blühende Orchideen eignen sich gut als Zimmerpflanzen. Sie wirken noch attraktiver, wenn man die Blumentöpfe verkleidet.

Orchideen in der Vase

Wenn bei Orchideen, die pro Blütenstengel nur einmal blühen, die letzte Blüte schon zwei bis drei Wochen erblüht ist, empfiehlt es sich, den Blütenstengel abzuschneiden. Die Orchidee kann dann all ihre Energie auf den neuen Trieb konzentrieren, so daß wir in der kommenden Blühsaison mit vielleicht noch schöneren Blütenstengeln rechnen können. Die abgeschnittenen Blütenstengel halten sich in der Vase genauso lange, wie wenn sie an der Pflanze verblieben wären; man muß sie nur wieder an einem geeigneten Platz aufstellen. Der Blütenstengel sollte aber auf keinen Fall abgeschnitten werden, bevor die letzte Blüte nicht mindestens 8 – 10 Tage lang geöffnet war.
Wie alle Blüten, halten sich auch Orchideenblüten länger, wenn man ihnen öfter frisches Wasser gibt. In den kleineren Einzelvasen, die sich gut für zarte Blütentrauben vieler Arten oder eine einzelne Paphiopedilumblüte eignen, fällt der Wasserstand rasch ab, und man muß täglich frisches Wasser nachfüllen. Alle paar Tage sollte man das ganze Wasser wechseln, wobei man gleichzeitig jeden Blütenstengel oder -stiel aufs neue schräg anschneidet, damit eine möglichst große Fläche des Stengels Wasser aufnehmen kann. Zerdrücken Sie nie den Stengel, wie dies vielfach geraten wird, denn dadurch wird der Kapillardurchgang im Stengel blockiert, somit der Wasserzustrom behindert und die Lebenszeit der Blüte verkürzt.

Gestecke und Sträuße

Orchideenblüten eignen sich hervorragend als Ansteckblumen und für Gestekke. Für ein einfaches Gesteck benötigen Sie – je nach Größe – zwei oder drei Orchideenblüten, ein paar kleinere Farnzweige, Efeu oder andere Blätter, dünnen Kupferdraht, Blumenband und, falls gewünscht, ein passendes Schmuckband.
Zuerst wird der Blütenstiel sorgfältig und vorsichtig mit dem Draht umwickelt. Zum einen, um den Stiel zu verlängern, zum andern, um die Blüte in die richtige Stellung zu bekommen. Blütenstiel und Draht umwickelt man nun mit dem grünen Blumenband, so daß der Draht völlig überdeckt wird. Je nach Wahl der zusätzlichen Ausschmückung muß man eventuell die Stiele der Blätter auch drahten. Nun arrangiert man das Gesteck aus den Orchideenblüten, den Farn- und den anderen Blättern so, daß sich die Blüten gerade berühren und die Blätter den Hintergrund bilden. Dann dreht man alle Drähte vorsichtig zusammen zu einem

Unten: Ein schönes Gesteck – der grüne Farn bildet einen reizvollen Kontrast zu dem dezenten Rosa der *Phalaenopsis*-Blüten.

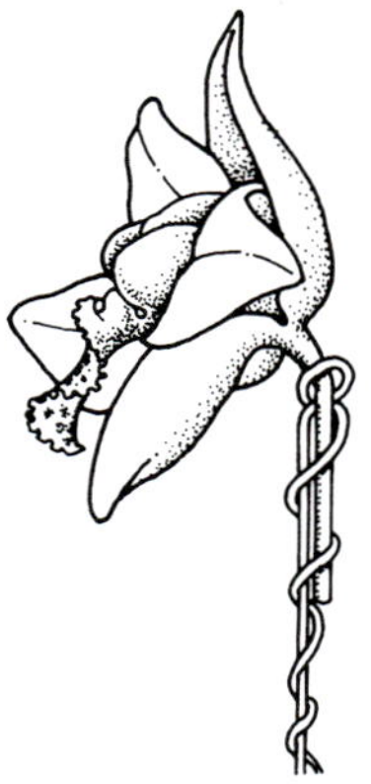

Oben: Zur Herstellung eines kleinen Gesteckes benötigt man: Pflanzen, Draht, Blumenband.

Links: Zuerst wird der Blütenstiel mit Draht umwickelt und verlängert.

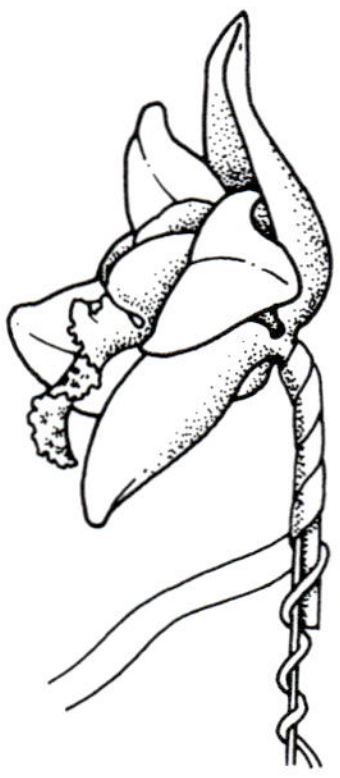

Oben und links: Man dreht alle Drähte zusammen und richtet die Blätter so aus, daß sie die Hauptblüte hübsch einrahmen. Dann schneidet man die Drähte ab und umwickelt den Stiel wieder mit Blumenband.

Oben und links: Den Draht kaschiert man mit grünem Blumenband.

„Stiel", verkürzt diesen auf ca. 5 cm Länge und umwickelt ihn wieder mit dem grünen Blumenband. Zur Zierde kann man nun noch eine Schleife aus dem Schmuckband daran befestigen. In einem Plastikbehälter hält sich dieses Gesteck zwei bis drei Tage im Kühlschrank.
Eine ähnliche Technik verwendet man beim Binden eines Straußes. Hier nimmt man aber besser anstatt einzelner Blüten den ganzen Blütenstengel, so daß die Blüten auf natürliche Art zur Geltung gebracht werden können.
Beim Arrangieren von Gestecken und Sträußen sind der Fantasie keine Grenzen gesetzt – man sollte aber immer die Orchideenblüte in den Mittelpunkt stellen und nicht durch zuviel Beiwerk verdrängen.

Ausstellung von Orchideen

Für viele Orchideenliebhaber bedeutet es den Höhepunkt, wenn ihre Pflanzen auf einer Orchideenschau einen Preis bekommen. Ob mit oder ohne Auszeichnung, man kann bei einer Ausstellung allerhand lernen, und es liegt eine gewisse Befriedigung in dem Bewußtsein, daß die eigenen Orchideen zum Erfolg der Schau beigetragen haben. Die Vorbereitungen für eine Ausstellung unterscheiden sich nicht wesentlich von der normalen Pflegeroutine: Die Pflanzen müssen frei von Schädlingen und Krankheiten sein; kein Unkraut darf in den Töpfen wachsen; die

Rechts: Es sind nicht nur die Blüten, die auf einer Ausstellung ausgezeichnet werden, auch Details – wie saubere Blätter – tragen zur Bewertung bei.

Blütenstengel sollten so aufrecht wie möglich stehen. Wenn man diese Forderungen strikt befolgt und die Pflanze sowie den Topf peinlich sauber hält, wird der Unterschied zwischen „ferner stellten aus“ und einem „hervorragend gepflegten Exponat“ deutlich ins Auge fallen.

Vorbereitungen für die Ausstellung

Abgestorbene Deckblätter um die Basis der Pseudobulben herum lassen sich durch leichtes Ziehen entfernen. Darauf achten, daß keine neuen Triebe, die unten verborgen wachsen können, beschädigt werden. Alle teilweise abgestorbenen oder an der Spitze braun verfärbten Blätter schneidet man zurück, bis eine natürliche Linienführung erreicht ist. Dann reibt man die Blätter mit einem in sauberes Wasser getauchten Schwamm ab. Halten Sie sie dabei unten fest, damit sie nicht herausgerissen werden. Die mittleren Blätter von halberwachsenen *Cymbidium*- und *Odontoglossum*-Trieben sind besonders empfindlich, und da alle Blätter für einen guten Pflanzenwuchs notwendig sind, sollte man darauf achten, daß keines davon unnötigerweise verlorengeht. Schließlich säubert man den Topf und beschildert deutlich (wie in den Ausstellungsvorschriften festgelegt).

Für den Transport der Pflanzen zur Ausstellungshalle stellt man die Töpfe in Kisten, die fest mit Papier ausgestopft werden. Wenn mehrere Pflanzen in der gleichen Kiste transportiert werden, müssen alle Blüten voneinander und von allen anderen Flächen ferngehalten werden. Bei großen, hängenden Blütentrauben steckt man am besten einen zweiten Stekken schräg in das Substrat, damit man das Stengelende daran festbinden und stabil halten kann.

Beim Aufstellen beachtet man die Vorschriften der Ausstellungsleitung; im Zweifelsfall erkundigt man sich bei der Ausstellungsleitung, die für die Aufstellung der Pflanzen verantwortlich ist.

Orchideengesellschaften

In allen Teilen der Welt werden jetzt Orchideengesellschaften gegründet, um Menschen mit den gleichen Interessen zusammenzubringen. Viele stehen unter der Schirmherrschaft eines nationalen Rates, während andere auf unabhängiger Basis ebenso gut bestehen. Wenn Sie einer solchen Gesellschaft beitreten, haben Sie viele Vorteile. Sie können zum Beispiel Zubehör zu günstigen Preisen erwerben. Man trifft sich regelmäßig, und die Pflanzenfreunde können sich gegenseitig über aktuelle Ereignisse in der Welt der Orchideen informieren. Handelsfirmen kommen zu Wort, und auf Orchideentagungen diskutiert man regelmäßig kulturelle und andere Themen, die von allgemeinem Interesse sind. Besichtigungen von Gärtnereien und privaten Orchideensammlungen sowie gesellige Zusammenkünfte stehen regelmäßig auf dem Programm.

Vor allem bietet Ihnen die Mitgliedschaft in einer solchen Gesellschaft die Möglichkeit, Ihre Lieberhaberei von einer höheren Warte aus zu betrachten, was nicht nur für Sie, sondern auch für Ihre Orchideen bestimmt von großem Nutzen sein wird.

Anschriften solcher Orchideengesellschaften finden Sie auf Seite 199.

Unten: Prachtvoll dargebotene Orchideen – der Höhepunkt unermüdlicher Mühe und Arbeit. Aufmerksame Pflege und gründliche Vorbereitungen sind wichtige Voraussetzungen, um eine Sammlung so vorzeigen zu können.

Züchtung und Gewebekultur

Seit vor über einem Jahrhundert die ersten vom Menschen gezüchteten Orchideenhybriden erblühten, haben Gärtner und Liebhaber immer wieder Pollen von einer Blüte auf die Narbe einer anderen gebracht, in der Hoffnung, daß die entstehenden Sämlinge die besten Eigenschaften der Elternpflanzen in sich vereinigen würden.

Die Handbestäubung nahm einen sehr guten Anfang mit *Paphiopedilum* Harrisianum, die das erste Mal 1869 blühte und auch noch heute von vielen Liebhabern für Zuchtzwecke verwendet wird. Ob es nun Zufall oder Inspiration war, daß John Dominy, der Leiter der berühmten Gärtnerei Veitch in Exeter, die Arten *Paphiopedilum barbatum* und *Paphiopedilum villosum* miteinander kreuzte, auf jeden Fall wurde es ein voller Erfolg: Die intensiv gefärbte *Paphiopedilum barbatum*, der weibliche Elternteil, d. h. die zu bestäubende Pflanze, gekreuzt mit der kräftig und fest wachsenden Art *villosum*, dem Bestäuber, führte zu einer Pflanze mit kräftig gefärbten und langhaltenden Blüten, die an einem hohen Stengel saßen. Weder der eine noch der andere Elternteil wuchsen so gut und blühten so leicht wie diese Hybride, die verdientermaßen nach Dr. John Harris, einem Arzt aus Exeter, benannt wurde, der John Dominy den Vorschlag der Handbestäubung gemacht hatte.

Hybridenzüchtung

Auch heute gibt es noch Orchideenliebhaber, die sich fragen, warum angesichts der großen Anzahl und Vielfalt bekannter Arten und Natur-Hybriden immer noch neue Orchideen gezüchtet werden. Hierfür gibt es natürlich viele verschiedene Gründe; der wichtigste hängt wahrscheinlich mit dem Schnittblumenhandel zusammen. Um den Ansprüchen an eine gute Schnittblume zu genügen, müssen die Orchideen folgende Merkmale aufweisen: Die Blüten sollten sich frei an kompakt wachsenden Pflanzen entwickeln, die Blütenrispen sollten lang und ausgewogen sein, Einzelblüten sollten an langen Blütenstielen sitzen, die Blüten sollten sich leicht verpacken lassen, sie sollten kräftig genug sein, um den Kunden recht lange zu erfreuen.

Leider befriedigen aber nur wenige Arten oder Natur-Hybriden diese Ansprüche.

Der Auswahlprozeß kennt keine Grenzen, denn der expandierende Markt fordert immer neue Varianten. Um den Forderungen von Anbauern in warmen Zonen, die gerne Orchideen aus dem Hochland – also kühler zu haltende Pflanzen – züchten wollen, zu genügen, hat man auch einige Arten entwickelt, die höhere Temperaturen besser vertragen. So hat man z. B. kühl wachsende Odontoglossums mit in wärmeren Zonen Brasiliens beheimateten Miltonias gekreuzt und Pflanzen erhalten mit Blüten, die denen der Odontoglossums ähneln und die höheren tropischen Temperaturen ertragen, zum Beispiel *Odontia* Purple Ace.

Handbestäubung bei Orchideen

Aus Orchideen hat der Mensch mehr künstliche Hybriden gezüchtet als aus irgendeiner anderen Gruppe kultivierter Pflanzen. Die wildwachsenden Arten und natürlichen Hybriden benötigen zur Fortpflanzung Bestäuber, die den Pollen der einen Blüte auf die Narbe einer anderen übertragen. Die Bestäuber werden durch vielerlei Köder angelockt, z. B. Duft, Farbe und Nektar. Einige Orchideen haben hochspezialisierte Techniken entwickelt, die gewährleisten, daß der Pollen auf einem ganz bestimmten Körperteil des Bestäubers hängenbleibt und beim Besuch der nächsten Blüte mit der klebrigen Narbenoberfläche in Kontakt kommt.

Zur Erzeugung künstlicher Hybriden ist jedoch menschliches Eingreifen erforderlich.

1

2

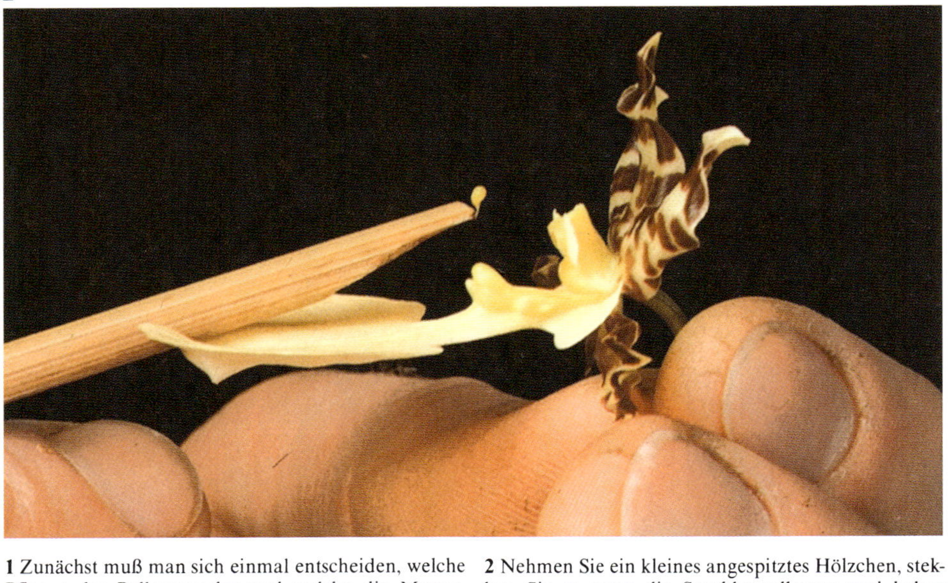

3

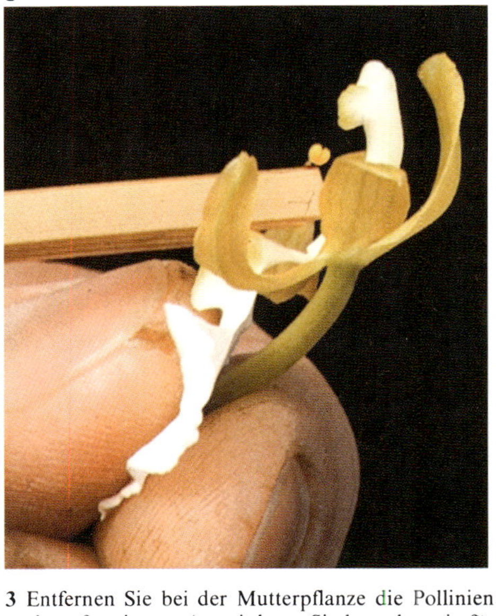

1 Zunächst muß man sich einmal entscheiden, welche Pflanze der Pollenspender und welche die Mutterpflanze sein soll. Die Mutterpflanze sollte immer die kräftiger wachsende sein. Die Pollinien sitzen an der Säule unter der Staubbeutelkappe (außer bei *Paphiopedilum* und verwandten Gattungen, die keine Kappe besitzen und bei denen Pollinien an jeder Seite der Säule sitzen).

2 Nehmen Sie ein kleines angespitztes Hölzchen, stekken Sie es unter die Staubbeutelkappe und heben diese an, die Kappe wird wegfallen, und die Pollinien bleiben am Ende des Hölzchens hängen. Prüfen Sie, ob die Pollinien eine klare Gelbfärbung aufweisen (bei *Paphiopedilum* und verwandten Arten ist die Farbe gelbbraun) und ob sie nicht verschimmelt sind.

3 Entfernen Sie bei der Mutterpflanze die Pollinien und werfen sie weg (es sei denn, Sie brauchen sie für eine andere Kreuzung). Dann überträgt man die Pollen der Spenderpflanze auf die Mutterpflanze.

Ein erst in jüngerer Zeit auftauchender Grund für Züchtungen ist die Erhaltung der Arten. Wenn man zwei Klone der gleichen Art auswählt und sie miteinander kreuzt – und auf diese Weise eine Art künstlich heranzieht – hofft man, bestimmte Arten, die in ihren Heimatländern vom Aussterben bedroht sind, der Allgemeinheit zu erhalten, eventuell will man sogar die erschöpften Bestände in freier Natur durch Neueinpflanzungen ergänzen.

Samenreife

Nach erfolgter Bestäubung welkt die Blüte meist sehr rasch ab (Paphiopedilen bilden auch hier wieder eine Ausnahme). Ist die Befruchtung gelungen, beginnt der Fruchtknoten anzuschwellen, und die Samenkapsel entwickelt sich. Die Reifezeit liegt zwischen 4 und 14 Monaten und variiert von Gattung zu Gattung, oft sogar innerhalb ein und derselben Gattung. Am sichersten ist es immer, wir behalten die reifenden Kapseln im Auge. Ändert sich ihre Farbe, werden sie gelb oder braun und runzelig, so ist es Zeit, die Kapseln zu ernten, nicht daß sie vorher aufplatzen und die winzig kleinen Samen verlorengehen.

Samenaufzucht

Der Samen sollte möglichst gleich ausgesät werden. Die Aussaat ist aber ein sehr schwieriges Kapitel, da sie unter vollkommen sterilen Bedingungen durchgeführt werden muß, der Same also keimgeschützt auf das Nährmedium gebracht werden soll. Es muß also ganz steril gearbeitet werden, am besten über Wasserdampf. Vielleicht wenden wir uns hier doch lieber an einen berufsmäßigen Orchideenzüchter.
Orchideensamen wird heute meist in Flaschen auf speziellen Nährböden gezogen (näheres siehe „Sander, Orchideen und Orchideenpflege"). Für Liebhaber, die die notwendigen sterilen Bedingungen schaffen können, werden unter verschiedenen Schutzmarken Samenkulturmedien im Handel angeboten, die meist auf der von Professor Knudsen an der Cornell-Universität im Jahre 1922 gefundenen Formel beruhen (Kalziumnitrat, Monokaliumphosphat, Magnesiumsulfat, Eisenphosphat, Ammoniumsulfat, destilliertes Wasser, Saccharose, Agar-Agar).
Ist der Samen auf den Nährboden gebracht, werden die Flaschen mit Wattestopfen oder Alu-Folie so verschlossen, daß kein Schmutz in die Flasche gelangt.
Die meisten Orchideensamen scheinen etwa sechs Wochen nach der Aussaat auszukeimen. Wenn die Sämlinge sich entwickeln, brauchen sie natürlich mehr Platz, d. h. man muß sie in größere Gefäße umpflanzen. Auch diese größeren Flaschen müssen wieder vollkommen steril gehalten werden. Man pflanzt um, sobald der Sämling sein erstes Würzelchen und sein erstes Blatt getrieben hat (ca. 15 – 18 Wochen nach der Keimung). Sechs bis neun Monate später sind die Sämlinge dann schon so groß, daß man sie aus den Flaschen in Töpfe pflanzen kann. Vorsichtig nimmt man, am besten mit einem

Die Pflanze, die durch künstliche Befruchtung entsteht, braucht meist viele Jahre, um zu einer Größe heranzuwachsen, in der sie zum Blühen kommt. Man sucht sich daher nur gute, gesunde Mutterpflanzen aus, die die für die Nachkommen erwünschten Eigenschaften besitzen. Leider ist man nie sicher, ob die Hybriden später wirklich die gewünschten Merkmale aufweisen werden; hier spielt der Zufall eine große Rolle.

Die Fotos auf diesen beiden Seiten sollen die Technik der künstlichen Bestäubung zeigen – einer Tätigkeit, die eine ruhige Hand erfordert. Die Aufzucht der Samen, die aus einer gelungenen Bestäubung hervorgehen, ist weitaus schwieriger als das Bestäuben. Es kann mehrere Wochen dauern, bis die ersten Zeichen einer Keimbildung zu sehen sind.

5

4

6

4 Überträgt man die Pollen der Spender- auf die Mutterpflanze, muß man darauf achten, die Blüte nicht zu beschädigen. Obwohl es besser ist, wenn beide Elternpflanzen gleichzeitig blühen, kann man die Pollinien in einem trockenen, verschlossenen, etikettierten Glasröhrchen zusammen mit Silaca-Gel einige Monate aufbewahren.

5 Man schiebt die Pollinien an der Narbe hinauf – direkt hinter die Stelle, von der man vorher die Pollinien der Mutterpflanze entfernt hat. Bei *Paphiopedilum* und verwandten Gattungen muß man ein Fenster in die Blütentasche schneiden, damit man die Pollinien auf die Narbe bringen kann.

6 Sobald die Pollinien an der klebrigen Narbenoberfläche hängen, zieht man das Hölzchen wieder zurück. Nun versieht man die Pflanze mit einem Schild, auf dem alle wichtigen Daten der Hybridisierung vermerkt sind (Eltern, Bestäubungsdatum). Ist die Bestäubung gelungen, wird die Blüte kurz darauf welken, und der Fruchtknoten schwillt an.

feinen Drahthaken, die einzelnen Sämlinge aus der Flasche und pflanzt sie im Abstand von 2 – 5 cm in Gemeinschaftstöpfe und stellt sie geschützt im Gewächshaus auf. Wenn die Sämlinge dann später zu blühenden Pflanzen herangewachsen sind, kann es sein, daß die eine oder andere Pflanze dabei ist, die besondere Vorzüge aufweist und entsprechende Nachfragen auslöst.

Meristem-Vermehrung

In der Vergangenheit galt die herkömmliche vegetative Vermehrung als einzige Methode, um Pflanzen eines bestimmten Klons zu reproduzieren. Diese Situation änderte sich 1961, als PROFESSOR GEORGES MOREL von der Universität Paris die ersten Orchideen durch Anwendung der „Meristem"-Methode vermehrte, einer Technik, die 15 Jahre vorher an anderen Pflanzen an der Universität von Kalifornien entwickelt worden war.
Die Meristem-Kultur ist ein sehr komplizierter und diffiziler Prozeß, der normalerweise nur im Labor durchgeführt werden kann.
Die Meristem-Vermehrung besteht –

Links: Orchideensamen sollte man auf ein steriles Agar-Nährsubstrat bringen und in Flaschen aufziehen. Diese Sämlinge haben bereits das Keimstadium hinter sich und wachsen gut; die größeren von ihnen sind schon fertig zum Umtopfen.

Die Meristem-Vermehrung

Die hochentwickelte Technik der Meristemkultur ist eine neuzeitliche Methode zur Orchideenvermehrung. Ein Meristem ist eine Gruppe von Zellen, die sich aktiv vermehren und aus denen sich schließlich die verschiedenen Gewebe der Pflanze entwickeln. Meristeme findet man an Wurzel- und Stengelspitzen. Auch hier ist es wieder notwendig, vollkommen sauber und steril zu arbeiten. Für diejenigen Liebhaber, die die erforderlichen Voraussetzungen schaffen können, wird die Meristem-Vermehrung auf diesen beiden Seiten erläutert.

Die dafür bestimmte Pflanze sollte gesund und kräftig sein. Mit einem sterilen Skalpell entfernt man den Stiel oder eine Pseudobulbe von der Pflanze, wäscht die anhaftende Erde ab und sterilisiert dann die gesamte Oberfläche durch Einlegen in eine 5%-Bleichlösung (bis zu einer Stunde).

Nach dem Sterilisieren wäscht man den Stiel oder die Bulbe zweimal in entionisiertem Wasser. Dann legt man den Wachstumspunkt frei und schneidet das Meristem mit einem sterilen Skalpell heraus. Das abgeschnittene Meristem legt man in eine Flasche mit steriler Nährlösung. Die Flasche wird dann zur Fernhaltung infektiöser Keime mit Watte oder Alu-Folie verschlossen. Luft muß allerdings noch durchkommen können. Dann setzt man die Flasche auf einen Rüttler oder eine rotierende Scheibe. Die Meristemzellen teilen sich jetzt, können aber aufgrund der ständigen Rüttelbewegungen keine Sprosse oder Wurzeln ausbilden und formen daher eine Kallusmasse. Wenn diese Masse herangewachsen ist, kann man sie in viele kleine Teile zerschneiden, die dann, wenn man sie in steriles Agarnährsubstrat einbettet, Sprosse und Wurzeln bilden – also junge Pflanzen – die man schon bald eintopfen kann.

1

1 Zu Beginn der Meristem-Kultur schneidet man mit einem sterilen Skalpell eine Pseudobulbe von der Pflanze ab. Peinliche Sauberkeit ist Voraussetzung. Beim Entfernen der Pseudobulbe sollte möglichst kein Substrat mitgenommen werden.

2

2 Dann schält man vorsichtig die Blätter ab und legt die jungen Triebe frei, von denen man die Meristeme gewinnen möchte.

3

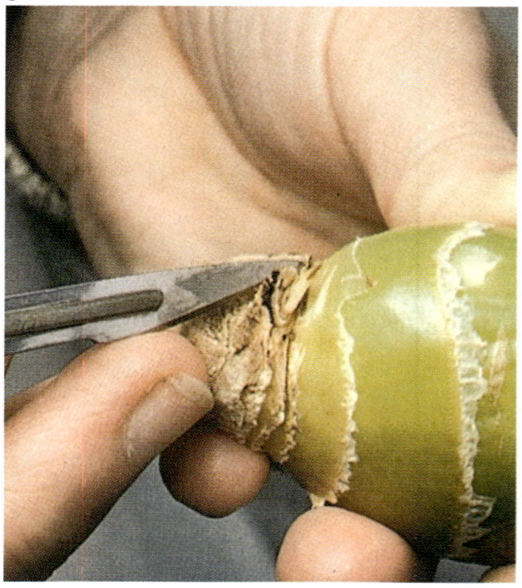

3 Ist der junge Trieb freigelegt, wird die ganze Pseudobulbe in einer schwachen Lösung eines unterchlorigen Salzes oder eines Bleichmittels sterilisiert. 15 – 30 Minuten reichen meist schon aus. Danach wäscht man zweimal in entionisiertem Wasser.

ganz kurz ausgedrückt – darin, daß das Spitzen-Meristem, ein winziger Sproß an der Basis eines sich entwickelnden Triebes, herausgeschnitten wird. Unter sterilen Bedingungen legt man dieses Meristem in flüssiges Nährsubstrat in eine Flasche, verschließt diese fest und sorgt dafür, daß dieser Pflanzenteil ständig bewegt wird, so daß er sich nicht zu einem Trieb entwickeln kann. Am besten installiert man die Flasche auf einem rotierenden Rad oder einem Schüttelapparat. Das Spitzen-Meristem bildet nun bewurzelte Knöllchen, Pflanzenembryonen (Protokorme), die man voneinander trennen kann. Dieser Vorgang ist unbegrenzt wiederholbar, bis man genügend Protokorme erzeugt hat. Die Teilstücke werden dann wie Sämlinge in Flaschen gehalten und bei genügender Größe eingetopft.

Wenn die Meristem-Vermehrung richtig durchgeführt wird, sind die dabei produzierten Meriklone (Protokorme, die aus dem Meristem stammen) beim Herausnehmen aus der Flasche gegen Virusinfektionen immun. Mit sehr wenigen Ausnahmen wird der Wuchshabitus und die Blüte der Mutterpflanze genau gleichen, und – was für die Schnittblumenindustrie sehr wichtig ist – die Meriklone blühen alle zur gleichen Zeit. Für den Amateur haben sich durch die Meristemkultur die Preise für Orchideen erster Qualität vermindert, so daß die besten Orchideen jetzt für alle erschwinglich geworden sind. Für den Pflanzenschützer ergibt sich aus der wirtschaftlichen Herstellungsmöglichkeit von Meriklonen ein Mittel, um das Aussterben bedrohter Arten zu vermeiden. Die Meristem-Methode wird immer noch vervollkommnet, und sicherlich kann man die wenigen Arten, bei denen bisher eine solche Vermehrung nicht möglich war, wie *Paphiopedilum*, bald auch auf diese Weise vermehren.

Zukunftstrends

Die Wissenschaft ruht sich nicht auf ihren Lorbeeren aus. Gewisse Orchideengattungen lassen sich nur mit anderen Gattungen der gleichen Unterfamilie kreuzen, und das nicht immer erfolgreich. Cymbidien sind daher kaum jemals mit Paphiopedilen zu kreuzen. Es werden jedoch Versuche unternommen, die Zellen einer Orchidee mit den Zellen von Arten zu vereinigen, die einer anderen Unterfamilie angehören. Obwohl diese Versuche noch in den Kinderschuhen stecken, gibt es Berichte, daß die Protoplasten (lebende Zellen ohne Zellwände) von *Renantanda* sich mit denen von *Dendrobium* und auch von *Phalaenopsis* unter Versuchsbedingungen vereinigen ließen. Ob es nun möglich sein wird, vereinigte Protoplasten dazu zu bewegen, sich zu Protokormen und schließlich zu starken Pflanzen zu entwickeln, bleibt abzuwarten.

Aber eines ist gewiß: Wir stehen erst am Anfang der Orchideen-Hybridisierung und ihrer Entwicklung. Obwohl in der Vergangenheit schon viele wunderbare Pflanzen geschaffen worden sind, wird die Zukunft noch unbeschreiblich farbiger, vielfältiger, aufregender und lohnender für alle werden, die sich mit Orchideen befassen.

4

4 Unter Einhaltung steriler Verhältnisse schneidet man den Trieb von der Pseudobulbe ab und trennt dann das Meristem sorgfältig heraus.

5

5 Das Meristem wird in eine flüssige Nährlösung gebracht und ständig gerüttelt, damit sich keine Sprosse oder Wurzeln entwickeln können. Statt dessen bildet sich eine umfangreiche Zellmasse aus.

6

7

6 Unter idealen Wachstumsbedingungen kann die Zellmasse beträchtlich anwachsen. Da sie keine organischen Strukturen aufweist, läßt sie sich in viele kleine Stücke teilen, die man wiederum zur Heranzüchtung weiterer Massen benützen oder aber zu kleinen Pflanzen entwickeln kann.

7 Durch erneutes Einbringen der Zellstücke in die dauernd in Bewegung gehaltene Nährlösung bildet sich ständig neue Materie. Werden die Teile jedoch auf eine Agar-Nährlösung gebracht (links), entwikkeln sie sich zu kleinen Pflanzen (rechts), die man schließlich in ein steriles Substrat pikiert.

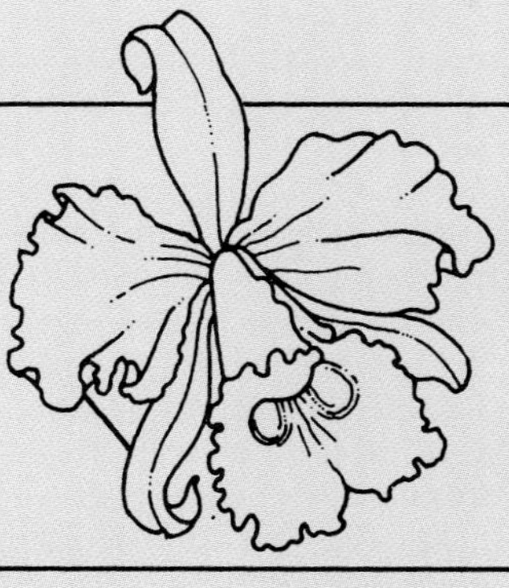

Orchideen – näher betrachtet

In der Frühzeit der Orchideenkultur, als man wildwachsende Arten einführte, um sie hier zu pflegen, war man der Meinung, daß wegen der besonderen Blütenstruktur dieser Pflanzen eine Hybridisierung unmöglich sei. Dann gelang jedoch JOHN DOMINY 1854 die erste Kreuzung durch künstliche Bestäubung. Nach diesem Erfolg fand man heraus, daß sich Orchideenblüten sehr leicht bestäuben lassen, und zwei Jahre später blühte bereits die erste Hybride, eine Kreuzung aus zwei *Calanthe*-Arten. Weitere Hybriden folgten nur langsam, ein Grund hierfür war die schwierige Sämlingsaufzucht.

Als man diese Probleme erst einmal gelöst hatte, begannen die Züchter, sich den auffälliger blühenden Arten zuzuwenden, um prachtvollere Hybriden zu entwikkeln, die schließlich durch ihre Schönheit den natürlichen Arten Konkurrenz machten. In den letzten Jahrzehnten hat die Hybridenzüchtung der Orchideen große Fortschritte gemacht, und der Liebhaber hat heute die Wahl unter einer Vielzahl wunderschöner Hybriden.

Obwohl so viele wunderschöne Hybriden zur Verfügung standen, die sich leichter kultivieren ließen, hat das Interesse an der Haltung von reinen Arten zunächst nicht nachgelassen, was wohl teilweise daran lag, daß man sie billiger erwerben konnte. Erwachsene Pflanzen ließen sich in großer Anzahl einführen und in Gärtnereien kultivieren, so daß sie schon wenige Monate nach ihrer Ankunft blühten und verkauft werden konnten. Verglichen mit den Produktionskosten für die Entwicklung einer Hybride, die bis zu sieben Jahren braucht, um zum Blütenstadium heranzureifen, waren die Originalarten damals verhältnismäßig billig.

Die Tage der preisgünstigen Arten sind jetzt jedoch gezählt. Viele von ihnen sind inzwischen durch jahrelanges übereifriges Sammeln entweder ausgestorben oder selten geworden. In den Gebieten, in denen die Urwälder zur Ackerlandgewinnung gerodet wurden, verloren sie ihren natürlichen Lebensraum. Eine Anzahl von Orchideen, die vom Aussterben bedroht waren, ist inzwischen gesetzlich geschützt worden, und ihr Export wurde verboten. Wenn man aber die natürlichen Lebensräume nicht bewahrt, hilft auch diese Aktion nicht viel.

Die prächtigsten und interessantesten Orchideenarten, die schon seit vielen Jahren kultiviert werden, wird man zweifellos weiter neben den Hybriden in den Gärtnereien der Welt heranziehen; sie werden auf diese Weise für den Sammler gerettet. Da die Aufzucht aber viel kostspieliger ist als der Import, wird sich ein Preis einspielen, der in etwa dem der Hybriden entspricht, so daß das Interesse an der Haltung vieler Arten zurückgehen wird. Aus diesem Grund werden sich nur die prächtigsten Arten auf die Dauer halten, und viele der weniger exotisch blühenden wird man in zukünftigen Sammlungen vermissen.

Die beliebtesten kultivierten Orchideen gehören den Gattungen an, die auch am häufigsten zu Hybridenzüchtungen herangezogen werden (z. B. *Cymbidium*, *Odontoglossum* und *Cattleya*). Bei den Cymbidien übertreffen die Hybriden die natürlichen Arten bei weitem, sei es bezüglich der Größe, Farbe oder Form der Blüte. Die Farbenpalette wurde so vervollständigt, daß fast alle Farbtönungen außer Blau existieren. *Odontoglossum* und *Cattleya* wurden nicht nur innerhalb ihrer eigenen Gattung gekreuzt, sondern auch mit anderen nahe verwandten Pflanzen. Dabei entstanden künstlich erzeugte Hybriden, die aus drei und mehr verschiedenen Gattungen hervorgegangen sind.

Wenn man sich eine gemischte Sammlung zulegt, ist es möglich, sich das ganze Jahr über an schönen Blüten zu freuen. Einige Orchideen, wie Cymbidien, haben eine ganz bestimmte Blütezeit, und man kann sich darauf verlassen, daß sie jedes Jahr im gleichen Monat blühen. Andere blühen zeitlich verschoben, wie z. B. *Odontoglossum*-Hybriden und Orchideen, die durch Hybridisierung verschiedener Gattungen entstanden sind, wie die Vuylstekearas. In ihrem komplizierten Stammbaum sind mehrere verschiedene Arten enthalten, die zu unterschiedlichen Zeiten blühen. Die Hybride entwickelt ihren Blütenstengel, sobald die vorderste Bulbe ausgewachsen ist, unabhängig von der Jahreszeit. Daraus ergibt sich, daß man in Fällen, in denen eine Bulbe eine Wachstumszeit von beispielsweise neun Monaten braucht, damit rechnen kann, daß die betreffende Pflanze in entsprechenden Zeitabständen blühen wird, die Blüten also jedes Jahr zu unterschiedlichen Jahreszeiten erscheinen. Man erkundige sich daher am besten bereits beim Einkauf einer Pflanze, ob diese regelmäßig zu bestimmten Zeiten im Jahr oder zu unterschiedlichen Zeiten (abhängig von Kulturbedingungen) blüht. Wenn Sie eine kluge Auswahl treffen, können Sie sich eine Sammlung aufbauen, in der das ganze Jahr hindurch einige Pflanzen ihre Blütenpracht entfalten.

Obwohl die folgenden Seiten ein großes Spektrum von Orchideenarten und -hybriden vor Ihnen ausbreiten, werden nicht immer alle davon für die Haltung zur Verfügung stehen. Nur die besten Varietäten werden ständig kultiviert; einige büßen ihre Beliebtheit ein, wenn bessere auf den Markt kommen. Einige Arten lassen sich besser kultivieren, andere weniger gut. Jede Gärtnerei hat die Arten in ihrem Angebot, die sie für die beliebtesten hält. Zudem gibt es Handelskataloge, in denen alle augenblicklich verfügbaren Hybriden angegeben sind.

Links: *Renanthopsis* Mildred Jameson mit ihren auffallend gefleckten Blüten ist ein eindrucksvolles Beispiel dafür, daß die heutigen Hybriden hinsichtlich ihrer Schönheit und ihrer relativ leichten Pflege nicht zu überbieten sind. Foto: nat. Größe.

Cattleya

Von begeisterten Liebhabern als „Königin der Orchideen“ gepriesen, kann man vielen *Cattleya*-Arten aufgrund ihrer Blütenpracht und Vielgestaltigkeit mit Recht einen königlichen Status zugestehen.

Wildwachsende Cattleyen

Es gibt etwa 60 wildwachsende *Cattleya*-Arten, die meist epiphytisch oder lithophytisch leben. Ihre Heimat ist Mittel- und Südamerika, von Mexiko bis nach Bolivien, Paraguay und Argentinien, besonders häufig kommen sie in den Anden und den Wäldern Brasiliens vor.
Sie wachsen in den verschiedensten Lebensräumen. Das Spektrum reicht von den feuchtigkeitsgeschwängerten Wäldern des Amazonasgebietes, wo sie sich auf Ästen und Stämmen von Bäumen verankern, bis hinauf zu Höhen von 3050 m in den Anden, wo die Nachttemperaturen fast bis zum Gefrierpunkt abfallen. Aus diesem Grund gehören die Cattleyen zu den anpassungsfähigsten Arten der Orchideenfamilie.
Aufgrund ihrer Wuchsform kann man sie in zwei Gruppen einteilen: in einblättrige, die ein einziges großes, breites Blatt entwickeln und keulenförmige Pseudobulben besitzen, die durch ein kriechendes Rhizom miteinander verbunden sind, und zweiblättrige mit längeren, eher zylindrischen Pseudobulben, die ein Paar kürzere Blätter und kleinere, schwere Blüten ausbilden.

Cattleya in Kultur

Temperatur

Um Cattleyen erfolgreich zu halten, sollte man so gut wie möglich die natürlichen Umweltbedingungen nachahmen. Cattleyen sind besonders empfindlich, was Temperaturänderungen betrifft. Für ausgewachsene Pflanzen reicht im Winter eine Nachttemperatur zwischen 13° C und 16° C völlig aus; Sämlinge und die zarteren Arten benötigen für ein gutes Wachstum etwas höhere Nachttemperaturen (16 – 18° C), dabei muß allerdings auch die Luftfeuchtigkeit etwas erhöht werden. Die Temperaturen im Sommer können Werte zwischen 26° C und 32° C erreichen, ohne den Pflanzen zu schaden – vorausgesetzt natürlich, daß die Luftfeuchtigkeit entsprechend hoch ist!
Damit die Pflanzen schöne und viele Blüten ansetzen, sollten ausgewachsene Cattleyen, die im Winter und im Frühjahr blühen, nach der Wachstumszeit 6 – 8 Wochen ruhen. In dieser Zeit darf nicht so viel gegossen werden, und auch die Luftfeuchtigkeit wird verringert, man sprüht nur noch einmal täglich. Jetzt sollten die Pflanzen auch so viel Licht wie möglich bekommen, damit die Pseudobulben gut reifen können.
Im Sommer blühende Cattleyen benötigen keine Ruhezeit, sie wachsen stetig.

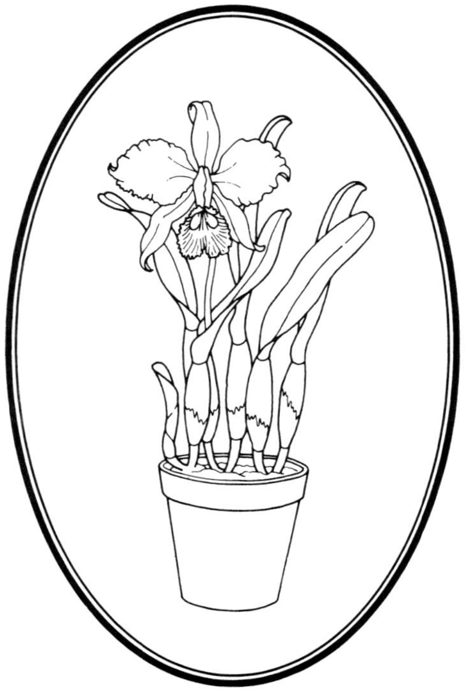

Licht und Düngung

In ihrer südamerikanischen Heimat wachsen die Cattleyen in den Baumwipfeln im gedämpften Licht unter einem Blätterdach. Hier sind sie auch feuchten Nebeln und viel Wind ausgesetzt.
Erwachsene Pflanzen brauchen in Kultur daher genügend Licht, damit feste Pseudobulben heranreifen können. Zuviel Licht sollte durch Außenschattierung abgehalten werden. Schattiert man das Gewächshaus von außen mit Schattierungsfarbe, muß man darauf achten, daß die Farbe im Frühjahr nicht zu dick aufgetragen wird. Zwar sollte man die Cattleyen vor den ersten hellen Sonnenstrahlen schützen, man darf aber auch nicht zuviel Licht wegnehmen. Am besten trägt man die Farbe in zwei Arbeitsgängen auf: eine dünnere Schicht im zeitigen Frühjahr, eine zweite dickere Schicht im späten Frühjahr.
Im zeitigen Frühjahr, wenn die Pflanzen umgetopft worden sind, das neue Wurzelwerk sich entwickelt hat und das Wachstum beginnt, sollte man die Cattleyen düngen, am besten mit einem Flüssigdünger (die Hälfte der vom Hersteller empfohlenen Dosis genügt, da Cattleyen, wie die meisten Orchideen, sehr wenig Dünger benötigen). Man düngt vorzugsweise morgens, wenn die Temperatur ansteigt, da der Pflanzenstoffwechsel zu dieser Zeit am aktivsten ist. Im Sommer sollte man alle zwei bis drei Wochen mit einem stickstoffhaltigen Dünger düngen und alle sechs Wochen eine Blattdüngung vornehmen. Sobald sich eine neue Pseudobulbe entwickelt hat, steigt man auf ein phosphathaltiges Düngemittel um, damit die Bulben besser reifen und kräftiger werden, so daß sich später auch schöne Blüten entwickeln können.

Feuchtigkeit, Wasser, Belüftung

Es ist wichtig, daß durch Sprühen oder „Nebeln“ stets eine feuchte Atmosphäre im Gewächshaus herrscht, die Pflanzen also nicht zu viel Feuchtigkeit durch Verdunsten verlieren. Man müßte sonst zu oft gießen – und die Gefahr, daß die Wurzeln faulen, ist bei häufigem Gießen doch recht groß.
In den Sommermonaten sollte man möglichst zwei- bis dreimal das Gewächshaus einnebeln oder sprühen und die Pflanzen noch zusätzlich mit frischem Wasser von oben her besprühen. Beim Gewächshaussprühen darauf achten, daß auch die seitlichen Wände, vor allem das Glas, eingesprüht werden, damit auch hier die Temperatur sinkt – in diesem Bereich ist die Gefahr eines Schädlingsbefalls nämlich am größten.
Die Bewässerung spielt bei der Pflege von Cattleyen eine große Rolle. Feste Regeln können wir allerdings nicht aufstellen, eines aber gilt: Lieber einmal weniger als zuviel gießen!
Nach dem Umtopfen wässert man die Pflanze gründlich und gießt erst wieder, wenn sie ganz trocken ist – aber nicht vertrocknen lassen! Versprüht man im Gewächshaus regelmäßig Wasser, brauchen die Cattleyen nicht oft gegossen werden. Sobald die neuen Wurzeln jedoch aus dem Substrat herausschauen, muß man wieder mehr Wasser geben. Im allgemeinen benötigen Cattleyen während der Wachstumszeit – natürlich abhängig von Größe und Zustand der Pflanze – etwa zweimal wöchentlich Wasser. Im Spätherbst und während der Wintermonate, wenn die Pflanzen ruhen, wird nur so viel Wasser gegeben, daß die Pseudobulben nicht einschrumpfen; leichtes Gießen alle zwei Wochen dürfte ausreichen.
Für ausgewachsene oder blühende Cattleyen ist Luftbewegung um die Pflanzen herum von großer Wichtigkeit, um das gesunde Wachstum und die Blütenbildung zu erhalten.
Kleine Sämlinge oder Pflanzen mit nicht mehr als drei Pseudobulben brauchen feuchtere Bedingungen und weniger Luft; hier tut ein elektrischer Ventilator gute Dienste.
Im Sommer sollte im Gewächshaus ein tropisches Klima herrschen: feucht und warm, aber dennoch gut gelüftet! Auch im Winter sollte man bei kurzzeitiger Wetterbesserung die Lüftung öffnen. Eine auch nur wenige Minuten dauernde Belüftung hilft, die Entwicklung einer flauen Atmosphäre zu verhindern.

Substrate

Denken Sie daran, daß Cattleyen Epiphyten, also Baumbewohner sind. Das Substrat sollte daher möglichst locker sein, um den Wurzeln ein leichtes Eindringen zu erlauben und Luft und Wasser leicht durchzulassen. Viele Jahre lang verwendete man die Wurzelmassen des Osmundafarns, die man auszupfte und in richtiger Länge zurechtschnitt. Ideal war eine Mischung dieses Materials mit Sphagnum-Moos (ein Drittel Moos und zwei Drittel Farn). Sich wandelnde Umstände, einschließlich der steigenden Kosten für die eingeführten Osmundafasern, haben

Oben: *Cattleya maxima* stammt aus Ecuador und Peru. Sie wurde Anfang des letzten Jahrhunderts entdeckt und 1859 mit *Cattleya intermedia* gekreuzt. Die erste künstliche Hybride entstand: *Cattleya* Dominiana.

die Liebhaber der Cattleyen dazu gezwungen, sich auf leichter verfügbare Substrate umzustellen. Man verwendet heute viel Redwoodrinde; diese Rinde ist leicht zu beschaffen, und man kann sie mit vielerlei anderen Stoffen mischen. Ein Zusatz von kleinen Holzkohle- oder Perlitestückchen hält das Substrat locker und wirkt einem Versauern entgegen.
Im Spätsommer und Frühherbst kommt es manchmal vor, daß sich auf der Substratoberfläche eines Topfes Moos oder Algen bilden, die die Ausbildung des Wurzelwerkes behindern können. Man entfernt den Belag und füllt mit frischem Substrat auf.

Umtopfen

Umtopfen sollte man nach der Ruhezeit, wenn der neue Trieb beginnt, sich aus der Basis der vorjährigen Pseudobulben zu entwickeln, und neue Wurzeln wachsen. Im Normalfall wird dies etwa vier Wochen nach dem Abblühen im Winter oder im zeitigen Frühjahr der Fall sein.

Cattleyen kann man in Töpfen, Schalen, Körben oder auf Rindenstücken ziehen. Zum Kauf werden die Pflanzen meistens in Plastik- oder in Tontöpfen angeboten. Diese Töpfe eignen sich auch weiterhin gut, wenn sie einen ausreichenden Abfluß haben. Damit das Wasser noch besser durchsickern kann, vergrößert man die Löcher im Boden.
Kleine *Cattleya*-Sämlinge oder Teilpflanzen lassen sich am leichtesten umtopfen, da man die ganze Pflanze aus ihrem zu klein gewordenen Topf herausnehmen kann und lediglich in einen größeren Topf hineinzusetzen braucht. Man geht wie folgt vor: Zunächst entfernt man Unkraut und Moos, das sich angesetzt hat, und schneidet abgestorbene Wurzeln zurück. Dann sucht man einen Topf aus, der seitlich gerade genügend Platz bietet, daß er nach vollständiger Entwicklung des neuen Triebes ganz ausgefüllt ist. Es ist in diesem Stadium wichtig, keinen zu großen Topf zu verwenden. Um sich in dem Substrat zu verankern, wachsen Cattleyawurzeln an den Topfseiten hinunter und halten sich daran fest, ein neuer Sproß entwickelt sich erst, wenn dieser Vorgang abgeschlossen ist. Bei einem zu großen Topf würde dieser Prozeß zu lange dauern, und wenn man die Pflanze noch zu oft gießt, kann es sein, daß die alten Wurzeln faulen und das Wachstum beeinträchtigen.
In den neuen Topf schüttet man zuerst einige zerbrochene Topfscherben oder Polystyrol und darauf dann eine Schicht Substrat. Man setzt die Pflanze so in den Topf, daß die Basis der Pseudobulbe etwa 2,5 cm unter dem Topfrand zu liegen kommt. Dann füllt man mit Substrat auf. Man wird im allgemeinen nur alle zwei Jahre umtopfen müssen.

Vegetative Vermehrung

Wenn eine Cattleya mehrere Jahre lang ungestört wächst, wird man die Pseudobulben hinter dem neuen Trieb reduzieren müssen. Um schöne Blüten hervorzubringen, benötigt eine Cattleya im allgemeinen nur vier bis fünf Pseudobulben.
Man entfernt die überschüssigen Bulben, indem man mit einer sauberen Baumschere oder einem scharfen Messer das Rhizom zwischen den Bulben glatt durchschneidet. Gleichzeitig entfernt man alle Wurzeln. Jeder Pflanzenteil kann nun für sich umgetopft werden, wobei man die Schnittstelle auf eine Seite plaziert und die Wurzeln so weit wie möglich ausbreitet. Binden Sie jede Pseudobulbe an einem Stecken fest, den Sie etwas hinter der Pflanze in das Substrat drücken, um so lange genügend Halt zu verschaffen, bis sich die Wurzeln an den Topfseiten verankert haben.
Sobald sich kleine neue Triebe gebildet haben, stellen Sie die Töpfe in den wärmsten Gewächshausbereich und schaffen dort eine feuchte, frische Atmosphäre.
Eine oft angewandte Methode, ruhende Pflanzenteile wieder zu aktivieren, ist folgende: Man legt die Bulben zusammen mit einer Handvoll feuchtem Sphagnum-Moos in einen Polyäthylenbeutel, verschließt ihn und hängt ihn am First des Gewächshauses auf, damit er viel Licht erhält, bis sich ein neuer Trieb entwickelt. Sobald sich neue Triebe entwickelt haben (nach ca. sechs bis acht Wochen), topft man normal ein und stellt die Töpfe wieder im wärmsten Bereich des Hauses auf, bis sich die Pflanze voll entwickelt hat.

Schädlinge und Krankheiten

Wegen ihrer harten Pseudobulben und der kräftigen, lederartigen Blätter werden die Cattleyen nur von wenigen Krankheiten befallen, und kommt dies dennoch einmal vor, kann man leicht damit fertig

Oben: In einer Nacht können Nacktschnecken all das zerstören, was in mühevoller Pflege aufgebaut wurde. Junge Triebe, Knospen und Blüten werden besonders häufig angefallen.

werden. Schäden rühren meist von saugenden und beißenden Schädlingen her. Schwarze Fliegen (Thripse, Blasenfüße) z. B. verstümmeln hauptsächlich junge Triebe, aber auch Blätter und Blüten. Da diese Tierchen sehr klein sind (ca. 2 mm) und sich bei der kleinsten Bewegung sofort rasch entfernen, kann man sie nur schwer feststellen. Malathion ist ein wirksames Bekämpfungsmittel.

Verschiedene Schnecken fressen die fleischigen Wurzelspitzen, Knospen und Blüten an. Ein Schneckenvernichtungsmittel in Granulatform kann helfen; wirksamer noch ist ein flüssiger Schneckenköder, den man auf Pflanzbänken, an Wänden und unter den Pflanzen versprüht.

Schildläuse sind die größten Feinde der Cattleyen. Die gemeine „weiche" Schildlaus (*Coccus hesperidum*) und die Boisduval-Deckelschildlaus (*Diaspis boisduvalii*) bohren ihre Saugrüssel in sämtliche Pflanzenteile, um den Saft auszusaugen. Schildläuse vermehren sich relativ rasch, man sollte befallene Pflanzen sofort mit einer weichen Zahnbürste abbürsten. Stark befallene Pflanzen reinigt man am besten mit einer in Malathion getauchten Bürste und spritzt noch zusätzlich mit Malathion.

Wenn Pflanzen kränkeln und auf der Blattunterseite weiße, flaumige Stellen haben, sind sie von Schmierläusen (Pseudococcidae) befallen. Zur Bekämpfung dieser Schädlinge trägt man mit einem kleinen Malerpinsel unverdünnten vergällten Spiritus auf. Nicht die Stellen hinter den Schutzscheiden der Pseudobulben und die Blattspitzen vergessen! Meist sind mehrere solche Behandlungen notwendig. Erwachsene Schmierläuse bekämpft man mit Malathion.

Cattleyen erkranken manchmal an „Halsfäule", die gewöhnlich in dem Bereich zwischen der Blattachse und der Pseudobulbenspitze auftritt. Diese Krankheit wird entweder durch Bakterien oder einen Pilz verursacht und breitet sich oft sehr schnell aus. Im Anfangsstadium der Fäule taucht man die Pflanze in eine „Natriphine"-Lösung und läßt sie trocknen. Nach zwei oder drei Tagen wendet man dann ein systemisches Fungizid an. Wenn die Pflanze stark befallen ist, wird man „chirurgisch" eingreifen müssen. Man schneidet mit einem scharfen Messer (das man vorher durch eine Flamme gezogen hat) die befallenen Stellen des Blattes oder der Bulbe ab und stäubt die Schnittstelle reichlich mit Captan ein. Wenn die Fäule noch weiter fortgeschritten ist, wird man die Pseudobulbe bis zum Rhizom abschneiden müssen.

Cattleyen auf der Fensterbank

Einige *Cattleya*-Arten, wie z. B. *Cattleya skinneri* und *Cattleya forbesii*, können auch auf der Fensterbank oder in einer Vitrine gehalten werden.

Einige Arten gedeihen gut auf Fensterbänken in Ost- oder Südlage, wo sie den ganzen Tag Licht bekommen. Doch während weder Licht noch Wärme ein Problem bieten, ist es oft schwierig, in einem Innenraum die Feuchtigkeitsbedürfnisse der Pflanzen zu befriedigen. Mehr Feuchtigkeit um die Pflanze herum erhält man, wenn man die Pflanze auf einen mit feuchtem Torf oder Kies gefüllten Untersetzer stellt, den man stets feucht hält.

Arten und Hybriden

Die erste *Cattleya*-Hybride, *Cattleya* Dominiana, wurde 1859 in der berühmten Gärtnerei in Veitch gezüchtet. Man kreuzte damals *Cattleya intermedia* mit *Cattleya maxima*. Seit dieser Zeit hat man Cattleyen erfolgreich mit *Laelia, Brassavola, Epidendrum, Broughtonia, Diacrium, Schomburgkia, Sophronitis* und *Leptotes* gekreuzt, und ein immer breiteres Spektrum an Formen und Farben entstand.

Die Kreuzung *Laelia* und *Cattleya* führte zu den Laeliocattleyen (LC). Um große Blüten mit schön gefransten Lippen zu bekommen, kreuzte man *Brassavola* ein und schuf damit die Brassolaeliocattleya (BLC). Aus *Brassavola* und *Cattleya* wurden Brassocattleyen (BC). Die Gattung *Sophronitis* wurde wegen ihrer intensiven Färbung – vor allem in den Rottönen – und ihrer runden Blütenform sehr gerne zum Kreuzen verwendet. Hybriden aus]*Cattleya* und *Sophronitis* nennt man Sophrocattleyen (SC). Auch hier kreuzte man wieder Laelien ein und erhielt die kompakteren, vielblütigen Sophrolaeliocattleyen (SLC). Eine Kreuzung *Laelia* und *Sophronitis* bringt herrlich rotblühende und robuste Sophrolaelia-Hybriden (SL) hervor. *Sophronitis* kann man aber auch mit *Epidendrum* (Episophronitis-Hybriden) kreuzen. *Schomburgkia* verwendete man häufiger zur Kreuzung mit Laelien als mit Cattleyen. Aus *Brassavola, Sophronitis, Laelia* und *Cattleya* züchtete man eine quadrigenerische Hybridenart, die unter den Namen *Potinaria* bekannt wurde.

Cattleya-Arten

Cattleya amethystoglossa
◑ mittelwarm ❀ Sommer
Rechts: Die in Brasilien beheimatete Art bildet im Sommer langgestielte Blütentrauben mit 8 – 10 Blüten (Durchmesser der Einzelblüte 7 – 10 cm). Sepalen und Petalen sind weiß bis rosa oder purpurn gefärbt und dunkelviolett gefleckt. Die breite, runde violettpurpurfarbene Lippe trägt weiße Seitenlappen. Die Blätter sind ledrig, breit lanzettlich und hängend. Die Pseudobulben können fast einen Meter hoch werden.
Foto ¾ nat. Größe

Cattleya aurantiaca
○ kühl ❀ Sommer
Unten: Diese kleine, zweiblättrige Art kommt aus Guatemala und benachbarten Ländern. Sie bildet im Sommer hängende Trauben rot-orange-farbiger, 7,5 – 10 cm großer Blüten. Samenkapselbildung durch Selbstbestäubung.
Foto: ⅓ nat. Größe

Cattleya bowringiana
◑ mittelwarm ❀ Herbst
Unten: Diese auf Felsen wachsende, zweiblättrige Pflanze ist eine Natur-Hybride. Sie wurde 1884 in Honduras entdeckt und nach J. C. Bowring (Windsor/England) benannt. Die außerordentlich produktive Pflanze kann bis zu 20 rosa-purpurfarbene, 7,5 cm große Blüten hervorbringen. Die tiefpurpurfarbene Lippe ist durch einen goldgelben Schlund gekennzeichnet. Zur Versorgung ihrer langen, an der Basis leicht zwiebelförmigen Pseudobulben benötigt diese Pflanze mehr Wasser als die anderen Pflanzen dieser Gattung. Nach dem Abblühen im Winter braucht sie eine kurze Ruheperiode, in der man sie möglichst trocken hält.
Foto: ⅓ nat. Größe

Cattleya forbesii
◑ mittelwarm ❀ Sommer
Oben: Diese Art wurde 1823 in Brasilien entdeckt. Die zierliche, zweiblättrige Pflanze besitzt bleistiftdünne Pseudobulben. Im Winter benötigt sie eine kurze Ruhezeit und Temperaturen von 13 – 15,5° C. Die gelben oder bräunlichen, 7,5 – 10 cm großen Blüten haben eine röhrenförmige Lippe mit blaßrosafarbenen Außenlappen und einem tiefgelben, mit roten Wellenlinien markierten Schlund. Bis zu 10 Blüten stehen an einem Blütenstiel.
Foto: ¾ nat. Größe

Cattleya loddigesii
◑ mittelwarm ❀ Sommer/Winter
Rechts: Diese wunderschöne Art stammt aus Brasilien. Sie ist typisch für die zweiblättrige Gruppe und besitzt schlanke Pseudobulben und 10 – 13 cm große, lange haltende rosa-lila Blüten; die Lippe ist innen gelb-weiß gefärbt. Jeder Stengel trägt drei bis fünf Blüten.
Eine Abart von *Cattleya loddigesii* ist *Cattleya harrisoniae. Cattleya harrisoniae* hat schlankere, höher wachsende Pseudobulben und intensiver gefärbte Blüten, die im Frühjahr und Sommer erscheinen.
Foto: nat. Größe

Cattleya porcia
○ kühl ❀ Herbst
Oben: Diese freigiebig blühende Art bildet hübsche blaßlila Blütendolden. Die 7,5 – 10 cm großen Blüten öffnen sich im Frühherbst. Die im Kalthaus zu haltenden Pflanzen verlangen in den Wintermonaten eine ausgesprochene Ruheperiode. Man hält sie trokken, bis im zeitigen Frühjahr der neue Trieb hervortritt und die Wurzeln aktiv zu wachsen beginnen.
Foto: ⅓ nat. Größe

Cattleya skinneri
○ kühl ❀ Winter/Frühjahr
Rechts: Diese beliebte zweiblättrige Art ist die Nationalblume Costa Ricas. Die Pflanze trägt fünf bis zehn Blüten an einem Stengel. Jede Blüte ist 7,5 – 10 cm groß und rosa-purpurfarben mit einem weißen Fleck am Schlund. Sie braucht ein kühl gehaltenes Haus, und man kann sie erfolgreich auf Kork, Rinde oder einem Holzstück kultivieren. Eine reinweiße Abart, *Cattleya skinneri* var. *alba* (ganz rechts) wird ebenfalls kultiviert, leider aber immer seltener. Sie blüht im Frühjahr.
Foto: ¼ nat. Größe

Laelia anceps
○ kühl ✿ Winter
Unten: Die in Mexiko beheimatete, einblättrige Pflanze hat große, prächtige, rosafarbene 10 – 13 cm große Blüten mit purpur- und gelbgefärbtem Lippenschlund. Sie wachsen locker an hohen, aufrechten Stengeln. Die Blütenstengel entwickeln sich aus der Spitze der Pflanze, zwischen dem oberen Ende der zwergwüchsigen Pseudobulbe und der Achse des einzelnen Blattes. *Laelia anceps* eignet sich auch für die Haltung im Wohnzimmer. Nach dem Abblühen gönnt man ihr eine trockene Ruheperiode.
Foto: ⅓ nat. Größe

Laelia purpurata
◑ mittelwarm ✿ Frühjahr/Sommer
Oben: Diese freigiebig blühende Pflanze aus Brasilien gedeiht im mittelwarmen Bereich des Gewächshauses. Sie blüht im Frühjahr und Sommer und wird oft bis zu 80 cm hoch. An dem Blütenstiel sitzen mehrere ca. 13 cm große, cremeweiße Blüten mit einer kontrastierenden samtartigen, dunkelkarmin-purpurfarbenen Lippe mit gelbem, magentafarbig gestreiftem Schlund.
Foto: ½ nat. Größe

Brassavola digbyana
◑ mittelwarm ✿ Sommer
Links: Die cremeweiße Blüte der *Brassavola digbyana* fällt durch die große, fein gefranste Lippe und ihren Zitronenduft auf. Die Blätter sind fleischig, die keulenförmigen Pseudobulben flach zusammengedrückt. Der oberste Bereich eines mittelwarmen Gewächshauses mit ständig herrschender Luftbewegung eignet sich sehr gut für die Pflege dieser sonnenhungrigen Pflanze.
Foto: ⅔ nat. Größe

Cattleya-Hybriden

Brassolaeliocattleya
Crusader
◐ mittelwarm ❀ Winter
Rechts: Diese robuste Hybride ist das Ergebnis einer Kreuzung zwischen *Brassavola* Queen Elizabeth und *Laeliocattleya* Trivanhoe. Die rosafarbenen Blüten erscheinen im Winter und erreichen eine Größe von 20 – 30 cm. Die mächtige runde Lippe ist dunkelrosa, der Schlund gelb gefärbt.
Foto: ½ nat. Größe

Brassolaeliocattleya
Norman's Bay 'Lows' (FCC/RHS)
◐ mittelwarm ❀ Herbst
Oben: Diese Orchidee gehört zu den schönsten rosa-magentafarbig blühenden Hybriden. Sie entstammt einer Kreuzung aus *Brassocattleya* Hartland und *Laeliocattleya* Ishtar. Die 20 – 30 cm großen, kräftig gefärbten Blüten besitzen eine prächtig gefranste Lippe und verbreiten einen wunderbaren Duft. Diese im Herbst blühende Pflanze verdient es wirklich, im mittelwarmen Bereich eines Gewächshauses gehalten zu werden.
Foto: ¼ nat. Größe

Brassolaeliocattleya
Norman's Bay ×
Cattleya
Triumphans
◐ mittelwarm ❀ Winter
Rechts: Diese Hybride bringt meist zwei oder drei herrlich geformte, sehr stabile Blüten hervor. Die sattrosafarbenen, ca. 13 cm großen Blüten haben große, gefranste, magentafarbige Lippen, deren Seitenlappen mit einem Hauch Gelb übergossen sind. Die Hybride, die zu Winteranfang freigiebig blüht, braucht nach dem Abblühen eine strikte Ruhezeit, in der kaum gegossen werden sollte. Mit der normalen Pflege beginnt man wieder, wenn Sprosse und Wurzeln aktiv werden.

Brassolaeliocattleya
Queen Elizabeth (FCC) ×
Brassolaeliocattleya
King Richard
◑ mittelwarm ❀ Herbst
Rechts: Die rosa-blaßlila Blüten dieser Hybride sind mit 20 – 23 cm sehr groß. Die dunkellilafarbige, gefranste Lippe hat einen tiefgelb gefärbten Schlund. Im Spätherbst wachsen meist drei Blüten an einem Stengel. Die stabilen Pseudobulben und die sehr breiten Blätter geben der Pflanze ein kompaktes Aussehen. Sie braucht mittelwarme Bedingungen und nach dem Abblühen eine Ruhezeit.
Foto: ¼ nat. Größe

Cattleya
Bow Bells
◑ mittelwarm ❀ Frühjahr
Unten: Diese wunderschöne Hybride, eine der berühmtesten der Welt, entstammt einer Kreuzung aus *Cattleya* Edithae und *Cattleya* Suzanne Hye. Sie bringt im Frühjahr große, schwere, ca. 15 cm große Blüten mit reinweißen, überlappenden Petalen und schwefelgelber Markierung im hinteren Schlund hervor. Eine Pflanze für ein mittelwarmes Haus, die im Winter, wenn der neue Sproß reif ist, eine Ruhezeit braucht.
Foto: 1⅓ nat. Größe

Laeliocattleya
Chitchat 'Tangerine'
◑ mittelwarm ❀ Sommer
Rechts: Diese im Sommer blühende Hybride ist eine Kreuzung aus *Cattleya aurantiaca* und *Laelia* Coronet. Die Blütendolden mit den zierlichen gelb-orangefarbenen, ca. 5 cm großen Blüten wachsen aus schlanken Pseudobulben. Chitchat 'Tangerine' gehört in den mittelwarmen Bereich des Gewächshauses.
Foto: 1⅔ nat. Größe

Laeliocattleya
Amacynth
◑ mittelwarm ❀ Herbst/Winter
Oben: Diese Hybride, eine Kreuzung aus *Laeliocattleya* Cynthia mit *Cattleya amabilis,* ist ein Halbalbino, d. h. Sepalen und Petalen sind reinweiß, ohne den geringsten Schimmer einer anderen Farbe. Die kontrastreiche, purpurfarbene, gefranste Lippe ist mit einer feinen weißen Linie abgesetzt. Die 15 – 20 cm großen Blüten erscheinen im Spätherbst und zu Winteranfang. Die Pflanzen brauchen mittelwarme Bedingungen.
Foto: ⅓ nat. Größe

Laeliocattleya
Culminant 'La Tuilerie'
◑ mittelwarm ❀ Frühjahr
Unten: Diese Hybride stammt aus einer Kreuzung von *Laeliocattleya* De France und *Cattleya* Gaillard. Sie hat rosa, ca. 15 – 18 cm große Blüten, deren petunienförmige Lippe mit ihrer dunkleren Färbung einen schönen Kontrast zu den übrigen Blütenblättern bildet. Am Rand ist die Lippe mit einem feinen Rosa abgesetzt. Die Blüten öffnen sich im Frühjahr; sie sind sehr stabil und haltbar.
Foto: ⅓ nat. Größe

Laeliocattleya
Oriental Prince ×
Laeliocattleya
Olympia
◑ mittelwarm ❀ Herbst
Rechts: Diese wunderschöne Hybride hat 15 – 20 cm große Blüten mit blaßlila Sepalen und Petalen und einer großen, gefransten, dunkelpurpurfarbigen Lippe. Aufgrund ihrer kräftigen Pseudobulben und der langen Rhizome zeichnet sich diese Pflanze durch kräftiges Wachstum aus.
Foto: ⅔ nat. Größe

Laeliocattleya
Patricia Purves
◑ mittelwarm ❀ Frühjahr
Oben: Diese Hybride, eine Kreuzung aus *Laeliocatt*- hat 15 – 28 cm große Blüten. Die Sepalen und Petalen sind zartrosa, die Lippe ist lila-purpurfarben mit gelbmarkiertem Schlund. Nach Reifung der Pseudobulben im Herbst braucht die Pflanze eine Ruhezeit.
Foto: ⅓ nat. Größe

Potinaria
Sunrise
● warm ❀ Herbst
Rechts: Diese Hybride, mit den herrlichen 13 – 15 cm großen Blüten, ist eine quadrigenerische Kreuzung (*Brassavola* × *Cattleya* × *Laelia* × *Sophronitis*). Die lilafarbenen Blüten fallen vor allem durch die dunklergefärbte Lippe mit dem magentarot-weißen Schlund auf. Die Pflanze fühlt sich im warmen Bereich eines Gewächshauses am wohlsten.
Foto: ½ nat. Größe

Cymbidium

Die Gattung *Cymbidium* wurde 1800 von dem schwedischen Botaniker OLOF SWARTZ bestimmt. Der Name stammt aus dem Griechischen (kymbos = Kahn) und bezieht sich auf die kahnartig geformte Lippe der Cymbidien-Blüten.
Cymbidien gehören zweifellos zu den beliebtesten Arten, sowohl als Kultur- als auch als Schnittpflanze. Diese Beliebtheit rührt wahrscheinlich daher, daß sich Cymbidien sehr gut für Kalthäuser eignen und sich leicht, aber doch lohnend pflegen lassen. Die Langlebigkeit und das unwahrscheinlich breite Farbspektrum der Blüten machte sie zu den bei weitem beliebtesten Schnittorchideen.

Wildwachsende Cymbidien

Das Verbreitungsgebiet der Cymbidien, von denen bisher nur 50 oder 60 Arten bekannt sind, erstreckt sich von den Randgebirgen des Himalaya bis an die Küsten Chinas und im Süden bis nach Australien. Man findet sie in den verschiedensten Lebensräumen, vom tropischen Regenwald bis in verhältnismäßig trockene Gegenden. Die meisten der Kalthaus-Cymbidien wurden aus Arten gezüchtet, die aus den Vorgebirgen des Himalaya stammen. Man verwendete jedoch auch Arten aus anderen Gebieten für die Züchtung, vor allem für die Zwergarten.

Cymbidien in Kultur

Cymbidien werden seit Mitte des letzten Jahrhunderts kultiviert, dennoch gibt es keine festen Regeln zur Haltung.
Die erste Hybride stammte von JAMES VEITCH & Son und wurde im Jahre 1889 registriert. Man nannte sie *Cymbidium* Eburneo-lowianum (*Cymbidium eburneum* × *Cymbidium lowianum*). In den folgenden 20 Jahren wurden nur 14 weitere Hybriden registriert. Die meisten dieser frühen Hybriden, mit Ausnahme von *Cymbidium* Eburneo-lowianum, waren hauptsächlich von botanischem Interesse.
Moderne Hybriden wachsen zu ziemlich großen Pflanzen mit festen, runden Bulben und langen, riemenartigen Blättern heran. Die Blütenstengel entwickeln sich gewöhnlich in den Sommer- und Herbstmonaten. Sie brauchen dann noch fast acht Monate, bis sie in voller Blüte stehen. Man züchtete sie so heraus, daß sie leicht blühen und einfach im Gewächshaus oder in der Wohnung gehalten werden können – vorausgesetzt einige Grundansprüche werden erfüllt. Ausgewachsene Cymbidien kann man sowohl in kühlen als auch in warmen Klimazonen kultivieren und zum Blühen bringen.
Obwohl Cymbidien in einem Klima, in dem die Nachttemperaturen im Herbst und Winter nicht unter 15° C abfallen, gut wachsen, werden sie nicht immer blühen. Um die Blütenbildung anzuregen, muß im Sommer die Temperatur nachts wesentlich sinken.

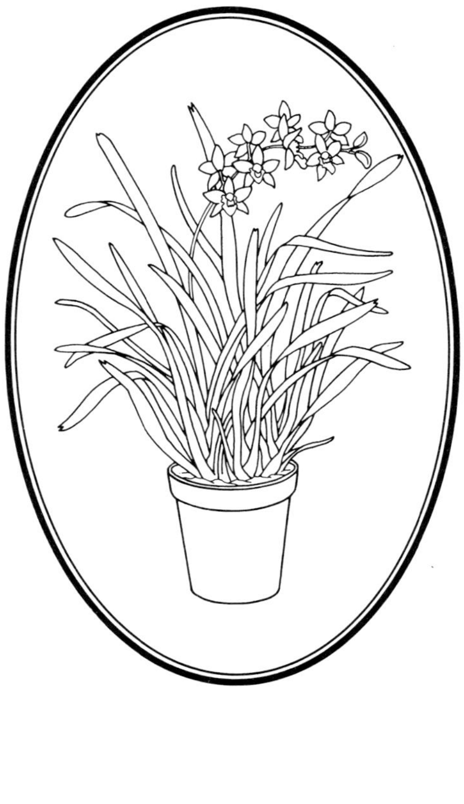

Temperaturen

Die Arten aus denen die meisten heutigen Hybriden gezüchtet wurden, hatte man ursprünglich im nördlichen Indien, in Burma, Thailand und Vietnam entdeckt. Sie wachsen größtenteils in Bergregionen und sind starken Temperaturschwankungen ausgesetzt, die tagsüber zwischen 20° C und 40° C variieren können, mit kühlen Nächten und starken Regenfällen in der feuchten Jahreszeit.
Für ausgewachsene Pflanzen sollte man in den Herbst-, Winter- und Frühjahrsmonaten Nachttemperaturen von etwa 10° C einhalten. In den Sommermonaten ist eine zusätzliche Heizung nicht nötig, und die Lüftungsklappen sollten Tag und Nacht geöffnet bleiben. Wenn im Winter die Außentemperaturen unter den Gefrierpunkt fallen, kann die Innentemperatur bis auf 7° C sinken, ohne daß dies den Pflanzen schaden würde. Sind Blütenstengel vorhanden, sollten die Nachttemperaturen nicht über 14° C ansteigen, da sonst die Knospen abfallen können.
Im Winter genügt eine Tagestemperatur von etwa 15 – 18° C. Im Sommer wird es oft schwierig sein, die Temperaturen unter 30° C zu halten. In kühlen Klimazonen ist tagsüber – selbst im Winter – eine Beheizung selten erforderlich.

Belüftung, Feuchtigkeit, Schattierung

Das Gewächshaus sollte gut belüftet werden, wenn die Temperaturen 18° C übersteigen (im Winter bei über 15° C). Wie weit Sie die Lüftungsklappen oder Dachfenster öffnen, bleibt Ihnen überlassen. Die Lüftung sollte auf jeden Fall optimale Temperaturen schaffen, andererseits aber die Pflanzen nicht austrocknen lassen. Öffnen Sie möglichst immer nur die dem Wind abgewandten Lüftungsklappen. Am besten ist es, ständig einen Umluftventilator in Betrieb zu haben.
Während der Wachstumszeit im Sommer ist es sehr wichtig, daß die Pflanzen genügend Luftfeuchtigkeit haben. Sprühen Sie deshalb an sonnigen Frühjahrs- und Sommertagen das Gewächshaus zwei- bis dreimal gut aus. Sie sollten auch sprühen – am besten immer morgens –, wenn die Heizung in Betrieb ist. Während der Blühzeit muß die Luftfeuchtigkeit allerdings niedriger gehalten werden, weil sonst die Blüten fleckig werden können. Ein Besprühen der Pflanzen ist nicht empfehlenswert, es sei denn an besonders heißen Sommertagen, allerdings müssen die Blätter bis zum Abend dann abgetrocknet sein.
Schattierung hilft im späten Frühjahr, Sommer und Frühherbst, die Temperaturen niedriger zu halten und die Luftfeuchtigkeit nicht so schnell absinken zu lassen. Eine Schattierung ist vor allem dann sehr wichtig, wenn die Temperaturen über 30° C anzusteigen drohen. Bei solchen Temperaturen verblassen die Blüten. Man kann schon im Frühjahr mit einer leichten Schattierung beginnen, die im Sommer verstärkt wird und zum Herbst hin wieder abnimmt. Im Herbst und Winter muß die Schattierung entfernt werden.

Substrat und Eintopfen

Cymbidien können in den verschiedensten Substraten gehalten werden. Gut eignet sich eine Mischung aus Sphagnum-Moos, Torf, Sand, Perlite und Rinde, also ein möglichst lockeres Substrat. Um möglichst große Blüten zu erzielen, sollte das Substrat einen pH-Wert von 5,5 – 6,0 haben, also leicht sauer sein. Dies erreicht man, wenn man Kalkstein und Dolomit hinzufügt. Um beste Ergebnisse zu erzielen, wählt man ein Substrat mit einem ausgeglichenen Gehalt an Nährstoffen und Spurenelementen.
Das Umtopfen erfolgt im zeitigen Frühjahr oder direkt nach dem Abblühen. Man sollte aber nur dann umtopfen, wenn der Topf z. B. völlig mit Wurzeln ausgefüllt ist oder wenn das Substrat nicht mehr gut ist.
Zunächst „putzt" man die Pflanze, d. h. man entfernt abgestorbene Deckblätter und abgestorbenes oder beschädigtes Wurzelwerk. Dann wählt man einen Topf aus, der groß genug ist, um die Triebe für zwei Jahre aufnehmen zu können. Zur Drainage legt man Polystyrol- oder Holzkohlestückchen auf den Topfboden, stellt dann die Pflanze in richtiger Lage in den Topf und füllt um die Wurzeln herum Substrat ein. Man füllt den Topf bis ca. 2 cm unter dem Rand mit Substrat. Das Substrat wird immer wieder mit den Fingern vom Topfrand her angedrückt, so daß ein Ballen entsteht (d. h. wenn man den Topf nun vorsichtig umdreht, darf kein Substrat herausfallen).
Jede blattlose Bulbe wird entfernt, indem man mit einem scharfen, sterilisierten Messer oder einer Schere das kurze Rhizom an der Basis der Bulbe durchtrennt.

Es ist ratsam, die Pflanzen in Teilpflanzen mit je zwei beblätterten Bulben zu teilen. Eingetopft wird wie oben beschrieben, vielleicht sollte man aber mehr Drainagematerial in den Topf geben. Verwenden Sie für die zweibulbigen Teilpflanzen keinen zu großen Topf. Ein Topf, der genügend Platz für das Wachstum eines Jahres bietet, ist ausreichend.
Sämlinge müssen öfter umgetopft werden als ausgewachsene Pflanzen (ca. alle 6 Monate). Nehmen Sie auch hier keinen zu großen Topf, da sonst die Gefahr besteht, daß das Substrat versauert.

Vermehrung und Teilung

Man teilt die Pflanzen im zeitigen Frühjahr oder unmittelbar nach dem Abblühen. Zunächst säubert man die Pflanze von abgestorbenen Blättern und Wurzeln und trifft dann die Entscheidung, wo die Pflanze geteilt werden soll. Im Normalfall bilden zwei beblätterte Bulben mit einem neuen Trieb eine zu trennende Einheit. Man schneidet mit einem sterilisierten Messer das die Bulben verbindende kurze Rhizom durch. Wenn alle Schnitte durchgeführt sind, kann man die Pflanze auseinandernehmen. Man topft die einzelnen Teile wie oben beschrieben ein. Eine andere Vermehrungsart ist das Abtrennen der blattlosen Bulben, die man dann entweder in Töpfe einpflanzt und an einer warmen, schattigen Stelle im Gewächshaus unterbringt oder den Topf mit der eingepflanzten Bulbe in einen Plastikbeutel steckt, den man dann im Gewächshaus aufhängt. Nach einigen Wochen werden die meisten Pseudobulben Triebe ausgebildet haben. Nun öffnet man den Plastikbeutel und stellt die Töpfe ganz normal zur weiteren Pflege im Gewächshaus auf. Die Massenvermehrungstechnik, die von den Cymbidien-Züchtern in aller Welt angewendet wird, ist natürlich die Meristem-Vermehrung.

Bewässerung und Düngung

Es ist immer schwierig, Ratschläge hinsichtlich der Bewässerung zu erteilen, aber als goldene Regel kann gelten, daß man das Substrat teilweise austrocknen läßt, bevor man von oben her wieder gründlich gießt, bis das ganze Substrat mit Wasser gesättigt ist. Normalerweise brauchen Pflanzen während ihrer Wachstumszeit im Frühjahr, Sommer und Anfang des Herbstes mehr Wasser als im Spätherbst und in den Wintermonaten.
Neu eingetopfte Pflanzen in einem gedüngten, torfhaltigen Substrat sollten unmittelbar nach dem Umtopfen gründlich gegossen werden, d. h. das Substrat muß durch und durch naß werden. Erst wenn das Substrat teilweise ausgetrocknet ist, wässert man wieder gründlich.
Früher wurde das Düngen wegen der schnellen Zersetzung des Substrates abgelehnt. Bei den heutigen Substraten kann und sollte man ab Sommerbeginn regelmäßig mit einem wohl ausgewogenen Dünger düngen. Im Herbst verwende man alle 14 Tage einen Dünger mit hohem Kaligehalt in der halben vom Hersteller vorgeschriebenen Dosis.

Schädlinge und Krankheiten

Obwohl Cymbidien nicht von vielen Schadinsekten befallen werden, kann die Rote Spinnmilbe beträchtlichen Schaden anrichten. Normalerweise kann man diesem Schädling durch Anwendung der speziell für dieses Insekt entwickelten Markenmittel Herr werden.
Manchmal greifen Blattläuse die Blüten und Blütenknospen an. Mit ihnen wird man aber durch Spritzen mit Malathion schnell fertig. Schildläuse können mehr Ärger bereiten, aber eine doppelt starke Malathionspritzung überleben sie meist nicht.
Verschiedene Schnecken befallen manchmal die Blütenstengel, rechtzeitiges Einbringen von „Metaldehyde"- und Schneckenkorn zwischen Stengel und Bulbe kann jedoch Schaden verhindern.
Das Schlimmste, das Ihnen passieren könnte, wäre der Befall einer Pflanze mit einem Virus. Solche Pflanzen sollten Sie sofort vernichten, um ein Übergreifen der Krankheit auf andere Pflanzen zu verhindern.
Pilzkrankheiten oder bakterielle Infektion treten relativ selten auf. Derartige Erkrankungen sind meist ein Anzeichen eines schlechten Zustandes der Pflanzen oder einer ihnen unzuträglichen Umgebung.

Blütenstengel

Ob Sie eine große oder kleine Orchideensammlung Ihr eigen nennen, es ist immer aufregend, nach Blütenstengeln zu suchen, weil dies der Zeitpunkt ist, an dem Sie beginnen, auf die Entfaltung einer farbigen Blütenpracht in den kommenden Winter- oder Frühjahrsmonaten zu spekulieren.
Für den Anfänger ist es oft schwierig, zwischen einem Blütenstengel und einem neuen Trieb zu unterscheiden. Der neue Trieb ist in jedem Fall an der Basis breiter und flacher als der gewöhnlich runde Blütenstengel, der bei sanftem Druck etwas nachgibt. Hat man einen Blütenstengel entdeckt, markiert man ihn mit einem Bambusstecken, an dem man ihn später dann auch – zwecks besserer Wuchsform – anbinden kann.
Bei den Cymbidien handelt es sich um Pflanzen, die sehr großzügig Blüten ansetzen und oft bis zu drei Monate lang blühen. In dieser Zeit brauchen die Pflanzen den Großteil ihrer Reserven auf. Es ist daher vorteilhaft, die Blütenstengel abzuschneiden, wenn die Blüten einmal sechs Wochen lang offen waren. Die Pflanze kann dann ihre Reserven mehr für die Ausbildung eines neuen Blütentriebes im kommenden Jahr verwenden. An der abgeschnittenen Blüte kann man sich noch einige Zeit in der Wohnung erfreuen.
Auf der folgenden Seite sind die verschiedenen Blühzeiten angegeben und jeweils zu diesen Zeiten blühende Orchideen.

Arten und Hybriden

Anfang dieses Jahrhunderts entdeckte man in Burma und Indochina mehrere interessante weiß- bis rosablühende Arten, unter anderem *Cymbidium parishii, insigne* und *erythrostylum.* Zu den schon früher entdeckten Arten gehörten unter anderem *Cymbidium hookeranum* (*grandiflorum*), *lowianum, traceyanum, giganteum, i'ansonnii* und *schroderi,* von denen allerdings die drei letztgenannten kaum zu Hybridenzüchtungen herangezogen wurden. Bei diesen Arten sitzen die zahlreichen, meist grün bis braun gefärbten Blüten an hohen Blütenstengeln. *Cymbidium hookeranum* und *lowianum* spielten eine wichtige Rolle bei der Entwicklung grünblühender Hybriden.
Cymbidium eburneum und *insigne* waren maßgeblich an der Zucht der weißen und rosafarbenen Hybriden beteiligt. Die im Herbst und Winter blühenden Pflanzen stammen von den Arten *erythrostylum, hookeranum* und *traceyanum. Cymbidium traceyanum* leistete seinen Beitrag zur Erzielung der modernen gelben Hybriden.
Obwohl *Cymbidium i'ansonnii* nicht sehr oft als Elternpflanze benutzt wurde, stand sie doch Pate für viele der heutigen dunkelrosafarbenen und roten Pflanzen. Ähnlich hinterließ *Cymbidium parishii* bedeutsame Spuren bei früheren und heutigen Hybriden, wobei oft Abarten mit prächtig gefärbten Lippen entstanden. Berühmte Hybriden wie Miretta, Promona und Kittiwake haben *parishii* in ihren Stammbäumen, und einige ihrer Klone zeichnen sich durch die wunderbare rote Lippe aus.
Wenn man von der Cymbidiumzüchtung spricht, muß man unbedingt auch H. G. Alexander erwähnen, der mit der Hybridisierung von Cymbidien im Jahre 1907 begann und der viele wunderbare Hybriden schuf. Die wohl berühmteste ist *Cymbidium* Alexanderi 'Westonbirt' (FCC/RHS), eine Kreuzung aus *Cymbidium* Eburneo-lowianum und *Cymbidium insigne.* Diese Hybride übte von Anfang an einen großen Einfluß auf die Hybridenzüchtung aus und ist auch heute noch wichtig.
Es ist interessant festzustellen, daß in den Stammbäumen der besten heutigen Hybriden immer irgendwo die Elternpflanzen von Alexanderi auftreten. Dies gilt für die schönsten weiß-, rosa-, gelb- und grünblühenden Pflanzen sowie für die meisten erstklassigen Herbst- und Winterblüher.
Cymbidium Pauwelsii (*Cymbidium insigne* × *Cymbidium lowianum*), eine andere Hybride, die bei der Hybridenzüchtung eine große Rolle spielen sollte, kam etwa zur gleichen Zeit heraus wie Alexanderi. Diese Pflanze vererbte ihren Nachkommen einen kräftigen Wuchs und sehr große Blütenstengel. Die wichtigste von ihr abstammende Hybride wurde Babylon (*Cymbidium* Olympus × *Cymbidium* Pauwelsii), die selbst wiederum die Mutterpflanze für viele der schönstgefärbten Abarten wurde.
Gegenwärtig werden in vielen Teilen der

Welt Cymbidiumhybriden gezüchtet, Es gibt viele Züchter in Australien, den Vereinigten Staaten, Holland und England. Einige betreiben die Zucht nur in kleinem Maßstab, andere wiederum führen umfangreiche Zuchtprogramme durch, die die ganze Farbskala und verschiedene Blütezeiten einschließen.

Von Herbst bis Winter blühende Hybriden

Die schönsten im Herbst und Winter blühenden Cymbidien stammen ohne Zweifel aus einer Kreuzung der besten *Cymbidium erythrostylum*-Verwandschaft mit Lucy Moor. Diese Gruppe sollte qualitativ hochwertige Pastell- und wunderschöne Gelbtöne hervorbringen. Für rosa- und rotblühende Abarten wird *Cymbidium* Lilliana von großer Wichtigkeit sein; einige Nachkommen, die bereits blühten, sind sehr vielversprechend.

Von Winter bis Frühjahr blühende Hybriden

Die in dieser Zeit blühenden Arten werden weiterhin verbessert, unter Verwendung solcher Mutterpflanzen wie *Cymbidium* Pearl Balkis und Dingwall für weiße und Loch Lomond, York Meradith und des alten Favoriten Baltic für grüne Blüten. Für rot- oder orangeblühende Pflanzen kommt wahrscheinlich Hamsey 'The Globe' als Mutterpflanze in Frage. Einige der Hamsey-Nachkommen haben schon geblüht, und sie werden für die Züchtung späterer Generationen gute Dienste leisten.
Ein vielversprechender Zukunftsstar ist *Cymbidium* Howick 'Cooksbridge' (AM/RHS). Der Klon hat sehr große, volle weiße Blüten und eine tief kaminrot gefärbte Lippe.
Die gelbblühende Gruppe bleibt ein Problem, aber Many Waters 'Stonehurst' (AM/RHS) scheint eine mögliche Mutterpflanze zu sein, eventuell zusammen mit Cariga 'Tetra Canary' (AM/RHS). Man sollte nicht vergessen, daß einige der von Herbst bis Winter blühenden Cymbidien sehr schöne Gelbfarbtöne aufweisen, und wenn man die besten davon mit guten von Winter bis Frühjahr blühenden gelbblühenden Pflanzen kreuzen würde, könnte man ganz brauchbare Ergebnisse erreichen.

Im späten Frühjahr blühende Hybriden

Will man auch noch im späten Frühjahr in seinem Gewächshaus blühende Cymbidien haben, so stehen auch hier einige schöne Hybriden zur Verfügung.
Die auffallendste unter ihnen ist *Cymbidium* Caithness 'Cooksbridge' (FSS/RHS). Dieser Klon hat stabile hellgrüne, perfekt geformte Blüten mit einer breiten, prächtigen Lippe. Die ersten Sämlinge haben einige der schönsten seither bekannten Blüten hervorgebracht.
Andere für die Zucht interessante Hybriden sind Dingwall 'Lewes' und die alte Prince Charles 'Exbury'.

Reinfarbige Hybriden

Eine interessante Entwicklung der letzten Jahre bildete die Züchtung der sogenannten reinfarbigen Cymbidien. Diese Pflanzen erzeugen kein rotes Pigment, und es gibt daher nur drei Farben – Weiß, Gelb und Grün, alle ohne die normale rote Lippenfärbung. Die Lippe ist stattdessen gelb gezeichnet. Diese Generation wurde aus *Cymbidium lowianum* var. *concolor*, gezüchtet. Durch Kreuzung und Rückkreuzung hat man eine gute Rasse aufgebaut, obwohl sich auch hier noch Verbesserungsmöglichkeiten ergeben.
Die meisten Züchtungen erfolgten in Australien, obwohl in letzter Zeit auch aus den USA und England von der Entwicklung sehr interessanter Klone berichtet wird. Empfohlene Hybriden sind Sleeping Gold 'Tetragold' (AM/RHS), Pharaoh und verschiedene Klone von Highland Surprise.

Zwerg-Cymbidien

Die wichtigsten Zwerg-Cymbidienarten, die man zur Zucht verwendet, sind *Cymbidium devonianum, ensifolium, pumilum* und *tigrinum*.
Hybriden von *Cymbidium devonianum* bilden gebogene, manchmal hängende Blütenstiele. Sie haben grüne, gelbe oder bronzefarbene Blüten (oft auch noch Zwischentönungen) und häufig stark kontrastierende Lippenzeichnungen. Einige der hervorragendsten Hybriden dieser Generation sind Touchstone, Miniatures Delight und Bulbarrow (*Cymbidium devonianum* × *Cymbidium* Western Rose). Die Bulbarrow-Hybriden bilden stark kontrastierende Lippenzeichnungen aus. Die beiden wichtigsten Zuchteigenschaften von *Cymbidium ensifolium* sind Blütezeit (Spätsommer und Herbst) und Duft. Die Nachkommen von *ensifolium* werden wohl die besten Merkmale dieser Art erlangen. Die Blüte verbreitet einen starken Duft, den man sofort wahrnimmt, wenn man das Gewächshaus betritt. Hervorragende Hybriden wie Peter Pan (*Cymbidium ensifolium* × *Cymbidium* Miretta) und Ensikhan (*Cymbidium ensifolium* × *Cymbidium* Nam Khan) sind empfehlenswert.
Eine der wichtigsten Zwerg-Cymbidien-Hybridengruppen sind die aus *Cymbidium pumilum* gezüchteten. Die bezauberndsten Pflanzen kann man in dieser Gruppe finden. Sie eignen sich hervorragend als Topfpflanzen, selbst in einer kleinen Wohnung. Unter den zuletzt gezüchteten Hybriden sind zu nennen: Lerwick, Stonehaven, Strathavon, Kreuzungen von Nip mit Kurun und Nip mit Clarissa. Diese Pflanzen haben die besten Eigenschaften von *pumilum* geerbt.
Einige gute Beispiele für Züchtung aus *Cymbidium tigrinum* sind Wood Nymph (*tigrinum* × Sea Foam), Tiger Cub (*tigrinum* × Esmerella) und Tiger Tal (*tigrinum* × Alexanderi). Alle diese Hybriden blühen im Frühjahr (eine Eigenschaft von *tigrinum*), sind Zwergpflanzen, die kompakt wachsen und kurze, breite Blätter und kleine Pseudobulben besitzen. Ihr Farbbereich ist ziemlich begrenzt, meist blühen sie grün oder gelb. In letzter Zeit hat man verbesserte Hybriden durch eine Kreuzung von Wood Nymph mit der normal großen Western Rose gezüchtet. Diese Pflanzen zeichnen sich durch einen kompakten Wuchs, eine Blütezeit Ende des Frühjahrs und ein Farbspektrum aus, das von Bronze über Gelb und Grün bis zu Pastellrosa reicht.

Unten: Da Cymbidien kühle Bedingungen vertragen, eignen sie sich sehr gut für Veranden und Wintergärten. Ihr hoher Wuchs und die Vielblütigkeit machen sie zu einem Glanzstück im Ziergarten.

Cymbidium-Arten

Cymbidium devonianum
○ kühl ❀ spätes Frühjahr
Oben: Diese Zwergart stammt aus dem Himalayagebiet. Der kräftige Blütenstengel ist vielblütig und hängend. Die gewöhnlich im späten Frühjahr und im Frühsommer aufgehenden, ca. 3 cm großen Blüten haben eine olivgrüne Grundfarbe und sind lila gepunktet. Die dreieckige Lippe ist lila und mit karminroten Punkten markiert; die nach vorn gebogene Säule gelbbraun.
Foto: nat. Größe

Cymbidium eburneum
○ kühl ❀ Winter/Frühjahr
Rechts: Diese Art wurde um 1830 von dem Pflanzenforscher William Griffiths entdeckt; sie stammt von den Khasia Hills in Nordindien. Die Pflanze ist von kompaktem Wuchs und hat schmale Pseudobulben. Die Blätter können länger als 60 cm werden. Der aufrechte Blütenstengel wächst höher als bei den meisten anderen Cymbidien. Es kommt auch oft vor, daß sich mehrere Stengel gleichzeitig bilden. Die Pflanze blüht oft unregelmäßig und bildet an jedem Stengel eine bis drei ca. 7 cm große Blüten aus. Die im Winter oder im zeitigen Frühjahr aufgehenden Blüten sind weiß bis elfenbeinfarben, mit tiefgelbem Band in der Mitte der Lippe, flankiert von zwei gelben Rippen. Als bedeutende Pflanze in der Hybridzüchtung war *eburneum* eine der Elternpflanzen der ersten Cymbidiumhybride, die kultiviert wurde – Eburneolowianum –, von Veitch im Jahr 1889 registriert. Obwohl diese Art für Züchtungen von großer Bedeutung ist, wächst sie nicht sehr kräftig und blüht nur zögernd.
Foto: nat. Größe

Cymbidium giganteum
○ kühl ❀ Herbst/Winter
Links: Diese Art wurde zuerst 1821 in Nepal gesammelt. Der Name *giganteum* bezieht sich auf die Größe der Pflanze, nicht der Blüten. Die Blätter, die bis zu 75 cm lang werden, wachsen aus gedrungenen Pseudobulben heraus. Die stabilen Blütenstengel tragen zwischen 5 und 15 gelbgrüne, 7,5 – 10 cm große Blüten. Diese Art wird nur wenig in der Züchtung eingesetzt; wahrscheinlich wegen der dunklen Blütenfarbe und der verhältnismäßig geringen Blütenqualität.
Foto: nat. Größe

Cymbidium lowianum
○ kühl ❀ spätes Frühjahr
Unten: Diese Art wurde 1887 in Oberburma entdeckt. Man fand sie auch in Thailand. Ihren Einfluß kann man bei fast allen modernen Hybriden nachweisen. Die im späten Frühjahr blühende Pflanze hat meist sehr große, gebogene Stengel mit grünen, ca. 10 cm großen Blüten, deren gelbe Lippe V-förmig rot markiert ist.
Foto: ⅓ nat. Größe

Cymbidium traceyanum
○ kühl ❀ Herbst/Winter
Unten: Eine sehr interessante und prächtige Art, die Anfang dieses Jahrhunderts in großen Mengen aus Thailand importiert wurde. Sie wurde so stark gesammelt, daß sie in ihren natürlichen Lebensräumen praktisch verschwunden ist. Die 10 – 13 cm großen Blüten erscheinen von Herbst bis Winter und sitzen an langen, gebogenen Stengeln. Die Petalen sind grün und tief dunkelrot gestreift. Die weiße Lippe ist kontrastvoll rot gefleckt. *Cymbidium traceyanum* spielte eine große Rolle bei der Züchtung im Frühjahr blühender Pflanzen und war auch bei der Entwicklung einiger gelber Hybriden beteiligt.
Foto: ¼ nat. Größe

Cymbidium-Hybriden

Cymbidium
Angelica 'Advent' (AM/RHS)
○ kühl ❀ Herbst/Winter
Diese herrliche, von Herbst bis Winter blühende gelbe Hybride (*Cymbidium* Lucy Moor × *Cymbidium* Lucense) ist auf dem besten Wege, eine sehr berühmte Pflanze in der Hybridzüchtung zu werden. An den aufrecht wachsenden Stengeln sitzen bis zu 14 ca. 13 cm große Blüten. Petalen und Sepalen sind blaßgelb. Die cremefarbene Lippe ist leicht dunkelrot gepunktet; die Punkte verdichten sich im Schlund.
Foto: ¼ nat. Größe

Cymbidium
Ayres Rock 'Cooksbridge Velvet'
○ kühl ❀ Winter/Frühjahr
Oben: Diese Orchidee (Hamsey × Rodkobb) gehört zu einer neuen Cymbidien-Hybriden-Generation, in der das Farbenspektrum noch weiter auf dunkelrosa Farben hin entwickelt wurde. Die hier gezeigte Pflanze ist nur ein Sämling; eine erwachsene Pflanze bildet aufrechte Stengel mit bis zu 12 Blüten. Die 11 cm großen, karminroten Blüten sind weiß gerändert; die Lippe ist tief karminrot mit einer breiteren weißen Kante.
Foto: ½ nat. Größe

Cymbidium
Baltic (AM/RHS)
○ kühl ❀ Winter/Frühjahr
Links: Eine Kreuzung aus *Cymbidium* Riga und *Cymbidium* Midas; eine der berühmtesten Elternpflanzen der grünblühenden Hybriden. Baltic war die Elternpflanze für viele schöne Hybriden, die überall in der Welt preisgekrönt werden. Sie wurde in der bekannten Dell Park Kollektion gezüchtet und wird sicher noch viele Jahre eine große Rolle spielen. Die kleinwüchsige Pflanze bringt bogenförmige Stengel mit hellgrünen Blüten hervor, deren Lippe gelb-karminrot gezeichnet ist. Die Blüten werden bis zu 11 cm groß und öffnen sich im Winter und zeitigen Frühjahr.
Foto: ⅔ nat. Größe

Cymbidium
Cariga 'Tetra Canary' (AM/RHS)
○ kühl ❀ Winter/Frühjahr
Unten: Diese Hybride ist eine Mutation der *Cymbidium* Cariga 'Canary' (AM/RHS) (*Cymbidium* Carlos × *Cymbidium* Riga) und bei der Meristemkultur entstanden. Sie ist gegenüber *Cymbidium* Cariga 'Canary' als großer Fortschritt anzusehen, denn sie hat rundere, grünlich-gelbe Blüten und eine größere Lippe mit stärkerer karminroter und weißer Zeichnung. Die Pflanze wächst und blüht freigiebig vom Winter bis zum zeitigen Frühjahr und bildet bis zu zwölf 11,5 cm große Blüten an halb hängenden Stengeln aus.
Foto: ½ nat. Größe

Cymbidium
Dingwall 'Lewes'
○ kühl ❀ spätes Frühjahr
Rechts: Diese Hybride ist eine Kreuzung aus *Cymbidium* Pearl Easter und *Cymbidium* Merlin. Pearl Easter eignet sich besonders gut zur Züchtung von Blüten mit reinweißen Sepalen und Petalen. Die Kombination mit Merlin ergab wunderschöne weiße, im späten Frühjahr blühende Pflanzen. Dingwall 'Lewes' blüht großzügig und bildet bis zu 12 große (13 cm) Blüten an einem aufrechten Stengel aus. Die Petalen und Sepalen sind weiß, die Lippe ist wunderschön rot gezeichnet.
Foto: ½ nat. Größe

Cymbidium
Fort George 'Lewes' (AM/RHS)
○ kühl ❀ Winter/Frühjahr
Unten: Eine der schönsten großzügig blühenden grünfarbigen Cymbidien, die oft zwei aufrecht wachsende Blütenstengel pro Bulbe entwickelt, an denen jeweils bis zu 14 Blüten sitzen. Die im zeitigen Frühjahr aufgehenden Blüten können bis zu 12,5 cm groß werden. Die hellgrün-braune Lippe bildet einen lebhaften Kontrast zu den olivgrünen Sepalen und Petalen. Aus zwei der berühmtesten grünblühenden Elternpflanzen (*Cymbidium* Baltic × *Cymbidium* York Meradith) erzielte man, wie man sehen kann, ein ausgezeichnetes Ergebnis.
Foto: ½ nat. Größe

Cymbidium
Gymer 'Cooksbridge'
○ kühl ❀ spätes Frühjahr
Rechts: Die Kreuzung aus *Cymbidium* Dorama und *Cymbidium* Cariga ergab eine im späten Frühjahr blühende Hybride mit gelben Blüten und tief karminrot gezeichneten Lippen. Die ca. 13 cm großen Blüten sitzen – oft bis zu 24 Stück – an aufrechten Stengeln. Die Pflanze blüht sehr freigiebig. Manchmal bildet sie sogar bis zu drei Blütenstengel pro Bulbe aus.
Foto: nat. Größe

Cymbidium
Mavourneen 'Jester' (AM/RHS)
○ kühl ❀ Winter/Frühjahr
Unten: Cymbidien, die die Lippenzeichnung auch auf Petalen und Sepalen tragen, sind sehr selten. Zu diesen Raritäten gehört auch Mavourneen 'Jester'. Es ist einem glücklichen Umstand zuzuschreiben, daß diese Mutation gerade bei dieser Varietät aufgetreten ist (*Cymbidium* Sussex Moor × *Cymbidium* Miretta). Dieser Klon wurde bereits zu Züchtungen herangezogen, aber bisher zeigt noch keiner der Sämlinge diese Blütenmerkmale. Die Pflanze blüht im Winter und im zeitigen Frühjahr. Die Blüten sind ca. 11 cm groß.
Foto: ⅔ nat. Größe

Cymbidium
Mavourneen 'Tetra Cooksbridge'
○ kühl ❀ Winter/Frühjahr
Links: Schon die Stammpflanze, Mavourneen 'Cooksbridge' (AM/RHS), war ein sehr guter Klon, aber diese Mutation ist ihr noch weit überlegen. An aufrechten Blütenstengeln sitzen mehrere ca. 11 cm große runde und feste Blüten. Die Petalen und Sepalen sind moosgrün und leicht mit Rosa übergossen. Die große Lippe ist rosafarben-weiß mit einigen dunkelroten Pünktchen.
Foto: ⅔ nat. Größe

Cymbidium
Ngaire × Clarissa
○ kühl ❀ Winter/Frühjahr
Oben: Obwohl reinfarbige Blüten sehr gefragt sind, wurden auch einige hervorragende vielfarbige Hybriden geschaffen. Diese Pflanze hier hat ca. 11 cm große Blüten, von denen bis zu 12 an senkrechten Blütenstengeln aufgehen. Die Petalen und Sepalen sind weiß und rosa gefärbt. Die Lippe ist stark dunkelrot gezeichnet.
Foto: ¼ nat. Größe

Cymbidium
Pearl Balkis 'Fiona'
○ kühl ❀ Winter/Frühjahr
Links: Dieses wunderschöne weiße *Cymbidium* ist das Ergebnis einer Kreuzung zwischen zwei sehr berühmten großblütigen Cymbidien (Pearl Easter × Balkis). Bis zu 14 ca. 13 cm große weiße Blüten wachsen an aufrechten Blütenstengeln. Die blaßrosa Lippe ist karminrot gefleckt und bildet so einen schönen Kontrast zu den reinweißen Petalen und Sepalen.
Foto: ⅔ nat. Größe

Cymbidium
Rievaulx 'Cooksbridge' (AM/RHS)
○ kühl ❀ spätes Frühjahr
Rechts: Die Kreuzung aus *Cymbidium* Rio Rita und einer der weltberühmtesten großblütigen Elternpflanzen, *Cymbidium* Vieux Rose, ergab diese schöne rosa- bis lilafarbene Hybride mit der gelb-dunkelvioletten Lippe. Die Pflanze wächst und blüht freigiebig. An dem etwas gebogenen Stengel sitzen bis zu 20 ca. 11 – 12 cm große Blüten.
Foto: nat. Größe

Cymbidium
Rincon 'Clarisse' (AM/RHS)
○ kühl ❀ Herbst
Unten: Diese amerikanische Hybride (*Cymbidium* Pearl × *Cymbidium* Windsor) ist eine berühmte Elternpflanze für qualitativ hochwertige, Anfang des Herbstes blühende Cymbidien. Die 9 cm großen Blüten sind weiß mit rosa Streifen. Die cremefarbige Lippe ist stark karminrot, in der Mitte leicht gelb gefärbt. Die runde Blütenform stammt hauptsächlich von einem ihrer Vorfahren, *Cymbidium erythrostylum.*
Foto: nat. Größe

Cymbidium
Sparkle 'Ruby Lips'
○ kühl ❀ Frühjahr
Rechts: Die Kreuzung aus Vieux Rose und Defiant (aus der Sparkle hervorging) spielt eine große Rolle für die beständige Qualität der Nachkommen. Die dabei erzeugte Farbskala enthält Rosa, Gelb, Orange und Grün. Die hier gezeigte Art hat ca. 11 cm große Blüten, die grün und leicht rosa gezeichnet sind. Die Lippe ist tief karminrot gezeichnet. Der gebogene Stengel kann bis zu 20 Blüten tragen. Die Pflanze wächst und blüht freigiebig.
Foto: ½ nat. Größe

Cymbidium
Stanley Fouraker × Highlander
○ kühl ❀ Herbst/Winter
Oben: Eine interessante Kreuzung aus *Cymbidium erythrostylum* und *Cymbidium traceyanum* × *hookeranum* ergab große, wohlgeformte Blüten in herrlichen Pastelltönen, mit auffälliger Lippenmarkierung. Die hier gezeigte Pflanze hat weiße Blüten und eine schöne gelb-rosa gezeichnete Lippe. Die 10 cm großen Blüten sitzen an aufrecht wachsenden Stengeln.
Foto: ½ nat. Größe

Cymbidium
Vieux Rose × Loch Lomond
○ kühl ❀ Winter/Frühjahr
Rechts: Diese Hybride ist eine interessante Kreuzung einer rosablühenden und einer grünblühenden Cymbidie. Die meisten Nachkommen aus dieser Züchtung haben grün-bronzefarbene Blüten, man kann aber auch einige rosafarbene finden. Die Petalen und Sepalen der hier gezeigten Hybride sind blaßgrün, die große Lippe ist weißlich-grün gefärbt mit karminrotem und gelbem Schlund. Der Blütenstengel ist halb oder ganz gebogen. Die ca. 12,5 cm großen Blüten öffnen sich vom Winter bis zum zeitigen Frühjahr.
Foto: nat. Größe

Zwerg-Cymbidien

Cymbidium
Annan 'Cooksbridge' (AM/RHS)
○ kühl ❀ Frühjahr
Rechts: Dieses aus kleinwüchsigen Arten gezüchtete *Cymbidium* (*Cymbidium* Camelot × *Cymbidium* Berwick) besitzt die dunkelsten Blüten dieser Gattung überhaupt. Im Verhältnis zu den anderen Zwergcymbidien wird diese Hybride etwas größer, aber die einzigartigen, 7 cm großen, tiefkarminroten Blüten machen dies wieder wett. Die aufrecht wachsenden Stengel stehen gewöhnlich im Frühjahr in voller Blüte.
Foto: ¾ nat. Größe

Cymbidium
Bulbarrow 'Our Midge'
○ kühl ❀ spätes Frühjahr
Oben: Die Bulbarrow-Hybriden sind verdientermaßen weltberühmt. Die Kreuzung der Standardpflanze Western Rose mit den Zwergformen von *Cymbidium devonianum* führte zu einigen ausgezeichneten Klonen.
An den Blütenstengeln von 'Our Midge' sitzen bis zu 20 Blüten, die jeweils 2,5 – 4 cm groß sind und im späten Frühjahr aufgehen. Die Blütenblätter sind gräulich-rosa, die Lippen tief karminrot gefärbt.
Foto: ⅓ nat. Größe

Cymbidium
Lerwick
○ kühl ❀ Herbst-Frühjahr
Links: Diese Kreuzung aus *Cymbidium* Putana und *Cymbidium* Sussex Moor erbrachte qualitativ hochwertige weiße und pastellfarbige Blüten. Die hier gezeigte Pflanze mit blaßgrünen Blüten und weißen, rot markierten Lippen ist eine typische Varietät.
Foto: ¼ nat. Größe

Cymbidium
Nip × Kurun
○ kühl ❀ Herbst/Winter
Rechts: Diese sehr schöne, von Herbst bis Winter blühende *Cymbidium pumilum*-Hybride der zweiten Hybrid-Generation hat die besten Eigenschaften ihrer Vorfahren geerbt. Sie wächst sehr gut und bringt oft zwei Blütenstengel pro Pseudobulbe hervor. Die 6 cm großen Blüten sind bräunlich-rosa gefärbt mit einer weißen, karminrot gepunkteten Lippe. Bis zu 16 Blüten wachsen gleichzeitig an dem aufrechten Stengel.
Foto: ¼ nat. Größe

Cymbidium
Peter Pan 'Greensleeves'
○ kühl ❀ Herbst
Unten: Ein schönes Beispiel einer Kreuzung aus *Cymbidium ensifolium* und *Cymbidium* Miretta. Von der Art *ensifolium* hat die Pflanze die Blütezeit im Herbst und den schönen Duft, während Miretta der Blüte ihre hervorragende Qualität verlieh. Die Petalen und Sepalen zeigen ein gedämpftes Grün, während die Lippe stark karminrot gefärbt und gerändert ist. Die Blüten messen etwas über 7,5 cm.
Foto: ⅔ nat. Größe

Cymbidium
Strathavon
○ kühl ❀ Winter/Frühjahr
Oben: Für mittel- bis tiefrosa Färbungen ergab die Kreuzung von Strathavon (*Cymbidium* Putana × *Cymbidium* Lerwick) einige hervorragende Nachkommen. Verschiedene Klone erhielten Auszeichnungen von der Royal Horticultural Society in Großbritannien. Bis zu 18 ca. 7 cm große Blüten werden von aufrecht wachsenden Stengeln getragen, die gewöhnlich im Winter und zeitigen Frühjahr in voller Blüte stehen.
Foto: ⅔ nat. Größe

Cymbidium
Stonehaven 'Cooksbridge'
○ kühl ❀ Herbst/Winter
Unten: Diese zweite Hybrid-Generation einer *Cymbidium pumilum*-Hybride (*Cymbidium* Putana × *Cymbidium* Cariga) ist eine hochwertige mittelgroße Pflanze, die schöne, stabile Blütenstengel mit bis zu 25 ca. 7 cm großen Blüten ausbildet. Die Petalen und Sepalen sind cremefarben, die Lippe blaßgelb und dunkelrot gerändert. Die Pflanze blüht sehr freigiebig und ist leicht zu pflegen. Als hochwertige Topfpflanze für die Wohnung wird sie immer beliebter.
Foto: ¼ nat. Größe

Cymbidium
Touchstone 'Janis'
○ kühl ❀ Winter/Frühjahr
Rechts: Diese Zwergform ist ein weiteres gutes Beispiel einer Züchtung aus *Cymbidium devonianum* (*devonianum* × Mission Bay). Die aus dieser Kreuzung stammenden Pflanzen sind meist klein, wachsen leicht und bringen schöne, bogenförmige Blütenstengel hervor. Die 2,5 – 4 cm großen Blüten sind bronzefarben mit dazu in Kontrast stehender karminroter Lippe.
Foto: ¼ nat. Größe

Cymbidium
Wood Nymph × Western Rose
○ kühl ❀ spätes Frühjahr
Rechts: Die meisten kleinwüchsigen Cymbidien blühen im Herbst und Winter, aber die Kreuzung zwischen einer großblühenden Standard-Cymbidie und einer *Cymbidium tigrinum*-Hybride ergab eine im späten Frühjahr blühende Zwergform. Bei dieser Züchtung entstanden Pflanzen verschiedener Blütenfarben und auffallender Lippenmarkierungen. Die hier gezeigte Pflanze ist typisch für die Generation. Sie hat gelbgrüne Petalen, die hellrot überzogen sind sowie eine große, cremefarbene Lippe mit tief karminroter Zeichnung und rosa Kanten. Die Blüten haben einen Durchmesser von 7,5 cm.
Foto: ¼ nat. Größe

Dendrobium

Die wunderschöne und vielgestaltige Gattung *Dendrobium* wurde seit jeher von Orchideenpflegern in der ganzen Welt hoch geschätzt. Sie zählt zu den schönsten Gruppen der Alten Welt. Man veranschlagt die Zahl der *Dendrobium*-Arten auf 1 600, es handelt sich also um die zweitgrößte Gattung der Orchideengruppe (den ersten Platz nimmt die fremdartige, aber reizvolle Gattung *Bulbophyllum* ein).

Wildwachsende Dendrobien

Die Gattung *Dendrobium* wurde im Jahre 1800 durch den berühmten Botaniker Olof Swartz benannt. Damals kannte man nur ein halbes Dutzend Arten. Der Name ist abgeleitet von dendron = Baum und bios = Leben, bedeutet also „auf dem Baum lebend". Eine gute Beschreibung dieser epiphytisch wachsenden Pflanzen, die auf Baumstämmen und -ästen wächst. Hier leben sie von der Feuchtigkeit, die vom Dschungelboden aufsteigt, und den kärglichen Nährstoffen, die sie aus verrottenden Blättern und anderen Pflanzenresten ziehen, die sich in der Rinde und den Astgabeln ansammeln.

Wie andere epiphytisch wachsende Orchideen, haben sich die Dendrobien ihrer luftigen Existenz hervorragend angepaßt. Sie speichern Nahrungsstoffe und Wasser in den Pseudobulben, die es der Pflanze erlauben, trockene Jahreszeiten zu überstehen. Bei den Dendrobien haben sich diese Bulben zu rohr- bzw. stengelförmigen Gebilden verlängert, die bei einigen Arten einem Bambusrohr ähneln. Diese Bulben können wenige Zentimeter oder aber bis zu einem Meter lang werden, die längeren Bulben hängen von den Bäumen herab. Von der Basis der Pflanze gehen eine Vielzahl von Luftwurzeln aus.

Viele dieser Pflanzen sind laubabwerfend. Bei manchen Arten treiben die ganze Bulbe entlang Knospen aus, bei anderen Arten treiben nur die oberen Knoten aus. Die Blüten bilden sich fast immer aus dem Vorjahressproß. Zur Blütezeit verwandelt sich die Pflanze aus einem nackten Bündel toter Bulben in ein überreich geschmücktes Gewächs. Bei einigen Arten ist jeder Vorjahressproß mit Girlanden zarter, leuchtend gefärbter Blüten geschmückt, bei anderen hängen schwere Blütentrauben von den Stengeln herunter, die sich unter der Last biegen, wieder andere Arten entwickeln große Blütendolden, die aus den oberen Abschnitten der Bulben herauswachsen.

Petalen und Sepalen der *Dendrobium*-Blüten sind etwa gleich groß. Die Blütenfarben reichen von Weiß (oft mit Rosa oder Lila übergossen) über Goldgelb bis zu zarten Rosa-, Creme- und Brauntönungen. Die gerundete Lippe kontrastiert farblich mit dem Rest der Blüte. Viele dieser Pflanzen krönen ihre Wirkung durch einen zarten Duft.

Wie bei einer so großen Pflanzengruppe

zu erwarten, ist das Verbreitungsgebiet weit gesteckt. Man findet sie überall im Himalayabereich, im südlichen Indien, in Malaysia, China und Japan und sogar in Nordaustralien. Sie wachsen in den verschiedensten Klimazonen, vom Tieflanddschungel bis hinauf zur Schneegrenze des Himalaya, oft an ausgesprochen exponierten Stellen, vorausgesetzt, sie bekommen viel Sonne.

Dendrobien in Kultur

Hinsichtlich der Pflegebedingungen unterscheidet man im allgemeinen zwei Hauptgruppen: die weichrohrigen oder Nobileartigen und die hartrohrigen oder Phalaenopsisartigen. Die erstere Gruppe verlangt meist kühlere Temperaturen und wird daher häufig von Liebhabern bevorzugt; die Phalaenopsisartigen brauchen zum Gedeihen mehr Wärme. Beide Gruppen benötigen viel Licht und Feuchtigkeit.

Dendrobien erfreuen sich überall großer Beliebtheit. Viele der ursprünglichen Arten, an denen sich unsere Vorväter erfreuten und die man früher in beträchtlichem Umfang kultivierte, werden heute nicht mehr gepflegt. Dies ist auf die Schutzmaßnahme der Ursprungsländer zurückzuführen, die durch Exportverbot die Bestände retten wollen. Die Arten, die immer noch eingeführt werden dürfen, sind von auffallender Schönheit, und man zieht sie den künstlich entwickelten Hybriden vor.

Dendrobien gehörten zu den ersten Orchideen, die man für Hybridenzüchtung verwendete. In jenen ersten Jahren versuchte man sich an allen möglichen Kreuzungen und jedes neue Ergebnis wurde als botanisches Wunder begrüßt. Als die Hybridenzüchtungen jedoch immer alltäglicher wurden, entwickelte man Hunderte von Pflanzen aus relativ wenigen Elternpflanzen. Die Züchtungsprodukte wurden sich immer ähnlicher und verloren an Wert. Mit den Nobileartigen machte man wenig Fortschritte, während man bei den phalaenopsisartigen Dendrobien einige außerordentlich schöne Hybriden züchten konnte. Diese hochgeschätzten Schnittblumen werden im warmen Klima Malaysias und Thailands zu Zehntausenden angebaut.

Jahreszeitliches Wachstum

Dendrobien treiben ihren ersten Sproß im Frühjahr, nach ihrer Ruhezeit. Die Entwicklung des neuen Sprosses fällt gewöhnlich mit der Knospenbildung an den Seiten oder an der Spitze des im Vorjahr gewachsenen Triebes zusammen. Ab jetzt kann man die Pflanzen, die man die Wintermonate über trocken gehalten hat, regelmäßig gießen. Es ist ratsam, die Substratoberfläche zwei- oder dreimal zu „fluten", um sicher zu sein, daß die Feuchtigkeit durch den ganzen Topf dringt.

In den Sommermonaten sollte man das Substrat ständig feucht halten, um ein ununterbrochenes Wachstum zu gewährleisten. Alte Bulben, die während der Ruhezeit etwas eingeschrumpft waren, werden langsam wieder eine rundliche Form annehmen, und die neuen Wurzeln nehmen das von der Pflanze benötigte Wasser auf. An ausgesprochen sonnigen Tagen sollte man die Pflanze mehrmals täglich von oben mit Wasser besprühen. Hält man die Dendrobien in der Wohnung, wo ein Besprühen schwierig ist, reibt man die Blätter in entsprechenden Zeitabständen mit einem feuchten Schwamm vorsichtig ab.

Während der sommerlichen Wachstumsperiode sollte man einen Flüssigdünger zugeben. Alle Phosphat oder Nitrat enthaltenden Dünger eignen sich hierfür, man sollte aber nicht vergessen, daß die Orchideen nur wenig Nährstoffe auf einmal aufnehmen können. Wenden Sie also nur schwache Nährlösungen an. Den Sommer über düngen wir bei jedem dritten bis vierten Gießen; wenn die Blätter sich leicht gelb färben, heißt dies, daß die jahreszeitliche Wachstumsperiode der Pflanze abgeschlossen ist.

Dendrobien beenden ihr Wachstum meist in den Herbstmonaten, wenn das letzte Blatt an der Spitze der ausgewachsenen Bulbe zu sehen ist. Wenn dieser Zeitpunkt erreicht ist, verringern wir über einen Zeitraum von etwa vier Wochen das Bewässern und Düngen nach und nach bis auf null. Jetzt sollten die Pflanzen so viel Licht wie möglich erhalten. Um ein Blühen im darauffolgenden Frühjahr sicherzustellen, müssen die Bulben reifen und aushärten, d. h. man setzt die ausgewachsenen Bulben dem vollen Licht aus. Laubwechselnde Arten werden bald, nachdem sich kürzere Tage und kühlere Temperaturen einstellen, ihre Blätter, die inzwischen gelb geworden sind, abwerfen. Die immergrünen Arten zeigen die jahreszeitliche Umstellung nicht so drastisch an; sie verlieren vielleicht nur ein oder zwei Blätter der älte-

sten Bulben. Dennoch benötigen auch sie volles Licht und trockene Bedingungen, bis sie im darauffolgenden Frühjahr wieder erwachen.
Im Gewächshaus sollte man sowohl den laubwechselnden als auch den immergrünen Arten im Winter einen hohen Stellplatz nahe am Glas geben, so daß sie viel Licht bekommen. Je nach Erfordernis gießt man nur selten oder hält die Pflanzen ganz trocken. In der Wohnung wird es schwierig sein, das notwendige Licht zu bieten; stellt man die Pflanzen aber an ein großes, nach Süden gerichtetes Fenster in einem kühlen Raum, so dürfte dies ausreichen.

Temperatur

Dendrobien haben eine schnelle Wachstumsperiode, der eine lange Ruhezeit folgt. Im Sommer brauchen die kühl zu haltenden Arten nachts eine Mindesttemperatur von 12° C. Die Tagestemperaturen sollten bis zu 25° C ansteigen und von Tag zu Tag je nach Wetterlage wechseln. Die mehr wärmeliebenden Arten sollte man nachts bei ca. 18° C und tagsüber bei entsprechend höheren Temperaturen halten.
Je höher die Temperatur, desto höher sollte die Feuchtigkeit sein, kombiniert mit häufigem Besprühen der Blätter von oben.
In den Spätherbstmonaten sollte man die Pflanzen ins Winterquartier bringen. Für die kühler zu haltenden Arten erweist sich eine Nachttemperatur von 10° C als günstig, obwohl die Tagestemperaturen bis mindestens 16° C ansteigen sollten. Wärmeliebende Arten benötigen Nachttemperaturen von 16° C mit entsprechend höheren Tagestemperaturen.

Belüftung

Die Belüftung ist bei der Kultur von Orchideen immer wichtig, ganz besonders aber bei Dendrobien, die in einer feuchten, aber bewegten Atmosphäre wachsen. Ein regelmäßiges Sprühen erhöht die Luftfeuchtigkeit. Dies ist während der ganzen Sommermonate erforderlich. Wenn die Feuchtigkeit infolge von Lüften beträchtlich abfällt, so besteht die Gegenmaßnahme nicht darin, daß man die Lüftung schließt. An heißen, sonnigen Tagen öffnet man die Lüftung ganz, versprüht aber in der Umgebung der Pflanzen, unter den Stellplätzen und auf den Wegen so viel Wasser, bis das ganze Gewächshaus mit Wasser gesättigt ist.
Im Sommer kann man die Lüftung meist Tag und Nacht offen lassen; im Frühjahr und Herbst wird man sie nachts schließen müssen. Im Winter öffnet man die Lüftung bei jeder günstigen Gelegenheit, wenn nicht die Gefahr besteht, daß die Innentemperatur des Gewächshauses drastisch abfällt. Auch wenn man die

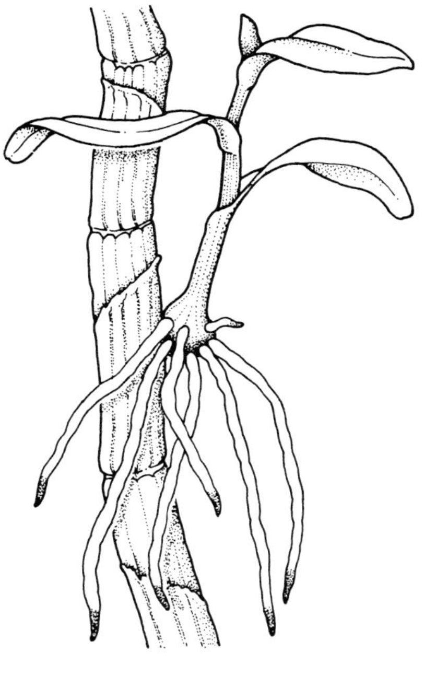

Oben: Die meisten Dendrobien pflanzen sich fort, indem sich aus den älteren Stämmen junge Pflanzen entwickeln. Wenn diese genügend Wurzeln gebildet haben, kann man die Pflänzchen entfernen und separat eintopfen.

Lüftung nur für eine halbe Stunde am Tag öffnet, reicht dies aus, um im Gewächshaus eine frischere Atmosphäre zu schaffen und die Bildung einer stagnierenden, schalen Luft zu verhindern, die sich auf Orchideen immer ungünstig auswirkt.

Umtopfen und Substrate

Dendrobien sollte man immer im Frühjahr umtopfen, wenn die neue Wachstumsperiode beginnt. Der ideale Zeitpunkt zum Umtopfen ist, wenn man den neuen Sproß gerade aus der vordersten Bulbe herauskommen sieht, die Wurzeln sich aber noch nicht entwickelt haben. Problematisch wird es, wenn die Pflanze zur gleichen Zeit blüht. In diesem Fall sollte man erst unmittelbar nach dem Abblühen umtopfen. Dendrobien haben sehr feine Wurzeln und lieben es, wenn man sie in einen möglichst kleinen Topf setzt. Zu große Töpfe werden oft zu stark bewässert, so daß die Wurzeln absterben und in extremen Fällen sogar die ganze Pflanze zugrundegehen kann. Plastiktöpfe sind für Dendrobien recht günstig, obwohl die Pflanzen darin manchmal zu kopflastig werden. Als Alternative bietet sich die Haltung an Baumstücken an. Für diese Haltungsart sind Dendrobien besonders gut geeignet. Sie richten sich sehr schnell ein und entwickeln reichlich Luftwurzeln.
Alle eignen sich für Anfänger, wenn die notwendigen Voraussetzungen geboten werden. Die Arten kann man entweder als Importpflanzen oder als Kulturpflanzen erwerben.

Das Substrat für Dendrobien sollte luftdurchlässig und leicht zu entwässern sein. Ein ausgezeichnetes Topfmedium ist Kiefernrinde. Man sollte ein gutes, grobstükkiges, nicht zu fein gemahlenes Material verwenden. Dazu mischt man eine geringe Menge Sphagnum-Moos, das in dem sonst ziemlich trockenen Substrat die Feuchtigkeit speichern soll. Um ein Sauerwerden des Substrats zu verhindern, fügt man noch etwas Holzkohle hinzu. In so einem Substrat werden die Dendrobien wachsen und gedeihen.

Vegetative Vermehrung

Die meisten Dendrobien bilden von Zeit zu Zeit aus einem Knoten an der Seite der Bulbe junge Pflanzen aus. Dies ist besonders bei den Nobileartigen der Fall. Wenn diese Pflänzchen ca. 2,5 cm lange Wurzeln und eine komplette Bulbe gebildet haben, kann man sie von der alten Bulbe entfernen. Zur regelmäßigen Vermehrung werden die älteren blattlosen Bulben entfernt (mindestens vier Bulben an der alten Pflanze lassen!) und in etwa 5 cm lange Stücke zerschnitten. Trennen Sie die Bulbe zwischen den Stellen, die beim Abfallen der Blätter als Knoten verbleiben würden. Diese Teilabschnitte pflanzen Sie in einen Gemeinschaftstopf, und zwar so, daß diese Knoten mit der Substrathöhe abschließen. Innerhalb weniger Wochen werden sich neue Triebe ausbilden. Wenn die neuen Pflanzen groß genug sind, kann man sie dann einzeln eintopfen.

Schädlinge und Krankheiten

Dendrobien werden nur von wenigen Schädlingen und von noch weniger Krankheiten befallen. Abgesehen von Problemen, die man vielleicht mit Schnecken hat, die jederzeit in das Gewächshaus gelangen können und auf die man ständig ein wachsames Auge halten muß, können sie unwillkommenen Besuch von der Roten Spinnmilbe bekommen. Rote Spinnmilben greifen vor allem weichrohrige Dendrobien an. Man erkennt den Befall an den silbrigweißen Flecken an den Blattunterseiten, vor allem an jüngeren Blättern. Die Rote Spinnmilbe kann der Pflanze sehr schaden, da sie ihr den Saft aussaugt. Wenn man sie gewähren läßt, bildet sie schnell große Kolonien. Jedes bewährte Insektizid eignet sich zur Bekämpfung der Roten Spinnmilbe, aber man muß sich auf wiederholte Behandlungen einstellen.

Arten und Hybriden

Von all den Arten, die überall in der Welt gepflegt werden, enthält die nachstehende Aufstellung einige der beliebtesten, schönsten und am leichtesten zu pflegenden.

Dendrobium-Arten

Dendrobium aureum
○ kühl ❀ Winter
Rechts: Diese weit verbreitete Art findet man in ganz Indien und den Philippinen. Die philippinische Art wird unter dem Namen *Dendrobium heterocarpum* angeboten. Die Pflanze entwickelt gedrungene, mittellange Bulben. Im Winter wirft sie die Blätter ab und braucht dann eine ausgesprochene Ruhezeit. Die Blüten erscheinen in den ersten Monaten des Jahres, *Dendrobium aureum* zählt zu den ersten blühenden Dendrobien. Die bis zu 5 cm großen Blüten sind cremegelb gefärbt und haben eine gelbbraune, kurzbehaarte Lippe. Diese großzügig blühende, kühl zu haltende Art verbreitet darüber hinaus noch einen angenehmen Duft.
Foto: nat. Größe

Dendrobium fimbriatum var. **oculatum**
○ kühl ❀ Sommer
Unten: Diese kühl zu haltende indische *Dendrobium*-Art bringt im Frühsommer Trauben leuchtend butterblumengelber Blüten hervor. Die 5 cm großen Blüten fallen vor allem wegen ihrer fein gefransten Lippe und dem dunkelkastanienbraunen Schlundfleck auf. Die Bulben sind hoch und schlank. Die Blüten wachsen am obersten Abschnitt der älteren Bulben. Diese immergrüne Pflanze verliert im Herbst einen Teil ihrer Blätter. Sie braucht eine fast trockene Ruhezeit. Wenn die Bulben allerdings zu schrumpfen anfangen, bewässert man sparsam.

Dendrobium chrysotoxum
◑ mittelwarm ❀ Frühjahr
Oben: Dies ist eine der prächtigsten mittelwarm zu haltenden Dendrobien. Die Pflanze ist in Südchina, im Himalaya, in Burma und in Thailand weitverbreitet. Sie bildet spindel- bis keulenförmige, bis zu 30 cm lange Bulben, aus deren Spitzen dunkelgrüne, glänzende Blätter wachsen. Die Blütenansätze erscheinen nahe der Spitze der letztjährigen Bulben. Die alten Bulben bilden oft über mehrere Jahre hinweg vielblütige, hängende Rispen. Die Blüten sind satt goldgelb gefärbt und sehr haltbar. Im Winter braucht die Pflanze eine ausgesprochene Ruhezeit. Man bietet ihr dann möglichst viel Licht, um sie zum Blühen im nachfolgenden Frühjahr anzuregen.
Die Art ist ziemlich variabel und identisch mit *Dendrobium suavissimum*, die man früher als separate Art bzw. als Abart dieser Pflanze ansah.
Foto: ¼ nat. Größe

Dendrobium densiflorum
○ kühl ❀ Sommer
Rechts: Diese früher häufige Art zu beschaffen, wird immer schwieriger.
An der Spitze der keulenförmigen Bulben entwickeln sich große, hängende Rispen mit bis zu 5 cm großen Blüten. Sie wachsen während der Frühjahrsmonate schnell heran und halten sich bis zu zehn Tage lang in hervorragendem Zustand. Die Blüten sind leuchtend goldgelb gefärbt, die Lippe etwas dunkler gelb. Die Pflanze gedeiht in einem kühlen Haus und braucht im Winter eine ausgesprochene Ruhezeit. Diese immergrüne Varietät aus Indien hat gedrungene, ziemlich lange Pseudobulben.
Foto: ¼ nat. Größe

Dendrobium infundibulum
○ kühl ❀ Frühjahr
Unten: Diese sehr schöne immergrüne Art entwickelt 10 cm große weiße Blüten von weicher, papierartiger Beschaffenheit.
An der Spitze der fertigen Bulbe wachsen 1 – 3 Blüten heraus. Gut gepflegte Pflanzen entwickeln große Kronen lang haltender Blüten, deren Lippe im Schlund einen leuchtendgelben Fleck zeigt. *Dendrobium infundibulum* eignet sich für das Kalthaus. Im heimatlichen Indien findet man sie bis in große Höhenlagen hinauf. Die Stengel und die Scheiden um die jungen Triebe sind mit schützenden schwarzen Haaren bedeckt.
Foto: 1¼ nat. Größe

Dendrobium lituiflorum
◑ mittelwarm ❀ Frühjahr
Links: Diese hängende indische Art hat lange, schlanke Bulben, die im Winter die Blätter verlieren. Die 5 cm großen Blüten erscheinen im folgenden Frühjahr entlang der neuesten Bulben, meist in Paaren. Sie sind verschiedenfarbig, fast weiß bis dunkel amethystpurpurn, nach der Mitte hin blasser werdend. Die trompetenförmige Lippe zeigt einen purpurfarbenen Rand. Am besten gedeiht die Pflanze in einem mittelwarmen Haus auf Rindenstücken. Im Winter sollte man sie näher ans Glas hängen, damit sie viel Licht bekommt. Die großzügig blühende Art treibt in einer Saison mehrere neue Sprosse.
Foto: 2× nat. Größe

Dendrobium nobile
○ kühl ❀ Frühjahr
Unten: Wohl die beliebteste kühl wachsende Dendrobienart. Sie stammt aus Indien und blüht im Frühjahr. Je 1 – 2 Blüten wachsen auf der ganzen Länge der vorjährigen, ziemlich langen, untersetzten Bulben heraus. Die 5 cm großen Blüten sind an den Spitzen der Petalen rosapurpurn gefärbt und werden zur Blütenmitte hin weiß. Die Lippe hat im Schlund einen tief kastanienbraunen Fleck. *Dendrobium nobile* verliert im Winter teilweise die Blätter und braucht dann eine Ruhezeit.
Foto: nat. Größe

Dendrobium pierardii
◑ mittelwarm ❀ Frühjahr
Links: Zarte indische Art mit sehr langen, rohrartigen Pseudobulben, die zum Herabhängen neigen. In den Wintermonaten verliert die Pflanze ihre Blätter. Man gönnt ihr dann möglichst viel Sonnenschein, um die Blüte im kommenden Frühjahr anzuregen. Diese 5 cm großen, bezaubernd schönen Blüten kommen auf der ganzen Länge der letztjährigen Bulbe heraus. Petalen und Sepalen sind pastellrosa gefärbt, während die gerundeten Lippen cremegelb und an der Basis purpurrot gestreift sind.
Foto: ⅔ nat. Größe

Dendrobium secundum
◑ mittelwarm ❀ Frühjahr/Sommer
Unten: *Dendrobium secundum* ist über die ganze Malaiische Halbinsel und die Philippinen verbreitet. Die sehr kleinen Einzelblüten wachsen dicht zusammen in einer 8 – 10 cm langen Traube. Sepalen und Petalen sind lila- bis rosafarben, die Lippen mit orangerotem Fleck. Die Pflanze blüht über einen längeren Zeitraum in den Frühjahrs- und Sommermonaten. Die immergrüne, freigiebig blühende Art verlangt mittelwarme Temperaturen.
Foto: ¼ nat. Größe

Dendrobium speciosum
◑● mittelwarm/warm ❀ Frühjahr
Links: Eine sehr attraktive Art aus Australien, die in der Wachstumszeit warme und feuchte Verhältnisse liebt und im Winter eine ausgesprochene Ruhezeit verlangt. Nicht selten dauert die Ruheperiode viele Monate. Ausgewachsene Pflanzen bringen im Frühjahr in Hülle und Fülle Blütenstengel hervor mit zahlreichen, ziemlich kleinen, dicht gedrängt wachsenden, fast weißen Blüten, deren Lippe leicht purpurrot gefleckt ist. Die Blüten verbreiten einen angenehmen Duft. Diese Art wächst in freier Natur in sonnenbeschienenen Lagen. Aus der Spitze der untersetzten, keulenförmigen Pseudobulben wachsen lederartige Blätter hervor.
Foto: nat. Größe

Dendrobium superbum
● warm ❀ Sommer
Unten: Eine der schönsten *Dendrobium*-Arten, auf den Philippinen beheimatet, laubwechselnd, mit besonders langen, rohrartigen Bulben. Im Frühsommer erscheinen auf der ganzen Länge der Vorjahresbulben 5 – 6 cm große Blüten, satt magentapurpurrot mit dunklerer Lippe. Mit ihrem starken Duft ist sie eine sehr begehrte Art, die man im mittelwarmen bis warmen Bereich eines Gewächshauses hält. Wegen der sehr langen Bulben ist es ratsam, die Pflanze auf einem Baumstück zu ziehen.
Foto: nat. Größe

Dendrobium transparens
◑ mittelwarm ❀ Frühjahr
Oben: Diese sehr hübsche, großzügig blühende Art aus Indien läßt sich ebenfalls gut auf einem Rindenstück ziehen. Die Blüten bilden sich im Frühjahr entlang der Vorjahresbulben. Sie sind 4 cm groß und blaßrosalila gefärbt, wobei die Färbung zur Spitze der Petalen hin zunimmt; die Lippe trägt zwei deutlich purpurrote Flecken. *Dendrobium transparens* wirft ihre Blätter ab und benötigt vor der nächsten Blütezeit im Frühjahr eine Ruhezeit. Am besten gedeiht sie im mittelwarmen Bereich des Gewächshauses.
Foto: 3× nat. Größe

Dendrobium wardianum
○ kühl ❀ Winter
Mitte: Eine der schönsten kühl zu haltenden Arten, in Indien beheimatet. Die 5 – 6 cm großen Blüten, die entlang der Vorjahresbulben ausgebildet werden, sind weiß. Sepalen, Petalen und Lippe sind an der Spitze amethystpurpurfarben gefleckt, die Lippe hat zusätzlich eine leuchtend gelbe Innenfärbung mit zwei kastanienbraunen Flecken. Die Pflanze ist laubwechselnd und eine der ersten, die am Anfang des Jahres den neuen Sproß und Blüten hervorbringt. Die ausgewachsene Pflanze bildet oft sehr lange Bulben; man zieht sie daher am besten auf Baumstücken.
Foto: 2× nat. Größe

Dendrobium williamsonii
○ kühl ❀ Frühjahr/Sommer
Links: Die Bulben dieser untersetzt wachsenden Art bilden keine sehr hohen Stengel. Die zahlreichen elfenbeinweißen Blüten erscheinen im Frühsommer an der Spitze der neugebildeten, fertigen Bulben. Die Lippe ist gefranst und wunderschön ziegelrot gezeichnet. Die 4 cm großen Blüten duften und halten sich lange. Diese immergrüne Art braucht im Winter etwas Ruhe und gedeiht gut in einem kühlen Haus.
Foto: 2× nat. Größe

Dendrobium-Hybriden

Dendrobium
Gatton Sunray (FCC/RHS)
◑ mittelwarm ❀ Sommer

Links: Dieser großen Hybride muß man viel Platz bieten. Es handelt sich um die erste Hybrid-Generation einer Züchtung aus der gelbblühenden Art *Dendrobium dalhousieanum,* die man heute nur noch selten sieht (früher wurde sie regelmäßig aus Burma eingeführt). Die Hybride wurde 1919 registriert und erfreut sich seither großer Beliebtheit. *Dendrobium* Gatton Sunray (FCC/RHS) ist äußerst robust, die Bulben bilden bis zu zwei Meter hohe Stengel. Die über 10 cm großen Blüten, die in Trauben im Frühsommer erscheinen, halten sich etwa 10 Tage lang in einwandfreiem Zustand. Eine große Pflanze bildet zahlreiche vielblütige Trauben aus. Dies bedeutet eine lange Blütezeit, denn nicht alle Trauben blühen gleichzeitig.
Die Pflanze gedeiht am besten in einem mittelwarmen Gewächshaus bei viel Licht und einer ausgesprochenen winterlichen Ruhezeit.
Foto: ¼ nat. Größe

Dendrobium
Louisae
● warm ❀ Herbst/Winter

Unten: Diese immergrüne Hybride ist sehr beliebt und wird viel gehalten. Die Züchtung folgte in Indonesien durch Kreuzung zweier prächtiger, in Neuguinea beheimateter Arten: *Dendrobium phalaenopsis* var. *schroederanum,* und *Dendrobium veratrifolium,* die beide lange Trauben rosalilafarbener Blüten tragen. *Dendrobium* Louisae bringt lange, hängende Blütenzweige an der Spitze der Bulben hervor. Die 6 cm großen Blüten sind tief rosapurpurfarben, erscheinen im Herbst und Winter und halten sich sehr lange. Die Pflanze benötigt viel Licht. In der winterlichen Ruhezeit läßt man sie fast völlig trocken.
Foto: ⅛ nat. Größe

Dendrobium
Fiftieth State
● warm ❀ Sommer

Rechts: Hier stellt sich ein völlig anderer Dendrobiumtyp vor. Diese Hybride wurde aus australasischen Arten gezüchtet: Man kreuzte *Dendrobium phalaenopsis* – die berühmte Cookstown-Orchidee, die von Cook entdeckt und auf australischen Briefmarken abgebildet wurde – mit *Dendrobium* New Guinea, einer Hybride aus *Dendrobium macrophyllum* und *Dendrobium atrioviolaceum,* zwei ungewöhnliche Arten, die nicht oft kultiviert werden. Die 6 cm großen Blüten von *Dendrobium* Fiftieth State haben spitz auslaufende Sepalen und Petalen und eine hellrötliche Aderung. Die in Hawaii gezüchtete Pflanze braucht warme Temperaturen und fast volles Sonnenlicht. In der Wachstumszeit sollte man sie reichlich gießen. Nach dem Abblühen braucht sie eine ausgesprochene Ruhezeit. Die im Sommer erscheinenden Blüten halten sich sehr lange. Sie sitzen auf langen Blütenästen, die an der Spitze der reifen Bulbe herauswachsen.
Foto: ¼ nat. Größe

Dendrobium
Mousmee
○ kühl ✿ Sommer
Rechts: Eine Züchtung aus *Dendrobium thyrsiflorum.* Die Blüten sind 5 cm groß und weißrosa mit tiefgelber Lippe. Sie bilden hängende Trauben, die im Frühsommer an der Spitze der robusten Stengelbulben herauswachsen. Die immergrüne Pflanze mit den kräftigen dunkelgrünen Blättern verliert gelegentlich ein Blatt der ältesten Bulben. *Dendrobium* Mousmee gedeiht gut im kühlen Bereich des Gewächshauses, bei viel Licht, was zusammen mit der winterlichen Ruhezeit, die sich durch Schrumpfen der Pseudobulben ankündigt, eine wichtige Voraussetzung für die Blütenbildung darstellt.
Es lohnt sich, diese alte, heute nur noch selten kultivierte Hybride zu suchen.
Foto: ⅔ nat. Größe

Dendrobium
Sussex
○ kühl ✿ Frühjahr
Oben: Diese Hybride entstammt den drei indischen Arten *Dendrobium nobile, Dendrobium aureum* und *Dendrobium findlayanum* (wobei *Dendrobium nobile* dominiert). *Dendrobium* Sussex liebt es kühl, ist leicht zu pflegen und blüht freigiebig. In Erscheinungsbild und Blüte ähnelt Sussex *Dendrobium nobile,* hat aber größere, vollere Blüten von 7,5 cm Größe. Die gezeigte Jungpflanze besitzt nur drei Blüten. Die erwachsenen Pflanzen entwickeln die Blüten entlang der vorjährigen Bulbentriebe, die die Blätter oft jahrelang behalten.
Foto: ⅔ nat. Größe

Dendrobium
Tangerine 'Tillgates' (AM/RHS)
◑ mittelwarm ✿ Frühjahr/Sommer
Links: Von „traditionell" kultivierten Dendrobien abweichend, entstammt diese auffällige Hybride der wenig bekannten, aber schönen Art *Dendrobium strebloceras* aus dem westlichen Neuguinea. Der Artname bedeutet „gewundenes Horn" und bezieht sich auf die langen, zusammengedrehten Petalen. Bei der Hybride stehen die Petalen aufrecht und ähneln Antilopenhörnern. Ihre 7,5 cm großen Blüten mit leuchtend orangeroten Petalen und senfgelben Sepalen und Lippen sind farbiger als die Blüten der Elternpflanzen. Obwohl man die Hybride außerhalb der Tropen selten antrifft, bietet sie durch ihre herrlichen Blüten eine wünschenswerte Ergänzung jeder Sammlung. Zur Pflege in einem mittelwarmen Haus geeignet, jedoch weniger als Zimmerpflanze, da sie das ganze Jahr hindurch viel Licht braucht.
Foto: ⅙ nat. Größe

Odontoglossum

Die Gattung *Odontoglossum* gehört zur Familie der Oncidinae und umfaßt etwa 300 verschiedene Arten. Der Gattungsname rührt von zahnartigen Gebilden her, die sich bei einigen Arten am Grunde der Lippen befinden (odontos = Zahn, glossa = Zunge).
Die Arten wachsen fast alle epiphytisch in den bergigen Gebieten von Mittel- und Südamerika. Obwohl man sie in einem riesigen Gebiet zwischen 15° südlicher und 20° nördlicher Breite findet – also im Andengebiet zwischen Mexiko und Peru – kommen sie hier nur in verhältnismäßig begrenzter Zahl vor. Die meisten Arten findet man in Höhen zwischen 1500 und 3000 m, manche sogar noch in Höhenlagen um 3500 m.
Die natürliche Umgebung der *Odontoglossum*-Arten, die man bei der Kultur dieser Pflanzen so weit wie möglich nachahmen sollte, weist Temperaturen zwischen etwa 5° C bis maximal 30° C auf; die mittlere Jahrestemperatur liegt bei etwa 13° C. Die Regenzeit hält fast pausenlos an, denn die vom Atlantik kommende feuchte Luft kondensiert über den Bergen. Wenn die Temperatur nachts abfällt, wird das Gebiet von Nebeln verhüllt, so daß die Pflanzen vom Tau genäßt werden.

Kulturkalender

Winter

In Gebieten mit gemäßigtem Klima, in denen das Wetter in den Wintermonaten oft trübe und kalt ist und die Gewächshausbedingungen sich schnell verschlechtern können, muß man Gießkanne, Wasserschlauch und Lüftung sorgfältig dosiert einsetzen. Die Heizung sollte man ständig im Betrieb lassen, um eine Minimal-Nachttemperatur von etwa 10° C aufrechtzuerhalten. Wenn es sich bei ungünstiger Witterung nicht vermeiden läßt, daß die Temperaturen unter diesen Wert absinken, muß man die Wurzeln trockener halten und die Luftfeuchtigkeit verringern, da es den Pflanzen schadet, wenn sie zu kalt oder zu naß sind. An Tagen, an denen die Außentemperaturen den innerhalb des Gewächshauses benötigten Wert von 16° C nicht gefährden, sollte man die Gelegenheit nutzen, das Haus gründlich zu lüften.
Auf eine Schattierung kann man verzichten. Eine gewisse Rotfärbung der Blätter nach zu starker Sonnenbestrahlung ist natürlich. Da Hybriden in diesen Monaten weiterhin aktiv bleiben, sollte man ihre Wurzeln nicht über längere Zeit trocken lassen – dies ist allerdings weniger schädlich, als sie über Tage hinweg ständig feucht zu lassen. Die meisten Arten befinden sich im Winter mehr oder weniger im Ruhe- oder Halbruhestadium, und man sollte das Gießen auf einmal in drei bis vier Wochen beschränken und dabei eine feine Brause verwenden.
Pflanzen mit neuen Trieben von etwa 4 – 5 cm Länge können in dieser Zeit umoder eingetopft werden.

Frühjahr

Im Frühjahr entfaltet *Odontoglossum* eine beachtliche Wuchsaktivität: Viele neue Triebe brechen hervor, die Arten beenden ihre Ruheperiode, und bei richtiger Pflege wird man jetzt durch starke Pflanzen und gesunde Blätter belohnt. Die Nachttemperaturen sollten bei etwa 10 – 13° C liegen.
Die Tagestemperaturen sollten bis 16° C ansteigen – an sonnigen Tagen bis 21° C. Wenn nötig, muß man an kalten Tagen zusätzlich heizen, um ein stetiges Wachstum zu fördern. Lüften Sie so viel wie möglich, vermeiden Sie es aber, in der ersten Zeit zuviel Oberluft einzulassen, damit es den Pflanzen nicht zu kalt wird – lüften Sie lieber von unten. Um die erforderliche Luftfeuchtigkeit aufrechtzuerhalten, wird man häufig zwichen den Töpfen und unter den Pflanzenbänken Wasser versprühen müssen, denn wenn die Luft zu trocken wird, verlangsamt sich das Wachstum.
Wenn die Pflanze wieder zu wachsen beginnt, bilden sich neue Wurzeln. Nun muß man ausreichend gießen, damit sich ein gesundes Wurzelwerk entwickelt. Wenn man allerdings zu viel Wasser gibt, faulen die zarten Würzelchen ab. Zwischen den einzelnen Wassergaben kann das Substrat austrocknen, es sollte aber nicht länger als einen oder vielleicht zwei Tage trocken bleiben. Eine leichte Düngung alle zwei bis drei Wochen wird nützlich sein. Zwischen den einzelnen Düngergaben sollte man aber einmal viel wässern, um überschüssige Salze auszuwaschen. Mit einer Blattdüngung im späten Frühjahr kann man das Blattwerk stärken.

Rechts: *Odontoglossum* bringt einige der schönsten Orchideenblüten hervor. Moderne Hybriden verbinden große, reichgefärbte, dauerhafte Blüten mit kräftigem Wuchs und relativ leichter Pflege.

Schattieren ist im Frühjahr schwierig, da auf Tage mit hellem Sonnenschein, an denen eine Abdeckung notwendig ist, oft trübe Tage folgen, an denen man jedes bißchen Licht braucht. Da Odontoglossums leicht verbrennen, ist es dort, wo keine automatische Schattierung zur Verfügung steht oder wo man nicht genügend Zeit aufbringen kann, rechtzeitig abzudecken, ratsam, eine Schattierung vorzusehen.
Die Blätter sollten jetzt im Frühjahr glänzend dunkelgrün mit rotem Saum gefärbt

sein: Dies ist ein Zeichen kräftigen, nicht zu langsamen Wachstums.
Das Frühjahr ist die beste Jahreszeit zum Umtopfen: Jetzt sind die neuen Triebe ungefähr 4 – 5 cm lang, und die Wurzeln sind am aktivsten, können sich also im frischen Substrat gut verbreiten.

Sommer

Für *Odontoglossum*-Orchideen ist der Sommer die schwierigste Jahreszeit. Zu hohe Tagestemperaturen können schädlich wirken. Man muß daher Schattierungen, Belüftung (einschließlich Ventilatoren) und Befeuchtung so einsetzen, daß die Pflanzen die besten zu dieser Jahreszeit erhältlichen Umweltbedingungen haben.

Die Nachttemperaturen sollten etwa 13° C betragen. Meist werden sich solche Temperaturen ganz natürlich einstellen. Wenn besonders kaltes Wetter auftritt, empfiehlt es sich, im Interesse eines stetigen Wachstums, thermostatgesteuerte Heizungseinrichtungen einzusetzen.
Die anzustrebende Tagestemperatur liegt zwischen 18° C und 24° C. Die Maximaltemperatur, die von den meisten *Odontoglossum*-Orchideen noch vertragen wird, ist ca. 27° C.
Im Sommer muß man tagsüber gut belüften, um eine frische, bewegte Atmosphäre zu schaffen und die Temperaturen niedrig zu halten. Die Luft darf nicht zu trokken werden, so daß man an heißen Tagen öfter zwischen den Töpfen und unter den Bänken Wasser versprühen muß. Vorteilhaft sind aufgestellte Wannen oder Tröge mit feuchtigkeitsspeichernden Stoffen, feuchte Matten oder feuchter Sand und eine automatische Sprühvorrichtung.
Im Sommer muß man das Gewächshaus unbedingt schattieren! Der Grad der Schattierung hängt davon ab, wie hoch die Temperaturen an heißen Tagen im Gewächshaus steigen. Bei guter Schattierung (60 – 80%) kann man die Temperaturen im Gewächshaus auf maximal 24° C halten. Man sollte auf jeden Fall Außenabdeckungen verwenden, damit sich das Gewächshausglas nicht so sehr erhitzen kann.
Während der heißesten Monate des Jahres darf man die Pflanzen nicht zu stark austrocknen lassen. Auf gar keinen Fall dürfen sie über längere Zeit ganz trocken bleiben. Einige der heute erhältlichen Orchideensubstrate sind sehr durchlässig, was für epiphytische Pflanzen vor allem in der kalten Winterzeit Vorteile hat, man muß aber an heißen Tagen sehr aufpassen, daß sie nicht austrocknen. Wenn die Pflanzen einmal richtig austrocknen, ist es sehr schwierig, sie wieder feucht zu bekommen. *Odontoglossum*-Orchideen muß man im Sommer vorsichtig, d. h. wenig, aber oft gießen. Ist das Substrat in einem guten Zustand, und sind Sie sich im Zweifel, ob Sie gießen sollten oder nicht, sollten Sie auf jeden Fall wässern.
Wenn es nicht unbedingt erforderlich ist, sollte man im Sommer nicht umtopfen.

Herbst

Der Herbst ist wie der Frühling eine Zeit, die gute Wuchsbedingungen mit sich bringt. Im Frühherbst ist das Wetter vielfach noch warm genug, so daß auf eine zusätzliche Beheizung verzichtet werden kann. Unabhängig davon muß man jedoch Vorbereitungen für das Heizen in den kühleren Monaten treffen. Die Nachttemperaturen sollten bei etwa 10 – 13° C liegen. Die Tagestemperaturen dürfen auf 21° C ansteigen.
Da weiche Pflanzenteile in den kalten, trüben Wintermonaten der Gefahr einer Pilzinfektion ausgesetzt wären, müssen die Blätter jetzt die erforderliche Härte entwickeln. Diesen Prozeß fördert man durch eine gute Belüftung den ganzen Frühherbst hindurch (und auf alle Fälle zu dem Zeitpunkt, an dem die Heizung wieder in Betrieb genommen wird) durch Entfernung der Abdeckungen und Düngung mit einem stark kalihaltigen Düngemittel.
Viele Pflanzen werden nun neue Triebe entwickeln, so daß die Zeit günstig ist, um umzutopfen. Wählen Sie Pflanzen aus, die schon 4 – 5 cm lange Triebe besitzen.
Hybriden sollten auch im Winter gegossen werden. Bei natürlichen Arten, die im Winter eine Ruhezeit einhalten, reduziert man das Gießen, wenn die Pseudobulben fertig ausgebildet sind.

Umtopfen

Odontoglossum-Orchideen leben epiphytisch und gedeihen am besten in einem leicht durchlässigen Substrat, das jedoch genügend Feuchtigkeit speichern sollte, damit die Pflanzen in der Wachstumszeit nicht austrocknen. Völlig ungeeignet sind luftundurchlässige Substrate oder solche, in denen das Wasser stehenbleibt. Substrate auf Rindenbasis, bestehend aus zerkleinerter Kiefernrinde, Holzkohle, Perlite und Sphagnum-Moos oder frischem Torfmoos haben sich gut bewährt. Für junge Sämlinge und ausgewachsene Hybriden ist feines Moos wahrscheinlich am günstigsten, da es nicht so schnell austrocknet. Einzelne Arten können unterschiedliche Substrate erfordern.

Zum Düngen eignen sich die Mittel am besten, die ihre Nährstoffe über eine gewisse Zeit hinweg langsam abgeben, denn *Odontoglossum*-Orchideen nehmen Nährstoffe nur langsam auf, und bei zuviel Düngergabe werden die Wurzeln leicht angegriffen.

Die besten Zeiten zum Umtopfen sind Frühling und Herbst. Man könnte natürlich auch im Sommer oder Winter umtopfen, aber die klimatischen Bedingungen in diesen Jahreszeiten sind für die Nachsorge und das Eingewöhnen der Pflanzen nicht so günstig.

Wie oft man eine Pflanze umtopfen muß, hängt unter anderem von der Art des verwendeten Substrates ab. Bei rindenhaltigen Substraten sollte man jedes zweite Jahr umtopfen. Junge Sämlinge sollten am besten jedes Jahr umgetopft werden.

Wie man umtopft

Wenn man eine Pflanze im richtigen Wuchsstadium ausgesucht hat, klopft man sie aus dem Topf, entfernt alles alte Substrat, abgestorbene hintere Bulben und tote Wurzeln (lebende Wurzeln sind weiß mit grünen Spitzen und fühlen sich fleischig an, wenn man sie vorsichtig zwischen Finger und Daumen nimmt; tote Wurzeln sind braun, und man kann die äußere Zellschicht leicht vom Wurzelkern lösen). Wenn die Pflanze ein schlechtes, verfaultes Wurzelwerk hat, taucht man sie in eine Orthocit-Lösung, um ein weiteres Faulen zu verhindern.

Bei großen, ausgewachsenen Pflanzen mit zahlreichen Bulben kann man einige der an der Oberfläche wachsenden hinteren Bulben entfernen. Es sollten aber mindestens zwei oder drei Bulben und der neue Trieb an der Pflanze bleiben.

Der Topf sollte so groß sein, daß mindestens noch eine neue Bulbe Platz findet. Lieber aber einen verhältnismäßig kleinen Topf wählen als einen zu großen, da bei großen Töpfen immer die Gefahr des Überwässerns und der Wurzelfäule besteht.

Zunächst legt man eine Lage Drainage in den Topf (Topfscherben, Polystyrolbrokken oder groben Kies). Dann hält man die Pflanze so, daß die Basis einer Bulbe gerade unterhalb des Topfrandes zu liegen kommt, der neue Trieb zeigt dabei in Richtung des meisten Platzes. Dann füllt man mit Substrat auf, das man behutsam zwischen den Wurzeln verteilt und vorsichtig vom Rand her festdrückt. Beachten Sie dabei, daß die Wurzeln dünn und ziemlich zart sind und das Substrat ohne Schwierigkeiten durchdringen können müssen.

Nachsorge für umgetopfte Pflanzen

Eine gute Nachsorge ist erforderlich, damit sich die umgetopften Orchideen gut in der neuen Umgebung einleben und ohne allzu große Störung weiterwachsen können.

Nach dem Eintopfen muß die Pflanze reichlich gegossen werden (vor allem, wenn gelagertes, ausgetrocknetes Substrat verwendet wurde). Es darf aber auch nicht zu viel Wasser gegeben werden (das sich dann womöglich im Substrat ansammelt), weil sich sonst keine neuen Wurzeln bilden.

Bieten Sie genügend Luftfeuchtigkeit, damit die Pflanze nicht so viel Wasser durch Verdunstung verliert. Stellen Sie die umgetopfte Pflanze an eine ausgesprochen schattige Stelle, an der die Maximaltemperaturen nicht über 21° C ansteigen. In den folgenden Wochen gießen Sie nur spärlich, damit die Wurzeln angeregt werden, selbst nach Wasser zu suchen, und sich entsprechend stark entwickeln. In diesem Stadium wird es nützlich sein, einmal in der Woche eine Blattdüngung vorzunehmen (stark verdünnter Flüssigdünger). Die Eingewöhnungszeit nach dem Umtopfen hängt vom Zustand des Wurzelwerkes ab: Normalerweise rechnet man mit 4 bis 5 Wochen. Nach dieser Zeit kann man zu einer normalen Pflege übergehen.

Vegetative Vermehrung

Odontoglossum-Orchideen eignen sich nicht gerade ideal zur vegetativen Vermehrung, da viele Arten nicht mehr als einen Trieb gleichzeitig ausbilden. Arten, die mehrere neue Triebe entwickeln und sich gut vegetativ vermehren lassen, sind *Odontoglossum pulchellum, O. cordatum, O. bictoniense, O. platycheilum* und *O. stellatum.*

Jedes Teilstück sollte mindestens zwei bis drei Bulben und einen neuen Trieb enthalten; kleinere Abschnitte brauchen länger als ein Jahr, um zum Blühen zu kommen. Eine andere Möglichkeit besteht darin, die hinteren Bulben abzutrennen und aufzuziehen. Mit dieser Vermehrungsmethode sind schon beträchtliche Erfolge erzielt worden. Nehmen Sie – wenn möglich – zwei Bulben, da die Chancen, daß ein Auge austreibt, dann größer sind. Topfen Sie die Bulben in feines Rindensubstrat oder in Sphagnum-Moos ein und stellen Sie sie so auf, daß sie eine hohe Luftfeuchtigkeit bekommen und übermäßige Wärme vermieden wird. Wenn der neue Trieb erscheint, muß man mit dem Gießen vorsichtig sein, damit er nicht wegfault. Bilden sich dann Wurzeln aus, geht man zu normalen Pflegemaßnahmen über.

Die beste Art, *Odontoglossum*-Arten und vor allem *Odontoglossum*-Hybriden zu vermehren, besteht darin, die vorderste Pseudobulbe (mit dem neuen Trieb) vom Rest der Pflanze abzutrennen. Nehmen Sie nur Pflanzen, die schon 4 – 5 cm lange Triebe entwickelt haben, und schneiden Sie noch im Topf das harte Rhizom durch, das die neueste Bulbe mit der dahinter befindlichen verbindet. Jetzt pflegen Sie die Pflanze unter den üblichen Bedingungen weiter. Nach etwa acht Wochen wird die Bulbe hinter der abgeschnittenen vorderen Bulbe einen Trieb entwickeln. Wenn dieser neue Trieb dann 4 – 5 cm lang ist, nimmt man beide Pflanzenteile aus dem Topf heraus und pflanzt sie separat ein.

Schädlinge und Krankheiten

Als Schadinsekten treten vor allem Blattläuse auf, die *Odontoglossum*-Orchideen hauptsächlich im Sommer befallen. Neue Triebe und Blütenknospen sind besonders gefährdet. Durch regelmäßiges Spritzen mit einem Insektizid wie Malathion kann man den Befall verhindern.

Andere Schädlinge, die vor allem die noch weichen Blätter angreifen, sind die Rote Spinnmilbe und Schildläuse der Gattung *Pseudococcus.* Beide kann man ebenfalls mit den obengenannten Mitteln bekämpfen. Auch Schnecken können jungen Trieben und Blüten beträchtlich schaden.

Unter der Voraussetzung, daß das Gewächshaus saubergehalten und von vornherein gesunde Pflanzen angeschafft wurden, sollten *Odontoglossum*-Orchideen von Krankheiten verschont bleiben. Fäulnis wird verhindert, wenn um die Pflanze herum ständig Luftbewegung herrscht. Bei kaltem Wetter das Sprühen reduzieren!

Arten und Hybriden

Obwohl *Odontoglossum* den Gärtnern eine großartige Palette verschiedener Arten bot, züchtete der Belgier C. VUYLSTEKE 1898 die erste Hybride, eine Kreuzung aus *Odontoglossum crispum* und *Odontoglossum harryanum: Odontoglossum* Crispoharryanum. Die Hybridenzüchtung entwickelte sich rasch. 1904 wurden Kreuzungen mit anderen Gattungen durchgeführt, und das Interesse an der Hybridenzüchtung stieg weiter an, blieb über Jahre hinweg bis heute erhalten und wird sich in Zukunft sogar noch verstärken. Die heute erhältlichen Hybriden sind das Ergebnis einer über 70 Jahre andauernden Züchterarbeit und recht kompliziert, was aber den Orchideenfreund nicht davon abhalten sollte, die Schönheiten und Schätze unter ihnen zu erforschen.

Die Odontiodas waren das Ergebnis der Kreuzung aus *Odontoglossum* und *Cochlioda. Cochlioda noezliana* zum Beispiel wurde wegen ihrer herrlichen scharlachroten Blüten eingekreuzt. Viele der heutigen Odontiodas sehen *Odontoglossum* sehr ähnlich, da sie immer wieder zur Verbesserung der Größe und Form rückgezüchtet wurden.

Oben: Von *Cochlioda noezliana* stammen die leuchtenden Farben der modernen *Odontioda*-Hybriden.

Man kann aus einer breiten Hybridenpalette auswählen, ständig werden neue Varietäten entwickelt, die die alten schnell ablösen. Es gibt jedoch unter den vielfarbigen Gruppen solche, die besonders erfolgreich waren; nachfolgend möchten wir einige davon vorstellen.
Odontoglossum crispum mit ihren großen, schön geformten Blüten – meistens weiß oder weiß mit einigen purpurroten Flekken – stand Pate für sehr viele weißblühende Hybriden. Namen, die man sich merken sollte, sind *Odontoglossum* Stropheon, Connero, Philomel, Ardentissimum, Opheon.
Zur Züchtung gelbfarbiger Hybriden verwendete man ursprünglich die Arten *Odontoglossum luteo-purpureum, harryanum* und *triumphans.* Die heutigen Hybriden sind tief goldgelb gefärbt, oft mit reizvollen Markierungen in Rot oder Kastanienbraun. Wichtige Namen sind u. a. Moselle, Golden Guinea, Inca Gold, Stonehurst Yellow, Pacific Gold, Cornosa, Ascania.
Bei den roten Hybriden waren die *Odontioda*-Hybriden besonders erfolgreich. Hier sollte man sich folgende Namen merken: Trixon, Chanticleer, Charlesworthii, Bradshawiae, Memoria Donald Campbell, Trixell, Salway.

Kreuzungen zwischen den großen, schöngeformten *Odontoglossum*-Arten und den farbenprächtigen *Odontioda* ergaben einige der schönsten Farbkombinationen, die von einem weißen Hintergrund mit leichten Markierungen bis zu einem tiefen, prächtigen Purpurrot reichten. Namen, die man sich hier merken sollte, sind u. a. Florence Stirling, Memory, Brocade, Dalmar, Ingera, Memtor, Joe Marshall.
Es wurden und werden noch viele andere Arten mit *Odontoglossum* gekreuzt; viele dieser Kreuzungen erfolgten mit zwei und mehr Gattungen und sind daher ziemlich kompliziert. Die heute verfügbaren Gruppen sind in „Sander's List of Orchid Hybrids" vollzählig aufgeführt. Die beliebtesten intergenerischen Hybriden sind nicht nur wegen ihrer Blüten reizvoll, sondern besitzen auch eine größere Anpassungsfähigkeit bei der Kultur. Viele Züchtungen hatten zum Ziel, Hybriden hervorzubringen, die auch in für Odontoglossums und Odontiodas normalerweise zu warmen Klimaverhältnissen, also z. B. in Australien, Südafrika oder Kalifornien, kultiviert werden konnten. Einige der beliebtesten Gruppen sind *Odontocidium, Wilsonara* und *Vuylstekeara.*
Die Kreuzung *Odontoglossum* × *Oncidium* ergab *Odontocidium.* Arten wie *Oncidium tigrinum, wentworthianum, leucochilum* und *incurvum* waren hier sehr erfolgreich. Bekannte Nachkommen sind u. a. *Odontocidium* Tiger Butter, Tigerwood, Tigersun, Crowbrough, Solana, Tiger Hambuhren.
Wilsonaras entstanden aus der Kreuzung *Odontioda* × *Oncidium* oder *Odontioda* × *Odontocidium.* Die Einkreuzung von Odontiodas ergab viele Hybriden mit stark gefärbten Blüten. Beispiele hierfür sind: *Wilsonara* Widecombe Fair, Jean du Pont, Tigerman, Celle.
Vuylstekearas sind das Ergebnis einer Kreuzung von *Odontioda* und *Miltonia.* Vuylstekearas können meist noch bei sehr hohen Temperaturen gehalten werden und zeichnen sich oft durch eine große, prächtige Lippe aus, die von der Elternpflanze *Miltonia* stammt. Beispiele sind: *Vuylstekeara* Cambria, Edna Stamperland, Heather Moore.

Odontoglossum-Arten

Odontoglossum bictoniense
○ kühl ❀ Sommer
Rechts: Dies ist ohne Zweifel eine der am leichtesten zu pflegenden Arten, also gut für den Anfänger geeignet. Sie stammt aus Guatemala, zeigt einen kräftigen Wuchs und entwickelt sich schnell zu einer Musterpflanze. Aufrechte Blütenstengel erscheinen im Spätsommer, wachsen bei warmem Wetter schnell zu Höhen bis 122 cm heran und tragen jeweils 20 dauerhafte Blüten, die sich nacheinander öffnen, so daß über einige Wochen hinweg ständig acht oder neun Blüten offen sind. Die etwa 4 cm großen Blüten sind gelbgrün mit braunen Flecken und haben eine auffällige weiße oder rosa Lippe. *Odontoglossum bictoniense* braucht kühle Bedingungen und etwas Schatten. Eine winterliche Ruhezeit benötigt sie nicht, aber man reduziert die Bewässerung nach dem Abblühen, bis im Frühjahr der neue Sproß erscheint. Eignet sich gut als Zimmerpflanze.
Foto: nat. Größe

Odontoglossum cervantesii
○ kühl ❀ Winter/Frühjahr
Unten: Diese kleinwüchsige Art stammt aus Mexiko. Die Gesamthöhe einschließlich Topf, Bulben und Blättern beträgt nur etwa 15 cm.
Die Blüten wachsen an einem halbhängenden Stengel und öffnen sich im Winter und zeitigen Frühjahr, wenn der neue Trieb beginnt, eine Pseudobulbe zu bilden. Die Blüten sind im Vergleich zu der übrigen Pflanze mit 4 – 5 cm ziemlich groß. Sie sind wunderbar weiß, gerundet und zeigen in der Mitte der Sepalen und Petalen eine ausgeprägte kastanienbraune Streifung. Da die Art ein feines Wurzelwerk besitzt, darf man sie nicht austrocknen lassen. *Odontoglossum cervantesii* gedeiht in einem feinkörnigen, leicht zu entwässernden Substrat. In den Wintermonaten muß man das Gießen reduzieren. Naturgemäß schrumpfen die Bulben jetzt etwas. Im Sommer bietet man der Pflanze etwas Schatten.
Foto: nat. Größe

Odontoglossum cariniferum
○ kühl ❀ Winter
Oben: Diese mittelamerikanische Art wird heute nicht mehr so oft gehalten wie früher. Der Grund hierfür liegt in erster Linie an den Beschaffungsschwierigkeiten. Unter kühlen Bedingungen wächst sie kräftig und bringt lange, verzweigte Stengel mit leuchtend gefärbten, 4 – 5 cm großen Blüten hervor. Sepalen und Petalen sind dunkel grünlich-braun mit gelben Spitzen. Die Lippe ist weiß mit lila Zeichnung. Der neue Trieb erscheint im Frühjahr und entwickelt sich im Sommer, bis im Spätsommer oder Anfang Herbst eine neue Bulbe wächst. Gleichzeitig erscheint dann auch der Blütenstengel. Nach dem Ausreifen reduziert man das Gießen. Das allmähliche Schrumpfen der Bulbe im Winter ist natürlich. In der Wachstumsperiode muß man die Pflanze etwas schattieren. Sie wächst am besten in mittelfeinem Substrat.
Foto: ¾ nat. Größe

Odontoglossum citrosmum
(syn. **Odontoglossum pendulum**)
○ kühl ❀ Frühjahr
Oben: Diese mexikanische Art ist einem bestimmten Wuchs- und Blütezyklus unterworfen, den man beachten muß, um Erfolg zu haben.
Die Pflanze braucht im Winter – sobald die vorjährige Bulbe ausgereift ist – eine ausgesprochene Ruhezeit. Man gießt dann nur so viel, daß sie nicht ganz austrocknet. In dieser Ruhezeit braucht die Pflanze viel Licht. Im Spätwinter erscheint an der Basis der Pseudobulbe der neue Trieb. Jetzt muß man der Versuchung, Wasser zu geben, widerstehen, denn der Blütenstengel wächst aus dem unentwickelten Trieb heraus. Wenn man zu früh Wasser gibt, wächst der neue Trieb zwar weiter, bildet aber keine Blüten. Man wartet also mit dem Gießen, bis sich die Blüten gebildet haben.
Die etwa 4 – 5 cm großen Blüten sind weiß, mit Rosa überzogen und verbreiten einen süßen Duft. Sie sitzen an hängenden Stengeln. Die Pflanze eignet sich daher gut zum Aufhängen unter dem Gewächshausdach.
Eine mittlere bis leichte Schattierung während der Wachstumszeit und ein mittelfeines Substrat sind erforderlich.
Foto: ½ nat. Größe

Odontoglossum crispum
○ kühl ❀ fast das ganze Jahr
Oben: Dies ist die bekannteste Art, die mehr als irgendeine andere zur Hybridenzucht beigetragen hat. Sie stammt aus Kolumbien und kommt dort in 2000 – 3000 Meter Höhe vor.
Die Pflanzen brauchen eine mittlere bis starke Schattierung und kühle, feuchte Bedingungen. Die bis zu 10 cm großen, wachsartigen Blüten zeigen unterschiedliche Markierungen, manchmal auch gar keine. Blütenstengel entwickeln sich an der Seite der sich bildenden neuen Bulbe. Da in ihrer natürlichen Umgebung keine ausgesprochen unterschiedlichen Jahreszeiten herrschen und der Trieb zu jeder Zeit erscheinen kann, werden auch die Blüten an einem beliebigen Zeitpunkt im Jahr ausgebildet, meist aber in der Zeit von Oktober bis März.
Aufgrund der in England und Europa in der zweiten Hälfte des letzten Jahrhunderts aufgetretenen großen Nachfrage und durch die in letzter Zeit erfolgte Zerstörung der natürlichen Lebensräume sind direkte Importe kaum noch möglich. Man hat aber über viele Jahre hinweg die Varietäten dieser Pflanze selektiv gezüchtet, so daß der Liebhaber *Odontoglossum crispum* auch heute noch bekommt, ohne den schwindenden natürlichen Bestand in Anspruch zu nehmen. Als Elternpflanze hat *Odontoglossum crispum* wohl mehr zur Verbesserung der Blütengröße und -form der *Odontoglossum*- und *Odontioda*-Hybriden beigetragen als irgendeine andere Art. Um gut zu gedeihen, braucht *Odontoglossum crispum* ein mittelfeines Substrat und eine mittlere bis starke Schattierung.
Foto: ¾ nat. Größe

Odontoglossum cordatum
○ kühl ❀ Frühjahr
Rechts: Auch diese Art stammt aus Guatemala und hat sich als sehr beliebt erwiesen. Sie wächst kräftig und blüht großzügig. Da sie bereitwillig neue Triebe bildet, kann man sie schon bald zu einer Musterpflanze entwickeln. Die Stengel werden etwa 18 – 30 cm lang und tragen gelblich-grüne, braun gestreifte Blüten. Die Lippe ist weiß-grün mit braunen Flecken und herzförmig (*cordatum*).
Mit ihren dicken Wurzeln braucht diese Art ein Substrat mittlerer Körnung. Sie ist besonders gut geeignet für die Haltung in Körben, die man unter dem Dach aufhängt. Während der Wachstumszeit braucht sie eine mittlere Schattierung.
Foto: nat. Größe

Odontoglossum grande
○ kühl ❀ Herbst
Rechts: Weithin als „Tigerorchidee" bekannt, da die Blüten zum Teil tigerfellartig gefärbt sind. Die 15 cm großen Blüten sind gelb mit leuchtend kastanienbraunen Markierungen. Obwohl man die Pflanze jetzt als *Odontoglossum rossii* klassifiziert hat, wird sie wohl noch viele Jahre *Odontoglossum grande* genannt werden.
Odontoglossum grande kommt aus Guatemala und unterscheidet sich stark von den anderen *Odontoglossum*-Arten (mit Ausnahme von *Odontoglossum insleayi, Odontoglossum schlieperianum* und *Odontoglossum williamsianum*), denn sie hat harte, dunkle Blätter, sehr stabile Pseudobulben und braucht in den Wintermonaten eine ausgesprochene Ruhezeit. Solange sie wächst, brauchen die Wurzeln viel Feuchtigkeit; eine zu feuchte Atmosphäre kann jedoch zu unschönen Flecken am Blattwerk führen. Wenn der neue Trieb gegen Ende des Sommers mit der Bildung der Pseudobulbe beginnt, entwickelt sich auch der Blütenstengel. Die Blüten gehen meist im Herbst auf. Nach dem Abblühen und wenn die neue Pseudobulbe voll entwickelt ist, gießt man nicht mehr, bis sich im Frühjahr der neue Trieb bildet und der Zyklus von neuem beginnt. Die Pflanzen benötigen eine leichte Schattierung und ein Substrat mittlerer Körnung.
Foto: ¼ nat. Größe

Odontoglossum harryanum
○ kühl ❀ Frühjahr/Sommer
Rechts: Dieses aus Kolumbien stammende *Odontoglossum* ist eine der auffälligsten Arten. Der Stengel in einer Länge von 30 cm und mehr trägt 7,5 – 10 cm große, wunderschön kupferbraun-gelb gefärbte Blüten. Die große Lippe ist auffallend weiß und leuchtend lila markiert. Diese Art, die in der Frühzeit der Züchtungen gern zur Hybridisierung herangezogen wurde, verlangt kühle Temperaturen, eine mittlere bis starke Schattierung und feines oder mittelkörniges Rindensubstrat.
Foto: ½ nat. Größe

Odontoglossium insleayi
○ kühl ❀ Herbst/Winter
Oben: Diese aus Mexiko stammende Art ähnelt *Odontoglossum grande.* Sie ist auch unter ähnlichen Bedingungen zu halten. Die 7,5 cm großen, gelbbraunen Blüten wachsen im Herbst und Winter aus den neuen Pseudobulben hervor. *Odontoglossum insleayi* sollte in mittelkörnigem Substrat wachsen und leicht schattiert werden. Im Winter hat diese Art ihre Ruhezeit.
Foto: ⅙ nat. Größe

Odontoglossum laeve
○ kühl ❀ Frühjahr
Unten: Die Meinungen, ob es sich bei dieser mexikanischen Pflanze um ein *Odontoglossum,* ein *Oncidium* oder eine *Miltonia* handelt, gehen auseinander. Die Gärtner bezeichnen sie meist als *Odontoglossum laeve.* Lange, verzweigte Stengel tragen süß duftende, 5 – 7,5 cm große gelblichgrüne, schokoladenbraun gezeichnete Blüten mit auffälliger rosafarbener oder purpurroter Lippe. Die kräftig wachsende Art entwickelt im Spätsommer große, rundliche Pseudobulben. Man bietet ihr ein Rindensubstrat mittlerer Körnung und eine mittlere Schattierung. Zur späteren Blütenbildung brauchen die Pflanzen offensichtlich nach Reifung der Pseudobulben eine kurze, strenge Ruheperiode. Im Winter gießt man etwa alle drei Wochen einmal. Die Blütenstengel entwickeln sich im Winter, im Frühjahr öffnen sich die Blüten.
Foto: ⅓ nat. Größe

Odontoglossum luteo-purpureum
○ kühl ❀ Frühjahr
Unten: Diese aus Kolumbien stammende Art benötigt ähnliche Pflegebedingungen wie *Odontoglossum crispum* und *Odontoglossum*-Hybriden: also eine mittlere Schattierung und ein Substrat mittlerer Körnung. Im Frühjahr bildet die Pflanze lange Blütenstengel mit ca. 7,5 cm großen, gelb-braunen Blüten. Petalen und Sepalen laufen spitz zu und sind teilweise gewellt und leicht gefranst. Die hellgelb-hellbraun gefärbte Lippe ist stärker gefranst.
Foto: ½ nat. Größe

Odontoglossum maculatum
○ kühl ❀ Frühjahr
Oben: Diese Art ähnelt in Wuchsform und Blüte *Odontoglossum cordatum,* und auch die Pflegebedingungen sind die gleichen. Die etwa 30 – 44 cm langen Blütenstengel entwickeln sich im Frühjahr und tragen 5 – 7,5 cm große Blüten. Die beiden Petalen sind cremegelb mit braunen Flecken, die drei Sepalen sind einfarbig braun. Die herzförmige Lippe ist cremegelb-braun gefärbt. Die Säule ist weißlich-gelb. Man hält die Pflanze kühl und bietet ihr ein Rindensubstrat mittlerer Körnung und eine mittlere Schattierung an.
Foto: 1⅓ nat. Größe

Odontoglossum nebulosum (syn. **apterum**)
○ kühl ❀ Frühjahr
Unten: Diese beliebte mexikanische Art hat 5 – 7,5 cm große, weiße Blüten, die der Mitte zu orangerot oder braun gefleckt sind. Der Blütenstengel erscheint mit dem neuen Trieb und blüht im Frühjahr. Die Pflanzen besitzen dicke, fleischige Wurzeln – ein Rindensubstrat mittlerer Körnung ist also ideal. Eine mittlere Schattierung ist notwendig. Die Pseudobulben sind weich und fleischig. Man darf also nicht zu viel gießen, da die Bulben sonst faulen könnten.
Foto: ¾ nat. Größe

Odontoglossum pescatorei
○ kühl ❀ Frühjahr und Herbst
Oben: Dies ist eine der schönsten kolumbianischen *Odontoglossum*-Arten mit verzweigtem Blütenstengel und meist 7,5 cm großen Blüten, die weiß-lilarosa gezeichnet sind. Wuchsform und Pflegebedingungen sind ähnlich wie bei *Odontoglossum crispum:* also kühle Bedingungen, Substrat feiner bis mittlerer Körnung und mittlere bis starke Schattierung.
Foto: nat. Größe

Odontoglossum pulchellum
○ kühl ❀ Frühjahr
Rechts: Diese sehr beliebte guatemaltekische Art zeichnet sich durch kräftiges Wachstum aus. An dem dünnen Blütenstengel sitzen bis zu 10 1 – 2 cm große, weiße, wachsartige Blüten, die einen angenehmen Duft verbreiten. *Odontoglossum pulchellum* blüht im Frühjahr, entwickelt aus jeder Pseudobulbe mehrere Triebe und bietet sich daher zur Entwicklung einer Musterpflanze an. Die Pflanzen haben dünne Wurzeln und benötigen kühle Bedingungen, ein Rindensubstrat feiner Körnung und eine mittlere Schattierung im Sommer.
Foto: nat. Größe

Odontoglossum rossii
○ kühl ❀ Winter
Links: Diese aus Guatemala und Mexiko stammende kleinwüchsige Art ähnelt in der Pflanzengröße, den Blütenabmessungen und der Blütenfarbe *Odontoglossum cervantesii* und hat auch ähnliche Pflegebedingungen. Die Pflanzen haben dünne Wurzeln und gedeihen in kühler Umgebung in feinkörnigem Rindengemisch oder Sphagnum-Moos. Sie sollten ständig feucht gehalten werden. Im Sommer braucht man eine mittlere Schattierung. Die Blüten variieren je nach Abart zwischen 3 und 7 cm Größe. Petalen und Lippe sind weißlich oder leicht rosa. Die drei Sepalen sind weißlich oder rosa und braun oder lila gefleckt. Der Lippenschlund ist goldgelb, die Säule rosa.
Foto: ⅔ nat. Größe

Odontoglossum stellatum
○ kühl ❀ Winter
Oben: Diese kleinwüchsige Art aus Guatemala besitzt auffällige sternförmige (*stellatum*) Blüten. Die schmalen, spitz zulaufenden Sepalen und Petalen sind gelb mit Braun belegt; die Lippe gefranst, weiß oder rosé. Jede Blüte mißt ca. 3–4 cm. Die wildwachsende *Odontoglossum stellatum* nistet sich zwischen dem Moos an den Baumästen ein. In Kultur braucht die Pflanze daher eine feinkörnige Rindenmischung oder Sphagnum-Moos. Im Sommer ist eine mittlere Schattierung angebracht.
Foto: nat. Größe

Odontoglossum uro-skinneri
○ kühl ❀ Winter/Frühjahr
Links: Diese sehr schöne Art stammt aus Guatemala und Mexiko und ähnelt in vielerlei Hinsicht *Odontoglossum bictoniense.* Die 5 cm großen Blüten werden im Winter oder Frühjahr gebildet. Sie haben eine volle, runde Form. Petalen und Sepalen sind grünlich-braun, die große Lippe dunkelrosafarben. Die Pseudobulben und das Blattwerk sind fleischig. Man muß daher mit dem Gießen sehr vorsichtig sein. Auf den neuen Trieben darf nie Wasser stehen, da sie sonst zu faulen beginnen. Man bietet den Pflanzen eine mittlere bis starke Schattierung und ein Rindensubstrat mittlerer Körnung.
Foto: 3× nat. Größe

Odontoglossum-Hybriden

Odontioda
Dalmar 'Lyoth Bachus'
○ kühl ❀ zu verschiedenen Zeiten
Rechts: Wenn man die intensiv gefärbten Odontiodas mit den großen, wohlgeformten *Odontoglossum*-Hybriden kreuzt, ergeben sich herrliche Blütenfarben und -formen, wofür der hier gezeigte prächtigste aller Klone als hervorragendes Beispiel gelten kann: *Odontioda* Dalmar 'Lyoth Bachus' (FCC/RHS). Diese Hybride hat wunderschöne, 10 cm große, tiefrote Blüten mit blaßlila Rand. Die Lippe ist blaßlila-dunkelrot gezeichnet. Als Elternpflanzen dienten *Odontioda margia* und *Odontoglossum crispum*. Die Hybride sollte kühl gehalten werden.
Foto: nat. Größe

Odontioda
Trixon
○ kühl ❀ zu verschiedenen Zeiten
Unten: Leuchtendrote Odontiodas erhielt man aus Kreuzungen mit der kleinwüchsigen, lebhaft scharlachrot gefärbten *Cochlioda noezliana*, einer kühl wachsenden Art aus Kolumbien und Peru. Die ersten Kreuzungen erbrachten nur kleine Blüten; aber durch ständige Selektionen konnte man Größe und Qualität der Blüten erheblich steigern, was man gut an *Odontioda* Trixon mit ihren 9 cm großen Blüten sehen kann. *Odontioda* Trixon ist eine Kreuzung aus *Odontioda* Lautrix und *Odontioda* Saxon. Beide Elternpflanzen sind von *Cochlioda noezliana* beeinflußt. Trixon kann daher meist mehr Wärme vertragen als Odontoglossum – obwohl sie natürlich bei kühleren Bedingungen besser wächst.
Foto: ½ nat. Größe

Odontocidium
Tigersun 'Nutmeg'
○ ◑ kühl/mittelwarm ❀ zu verschiedenen Zeiten
Rechts: Die *Oncidium*-Zucht machte in den letzten Jahren Fortschritte; es sind immer mehr Hybriden verfügbar. Abgesehen davon, daß unterschiedliche Blütenarten und -farben geschaffen werden, sind die meisten Odontocidien und Wilsonaras gegenüber extremen Bedingungen toleranter als reine Odontoglossums. *Odontocidium* Tigersun ist eine Kreuzung aus *Oncidium tigrinum* (einer beliebten, duftenden mexikanischen Art) und *Odontoglossum* Sunmar. Die Pflanze trägt ca. 9 cm große, sehr stabile Blüten, die leuchtend gelb mit weißen und braunen Flecken gezeichnet sind. Diese Hybride gedeiht in kühler oder mittelwarmer Umgebung bei Minimaltemperaturen im Winter von etwa 12,7 – 14,5° C.
Foto: ⅓ nat. Größe

Vuylstekeara
Cambria 'Plush'
◑● mittelwarm/warm ❀ zu verschiedenen Zeiten
Oben: Hin und wieder kann man auch klassische Hybriden antreffen. *Vuylstekeara* Cambria 'Plush' ist eine davon. Obwohl die erste Kreuzung schon 1931 erfolgte, bekam die Abart 'Plush' erst 1967 ein Zertifikat erster Klasse von der Royal Horticultural Society. 1973 erhielt sie dann ein Zertifikat erster Klasse von der American Orchid Society. Vuylstekearas entstehen durch Einkreuzen von *Miltonia* in eine *Odontioda*-Zucht. Sie sind durch große miltoniaartige Lippen gekennzeichnet sowie durch leuchtende Farben. Cambria 'Plush' hat 9 cm große, purpurrote Blüten mit einer großen rot und weiß gefärbten Lippe. Die gute Anpassungsfähigkeit an verschiedenartige Kulturbedingungen machten Cambria weltberühmt, da sie gut unter kühlen, mittelwarmen und warmen Bedingungen gedeiht.
Foto: ½ nat. Größe

Odontoglossum
Gold Cup 'Lemon Drop'
○ kühl ❀ zu verschiedenen Zeiten
Oben: Diese Kreuzung aus *Odontoglossum* Chamois Snowcrest und *Odontoglossum* Croworough Sunrise ist ein gutes Beispiel einer Zucht gelber *Odontoglossum*-Hybriden. Die ca. 6 cm großen Blüten sind leuchtend kanariengelb mit einigen goldbraunen Markierungen an der Lippe. Die Staubbeutelkappe ist lila gefärbt. Die als Elternpflanze bewährte Hybride liebt kühle Temperaturen und reichlich Schatten im Sommer.
Foto: 1⅓ nat. Größe

Odontoglossum
Stropheon
○ kühl ❀ zu verschiedenen Zeiten
Rechts: Eine sehr erfolgreiche Hybride (*Odontoglossum* Opheon × *Odontoglossum* Robert Strauss), die zwei Zertifikate erster Klasse und zwei Auszeichnungen von der Royal Horticultural Society erhalten hat sowie zahlreiche US-Auszeichnungen. Ihre ca. 10 cm großen Blüten sind sehr stabil und weiß-purpurrötlich gezeichnet. Der Lippenschlund ist goldgelb. Bedingt durch ihre Abstammung von kühl wachsenden kolumbianischen Arten wie *Odontoglossum crispum*, *pescatorei* und *harryanum* verlangt diese Hybride gleiche Pflegebedingungen wie *Odontoglossum crispum*.
Foto: ½ nat. Größe

Wilsonara
Widecombe Fair
○ ◑ kühl/mittelwarm ❀ zu verschiedenen Zeiten
Oben: Diese Hybride, eine Kreuzung aus der kleinwüchsigen, aber vielblütigen *Oncidium incurvum* und *Odontioda* Florence Stirling, trägt an langen Blütenstengeln viele ca. 5 cm große weiße Blüten, die deutlich rosa markiert sind. Sie eignet sich gut für eine gemischte Sammlung und verträgt Temperaturschwankungen, kühle oder mittelwarme Bedingungen.
Foto: ½ nat. Größe

Paphiopedilum

Heute kennt man 60 bis 70 Arten der Gattung *Paphiopedilum*. Der Grund, warum man sich bei der Zahlenangabe nicht so sicher ist, liegt darin, daß die Systematiker sich nicht ganz darüber einig sind, welche davon wirkliche Arten und welche nur Abarten darstellen.

Paphiopedilum gehört zur Familie Cypripedilinae; die Gattung wurde viele Jahre lang von den meisten Gärtnern als *Cypripedium* bezeichnet. In den letzten Jahren haben die Botaniker sie als *Paphiopedilum* klassifiziert, um sie von den echten *Cypripedium*-Arten zu unterscheiden, die man in vielen Teilen der nördlichen Hemisphäre findet. Der Populärname der Paphiopedilen lautet in Deutschland „Frauenschuh" oder „Venusschuh". Ihren Namen verdankt die Art der Schuhform ihrer Lippe (paphia = Beiname der Venus, pedilon = Schuh).

Diese faszinierenden Orchideen sind zumeist Erdorchideen; nur wenige, seltene Arten leben epiphytisch. Man findet sie in gemäßigten und tropischen Klimazonen. Im Fernen Osten kommen sie in einem Bereich vor, der vom Himalaya, Südostasien und Indonesien bis nach Borneo und Neuguinea reicht. Einige Arten wachsen auch auf den Philippinen. Der südlichste Punkt ihres Vorkommens ist die Insel Bougainville. Die meisten dieser Pflanzen wachsen wohl in Burma und Thailand. In Amerika, Afrika und Australien findet man keine Paphiopedilen.

1869 wurde in England die erste Hybride von *Paphiopedilum* (bzw. *Cypripedium*, wie man sie damals nannte) gezüchtet. Sie entstand aus einer wohlüberlegten Kreuzung von *Paphiopedilum villosum* und *Paphiopedilum barbatum*. Kurz darauf, im Jahre 1870, blühte auch die erste Hybride aus einer Kreuzung von *Paphiopedilum fairieanum* mit *Paphiopedilum barbatum: Paphiopedilum* Vexillarium. Bis zum Jahre 1871 züchtete man noch einige weitere *Paphiopedilum*-Hybriden, und das Interesse an den Paphiopedilen nahm immer mehr zu.

Die ersten Liebhaber erkannten bereits, daß sich diese exotischen Orchideen leicht kultivieren lassen, wenn man ihnen in einem Warmhaus ähnliche Bedingungen bietet, wie sie in ihren heimatlichen Lebensräumen herrschen. Aus diesem Grund wurden sie bei reichen Sammlern sehr beliebt, die die Mittel hatten, solche Bedingungen zu bieten, und die auch die vielen in den großen Gewächshäusern beschäftigten Gärtner bezahlen konnten. Viele der frühen Hybriden wurden um die Jahrhundertwende im Bereich englischer Schlösser gezüchtet, und viele Gärtner und Orchideenzüchter dieser Zeit sind bis auf den heutigen Tag bekannt. Sie haben sich durch ihre Bücher so verdient gemacht, daß sie in die Geschichte der Orchideenkultur eingegangen sind. Ihre Namen leben in vielen Pflanzen weiter, und manchmal werden uns auch Geschichten überliefert, die von ihrem Ruhm und ihrem Schicksal erzählen. Aufgrund der Arbeit dieser frühen Züchter erfreuten sich *Paphiopedilum*-Orchideen einer ständig steigenden Beliebtheit. Keine Sammlung war komplett, wenn sie nicht viele *Paphiopedilum*-Arten und -Hybriden vorzuweisen hatte. Das „Orchid Stud Book", Auflage 1909, bemerkt: „... Die Hybriden der *Cypripedium*-Gruppe sind zahlenmäßig größer als die anderer Arten, was weitgehend an der Leichtigkeit liegt, mit der man die Sämlinge aufziehen kann." Obwohl man berücksichtigen muß, daß „Leichtigkeit" damals etwas anderes bedeutete als heute, kann man doch sagen, daß die Pflege dieser Gattung lohnendere Ergebnisse brachte als die meisten anderen Gattungen. Mit einigen dieser *Paphiopedilum*-Arten und -Hybriden (von denen inzwischen viele berühmte Namen tragen) ließen sich glänzende Geschäfte machen. Viele wechselten für hohe Geldsummen, die selbst heute in Zeiten einer blühenden Inflation erstaunlich hoch anmuten, den Besitzer!

Paphiopedilum in Kultur

Je nach den klimatischen Verhältnissen bieten sich unterschiedliche Methoden der *Paphiopedilum*-Kultur an. In manchen Ländern braucht man gar kein Gewächshaus zu bauen, da die im Freien

Rechts: Dem Liebhaber bietet sich eine enorme Auswahl verschiedener *Paphiopedilum*-Arten an. Die herrlichen Farben, Formen und Größen der äußerst dauerhaften Blüten sind zu jeder Jahreszeit ein Schmuck für die Wohnung oder das Gewächshaus.

herrschenden Bedingungen den natürlichen Bedürfnissen dieser Pflanze entsprechen. Manchmal braucht man nur ein mit Stoff bespanntes Dach, um die Orchideen vor den vollen Strahlen der Sonne zu schützen. In gemäßigten Zonen ist ein beheiztes Gewächshaus natürlich unbedingt erforderlich, obwohl heutzutage auch schon einige Leute großen Erfolg mit der Paphiopedilumpflege in der Wohnung haben. Für eine solche Haltung ist natürlich die Einhaltung der erforderlichen Feuchtigkeit das Hauptproblem. Befeuchtungsapparate oder Vernebler wirken hier der Austrocknung der Luft durch die Zentralheizung entgegen und gewährleisten ein gutes Wachstum der Pflanzen.

Feuchtigkeit und Temperatur

Für den Liebhaber, der ein Gewächshaus sein eigen nennt, bereitet es keine Schwierigkeiten, die notwendige Feuchtigkeit von 60 – 70% durch allmorgendliches Versprühen von Wasser zu erzeugen.
Die Temperaturen in einem Gewächshaus für Paphiopedilen sollten im mittleren Bereich gehalten werden, tagsüber zwischen 18,5 – 20° C und nachts zwischen 12,5 – 14,5° C. Obwohl dies der optimale Temperaturbereich für die Pflege von *Paphiopedilum* ist, kann man diese Orchideengattung auch bei niedrigeren Temperaturen halten, so z. B. bei einer Mindestnachttemperatur von 10° C und einer Tagestemperatur, die allein durch die Sonneneinstrahlung erzeugt wird. Man sollte aber auf jeden Fall im Sommer Temperaturen über 30° C nicht über längere Zeit zulassen, da die Pflanzen sonst Schaden erleiden könnten, vor allem wenn die Luftfeuchtigkeit gleichzeitig abfällt.

Licht und Belüftung

Paphiopedilen stellen nur geringe Ansprüche bezüglich der Lichtintensität – ein weiterer Grund dafür, daß sie in der nördlichen Hemisphäre so beliebt sind. In ihrer Heimat wachsen sie am Boden des Urwaldes, unter dem Schatten der im unteren Bereich wachsenden Pflanzen. Um diese Verhältnisse nachzuahmen, braucht man diffuses Licht. Dies kann man entweder durch eine Stoffbespannung oder einen grünen Anstrich auf dem Glas erreichen, kombiniert mit der Verwendung hölzerner Lattenjalousien, wenn die Sonne sehr stark scheint. Wenn man Paphiopedilen in der Wohnung zieht, sollte man sie nicht auf eine Fensterbank stellen, auf der sie starker Sonnenbestrahlung ausgesetzt sind.
In warmen, feuchten Bedingungen werden Paphiopedilen bestimmt gedeihen. Vorsicht aber, daß stets eine gute Luftzirkulation herrscht. Rückstände von Wasser in der Umgebung und auf der Pflanze selbst können Pilzinfektionen hervorrufen, in deren Gefolge Knospen und Blüten abfallen und schließlich Blattfäule auftreten kann. Eine gute Belüftung ist

daher unbedingt erforderlich. An warmen Sommertagen macht dies keine Schwierigkeiten, da man die Türen und Dachluken weit offen lassen kann. Im Winter muß man dann Ventilatoren einsetzen, die die Luft umwälzen, um eine ungesunde, flaue Atmosphäre zu vermeiden.

Substrate und Eintopfen

Früher wurden Paphiopedilen in einem Substrat auf Basis von Osmundafasern mit vielerlei Beimengungen wie Torf, Sphagnum-Moos, kleingehackten Eichenblättern und grobem Sand gehalten. Aufgrund der weltweiten Knappheit an Osmundafasern mußte man aber bald einen Ersatz finden, der als Basis für die Mischung dienen konnte. Nachdem man eine Reihe torf- und rindenhaltiger Substrate ausprobiert hatte, verwenden nun die meisten Gärtner verschiedene Mischungen von Tannenrinde unterschiedlicher Feinheitsgrade – je nach Größe des Sämlings oder der Pflanze (fein gemahlene Rinde für Sämlinge, grob gemahlene für ausgewachsene Pflanzen), mit Zusätzen von Holzkohle, Moos und einem Kunststoffgranulat (Polystyrol).
Die Zusammensetzung dieses Substrates können Sie natürlich nach eigenem Ermessen und Ihren besonderen Pflegebedingungen festlegen. Die Hauptanforderung, die man an ein gutes Substrat stellen sollte, ist eine gute Wasserdurchlässigkeit, wobei allerdings eine bestimmte Menge an Feuchtigkeit gespeichert werden sollte.
Ausgewachsene Pflanzen sollte man jedes Jahr nach dem Abblühen umtopfen. Auch junge Pflanzen (besonders kleine Sämlinge) gedeihen gut, wenn man sie regelmäßig in größere Behälter umtopft.
Beim Umtopfen müssen Sie immer darauf achten, daß das gesamte alte Substrat und die toten Wurzeln entfernt werden. Falls nötig, stäuben Sie die Wurzeln mit einem Fungizid ein, z. B. Orthocit.
Nach dem Umtopfen wässern Sie gründlich, damit sich das neue Material gut setzen kann. Danach setzen Sie eine Woche oder zehn Tage mit dem Gießen aus. Anschließend bewässern Sie nur noch sporadisch, damit die Wurzeln auf ihrer Suche nach Feuchtigkeit neue Spitzen bilden. An heißen Tagen sollte man die Blätter leicht mit Wasser besprühen, damit ein Austrocknen verhindert wird.

Vegetative Vermehrung

Beim Umtopfen kann man auch gleich zu groß gewordene Pflanzen teilen. Bei den Paphiopedilen ist die Teilung etwas schwieriger als bei anderen Orchideen: Das Wurzelwerk muß über die ganze Pflanze gut verteilt sein. Wenn wir die Pflanze in der Mitte teilen wollen, müssen alter und neuer Pflanzenteil gleichmäßig gut bewurzelt sein. Wenn der Hauptteil der Wurzeln bei der älteren Hälfte verbleibt, hat der neue vordere Teil keine Lebensgrundlage mehr und stirbt ab.
Legen Sie vorsichtig Daumen und Zeigefinger um und zwischen den Pflanzenteil bzw. die Teile, die Sie abtrennen wollen, und spreizen Sie die beiden Abschnitte der Pflanze auseinander, wobei Sie sich versichern, daß möglichst viele Wurzeln an beiden Abschnitten verbleiben. Auch hier ist es wieder nützlich, die Schnittwunde leicht mit einem Fungizid einzustäuben.

Bewässerung und Düngung

Die Abstände, in denen bewässert werden muß, hängen in erster Linie von der Luftfeuchtigkeit und der Wärme im Gewächshaus, von der Art des Substrats und von der Art des Pflanzengefäßes ab. So braucht beispielsweise ein Tontopf mehr Wasser als einer aus Kunststoff. Im Durchschnitt sollte man die Pflanzen zweimal wöchentlich gießen und sie zusätzlich von oben besprühen oder einnebeln. Sie können beim Einnebeln immer gleichzeitig einen Blattdünger beimengen. Es ist immer gut, wenn Sie die Pflanzen zwischen den einzelnen Gießvorgängen austrocknen lassen – das Substrat darf aber niemals völlig austrocknen, da es dann praktisch kaum wieder regenerieren kann.
Beim Gießen ausgewachsener Pflanzen

Oben: Diese vier Bilder zeigen die Entwicklung einer *Paphiopedilum*-Züchtung über vier Generationen, aus der eine der schönsten weißen Hybriden erzielt wurde – „Miller's Daughters". Die drei dominierenden Elternpflanzen: *Paphiopedilum insigne, Paphiopedilum bellatulum* und *Paphiopedilum niveum,* wurden bereits Ende des letzten Jahrhunderts zu Kreuzungen herangezogen. Das kräftige Wachstum verdankt die Hybride der Elternpflanze *Paphiopedilum insigne,* einer kleinblütigen Art, während die volle Blütenform und das dominierende Weiß auf die beiden anderen Elternpflanzen zurückzuführen sind.
Paphiopedilum Astarte (ganz links) hat alle drei Arten im Stammbaum. Obwohl sie die weiße Farbe übernommen hat, ist sie kleinblütig (4,5 cm).
Die Kreuzung mit *Paphiopedilum* Actaeus (eine auf *insigne* zurückgehende Hybride) ergab das berühmte *Paphiopedilum* F. C. Puddle (FCC/RHS) (Mitte links). Diese Hybride vereinigt in sich ein kräftiges Wachstum und eine größere weiße Blüte auf einem längeren Blütenstengel. *Paphiopedilum* F. C. Puddle wurde dann mit *Paphiopedilum* Chardmoore 'Mrs. Cowburn' (FCC/RHS), die ebenfalls auf *insigne* zurückgeht, gekreuzt. Es entstand die Dusty-Miller-Linie, von der wir hier *Paphiopedilum* Dusty Miller 'Altitude' abbilden (Mitte rechts). Bei dieser Linie zeigt sich deutlich der Einfluß von *bellatulum* und *niveum* in den großen, gerundeten weißen, leicht rosa getüpfelten Blüten. Der Einfluß dieser Arten erreicht den Höhepunkt schließlich in den prächtigen „Miller's Daughters", einer Kreuzung aus *Paphiopedilum* Dusty Miller 'Mary' (AM/RHS & GMM) und der gelbblühenden *Paphiopedilum* Chantal 'Aloha'. *Paphiopedilum* Miller's Daughter 'Delilah' (rechts), eine herrliche Kreuzung mit rosafarbenem Schuh und voller, rosa getüpfelter, ca. 12 cm großer Blüte.
Foto: nat. Größe

sollte man – vor allem im Winter – darauf achten, daß kein Wasser auf den Trieben liegenbleibt, da Knospen und Blüten sonst Schaden leiden könnten.
Ein Substrat auf Rindengrundlage braucht im Sommer regelmäßig einen Flüssigkeitsdünger; im Winter ist der Nährstoffbedarf geringer. Den Abstand zwischen den einzelnen Düngemittelgaben verkürzt man (wobei man die empfohlene Dosis für Topfpflanzen einhält), wenn die Tage länger werden; geht es aber dem Winter zu, verlängert man diese Abstände, denn durch das geringere Tageslicht haben die Pflanzen zunehmend Schwierigkeiten, die Photosynthese durchzuführen und können nicht mehr so viel Nährstoffe aufnehmen. Während man im Sommer alle zehn Tage Flüssigdünger in das Substrat einbringt, düngt man im Winter nur einmal monatlich. Zwischen den Düngergaben wäscht man das Substrat einmal durch, um eventuelle Nährsalzablagerungen hinauszuspülen.

Schädlinge und Krankheiten

Paphiopedilen werden selten von Schädlingen befallen. Die im Gewächshaus notwendigerweise herrschende hohe Feuchtigkeit schreckt die meisten Schadinsekten, wie z. B. die Rote Spinnmilbe und die Weiße Fliege, ab. Wenn man Paphiopedilen dagegen gemeinsam mit anderen Arten im gleichen Haus hält, sind sie anfälliger. So können verschiedene Schildläuse zu einem Problem werden, das man aber gut durch Anwendung eines systemischen, dimethoathaltigen Insektizids unter Kontrolle bringen kann. Moosfliegen, deren Larven das Substrat anfressen, Grüne Fliegen und andere Schädlinge weichen dem gleichen Bekämpfungsmittel.
Glücklicherweise vertragen die Paphiopedilen die meisten Insektizide. Trotzdem sollte man Insektizide und Fungizide vorsichtig anwenden. Gleichgültigkeit bei der Dosierung der Chemikalien hat schon mehr als einmal in der Geschichte des Orchideenanbaus verheerende Folgen gehabt. Ein Räuchergerät für Chemikalien mit breitem Anwendungsbereich, mit dem man viele Insekten gleichzeitig bekämpfen kann, läßt eine vorsichtige Dosierung am ehesten zu.
Auch Schnecken (einschließlich der winzigen Exemplare, die aus dem Sphagnum-Moos schlüpfen, wenn man es in die Wärme des Gewächshauses bringt) können viel Schaden anrichten. Es wird daher notwendig sein, jeden Monat einmal dem Gießwasser ein flüssiges Schneckenvernichtungsmittel beizugeben oder Schneckenkorn auszulegen.
In den Spätherbst- und Wintermonaten muß auf Mäuse geachtet werden. Sobald die Außentemperaturen sinken, versuchen die Mäuse, in die Wärme des Gewächshauses zu kommen. Wenn sie erst einmal drin sind, werden sie alle jungen Triebe und Blüten beschädigen. Sie fressen gern junge Pollen und verschmähen auch Samenkapseln nicht. Verlieren Sie also keine Zeit und stellen Sie bei dem geringsten Verdacht auf solche Besucher Mausefallen auf.
Krankheiten sind bei Paphiopedilen nicht oft anzutreffen. Auch hier gilt wieder: Vorbeugen ist besser als heilen! Wenn Sie ein peinlich sauberes Gewächshaus anstreben und dies auch erreicht haben, wird eine krankheitsfördernde Atmosphäre sich gar nicht erst entwickeln. Natürlich müssen Sie darauf achten, daß kein Kontakt mit infizierten Pflanzen von außerhalb stattfinden kann.
Die Knospenfäule kommt verhältnismäßig häufig vor, aber auch sie kann durch den Einsatz von Luftumwälzventilatoren und sorgfältiges Bewässern auf ein Minimum beschränkt werden. Man muß vor allem beim Gießen darauf achten, daß kein Wasser in den Blattachseln, aus denen die Knospe hervortritt, stehenbleibt. Wenn sich im schlimmsten Falle die Knospenfäule zu einer Blattfäule entwickeln sollte, muß man das befallene Blatt entfernen oder – im Falle eines nur kleinen Flecks – die befallene Stelle herausschneiden und anschließend mit Orthocit einpudern. Mit dieser Maßnahme kann man meistens dieser Krankheit Herr werden.
Eine andere gefährliche Krankheit ist die Wurzelfäule. Sie sollte aber eigentlich nicht auftreten, wenn das Wasser gut ablaufen kann und man die richtige Bewässerungstechnik anwendet. Sollte sich dennoch Wurzelfäule zeigen, muß man die Pflanze sofort aus dem Topf nehmen und alles Substrat und die befallenen Wurzeln entfernen. Auch in diesem Fall ist ein Bestäuben mit Orthocit von Nutzen. Anschließend setzt man die Pflanze mit neuem Substrat in einen neuen Topf, gibt reichlich Wasser und läßt sie dann eine Woche oder zehn Tage lang ohne Wasser. Dann gießt man nur sporadisch wie bei neu eingetopften Pflanzen.

Arten und Hybriden

Die nachfolgend aufgeführten Arten und Hybriden umfassen keinesfalls alle bekannten Pflanzen. Es werden nur einige der beliebtesten und vielleicht verbreitetsten dieser Orchideen beschrieben. Die meisten eignen sich für die Haltung in einem temperierten Haus, einige kann man auch unter kühlen Bedingungen pflegen, eine oder zwei verlangen mehr Wärme und direktes Licht.
Die Fotos vermitteln einen Eindruck von den vielfältigen Blütenfarben und -formen, die Hybridenzüchter über die Jahre hinweg erzielt haben. Viele davon wurden von der Royal Horticultural Society ausgezeichnet, und einige erhielten die George Moore Medaille (GMM), die von der RHS jedes Jahr für die beste *Paphiopedilum*-Züchtung verliehen wird.
Die Auswahl der Pflanzen für Ihre eigene Sammlung können Sie nur persönlich treffen. Kein Fachmann kann Ihnen raten, welche Farben Sie wählen und wieviel Sie bezahlen sollten. Hören Sie sich deshalb alle Ratschläge, die man Ihnen erteilt, gut an. Die letzte Entscheidung aber müssen Sie ganz allein treffen!

Paphiopedilum-Arten

Paphiopedilum appletonianum
◑ mittelwarm ❀ Frühjahr
Links: Diese Art hat 10 cm große, grünlichbraune Blüten. Die beiden Petalen sind an der Spitze leicht lila gefärbt. Sie kommt vom Himalaya und aus Thailand und blüht im Frühjahr.
Foto: ⅓ nat. Größe

Paphiopedilum barbatum
◑ mittelwarm ❀ Frühjahr-Herbst
Rechts: *Paphiopedilum barbatum* stammt aus Thailand und Malaysia. Die 10 cm großen Einzelblüten werden von einem 25 cm langen Stengel getragen und sind dunkelrotbraun und grün gefärbt. Die Dorsalsepale ist zur Spitze hin weiß unterlegt, die Streifung ist heller rot. Die Petalen sind haarig ausgefranst (*barbatum*).
Foto: ½ nat. Größe

Paphiopedilum bellatulum
◑● mittelwarm/warm ❀ Frühjahr
Unten: Eine der schönsten *Paphiopedilum*-Arten, aus Burma und Thailand stammend, mit breiten, fleischigen, dunkelgrünen Blättern, die deutlich hellgrün marmoriert und geadert sind. Da der Blütenstengel ziemlich kurz ist, schmiegt sich die ca. 6 cm große Blüte oft an das Blattwerk an. Die Blüte ist weiß oder elfenbeinfarben und mehr oder weniger kastanienbraun oder dunkelviolett gefleckt.
Foto: 2× nat. Größe

Paphiopedilum callosum
◑ mittelwarm ❀ Frühjahr/Sommer
Links: Diese kräftig wachsende Art bringt 4 – 5 lange, deutlich marmorierte Blätter hervor. Die dauerhafte Blüte sitzt an einem bis zu 38 cm langen Blütenstengel. Die Pflanze ist daher im Schnittblumenhandel sehr beliebt. Die ca. 10 cm großen Blüten sind grün, purpurn und weiß gefärbt. Die Dorsalsepale ist im oberen Teil weiß mit purpurfarbenen Streifen, im unteren grünlich-weiß gestreift. Die Petalen tragen 4 – 5 dunkelviolette Schwielen an der Oberkante (*callosum*).
Foto: 1⅓ nat. Größe

Paphiopedilum chamberlainium
◑ mittelwarm ❀ das ganze Jahr
Unten: Die langen Blätter dieser Art sind auf der Oberseite hellgrün, auf der Unterseite burgunderrot. An dem 46 cm langen Stengel sitzen mitunter gleichzeitig bis zu 8 Blüten. Die 5 cm großen Blüten besitzen einen lilafarbenen Schuh und cremefarbene Petalen und Sepalen, die grün und braun gezeichnet sind. Die feingefransten Petalen sind attraktiv gedreht.
Foto: nat. Größe

Paphiopedilum charlesworthii
◑ mittelwarm ❀ Herbst
Links: Diese indische Art hat einfarbig grüne Blätter. Die Einzelblüte sitzt auf einem 15 cm langen Stengel. Die ca. 6 cm großen Blüten öffnen sich im Herbst, sind recht zierlich und dauerhaft. Schuh und Petalen sind rötlichbraun, die Dorsalsepale fächerartig weißrosa gezeichnet.
Foto: ½ nat. Größe

Paphiopedilum ciliolare
◑ mittelwarm ❀ Frühjahr/Sommer
Unten: Die von den Philippinen stammende Art hat sehr kräftige, etwa 15 cm lange und 5 cm breite Blätter und eine bis zu 7,5 cm groß werdende Einzelblüte. Die Petalen sind grünlichrosa mit schwarzen Punkten – einige sind sogar behaart. Der Schuh ist grünlichbraun, die Dorsalsepale blaßrosa mit dunkelgrünen Streifen gefärbt. Die Blüten öffnen sich im Frühjahr und Frühsommer.
Foto: ⅔ nat. Größe

Paphiopedilum curtisii
◑ mittelwarm ✿ Frühjahr/Sommer
Rechts: Die aus Sumatra stammende Art hat meist nur vier Blätter und eine einzige, auf einem 20 cm langen Stengel stehende Blüte, die sich im Frühjahr bzw. Sommer öffnet. Die 11,5 cm groß werdende Blüte ist rosa-purpurrot-weiß gestreift, mit kleinen dunkelpurpurroten Punkten auf den Petalen.
Foto: 2½× nat. Größe

Paphiopedilum dayanum
◑ mittelwarm ✿ Frühjahr
Unten: Die Blätter dieser Art variieren farblich von hell- bis dunkelgrün und sind manchmal marmoriert. Die bräunlich-purpurfarbige Einzelblüte mißt ca. 10 – 13 cm und wird im Frühjahr auf einem 30 cm langen Stengel gebildet. Die Petalen sind mit kleinen purpurfarbigen Warzen und Haaren besetzt. Eine aus Borneo stammende Art.
Foto: ⅓ nat. Größe

Paphiopedilum delenatii
◑ mittelwarm ✿ Sommer
Unten: Die aus Vietnam stammende Art hat tief dunkelgrüne, stark marmorierte Blätter. Die im Sommer aufgehenden Blüten stehen auf einem 20 cm langen Stengel, messen ca. 7,5 cm und sind weißrosa gefärbt. Dies ist eine der wenigen Paphiopedilen, die duftet.
Foto: ⅓ nat. Größe

Paphiopedilum glaucophyllum
◑ mittelwarm ❀ Frühjahr
Rechts: *Paphiopedilum glaucophyllum* stammt aus Java, hat lange, bläulichgrüne Blätter und einen bis zu 46 cm langen Stengel, der nacheinander im Frühjahr Blüten hervorbringt. Die Blüten können bis zu 7,5 cm groß werden. Dorsalsepalen und Petalen sind hellgrün bis dunkelgrün mit bräunlichen Markierungen. Der Schuh ist lila oder weinrosa gefärbt.
Foto: ¾ nat. Größe

Paphiopedilum hirsutissimum
◑ mittelwarm ❀ Frühjahr
Unten: Die Einzelblüten dieser aus dem Himalaya stammenden Art sind 10 – 12 cm groß und sitzen an einem ca. 20 cm langen Stiel. Die Grundfarbe ist grünlich-braun. Die Zeichnung reicht von einer braunvioletten Punktierung in der Mitte der Blüte bis zu einem hellen Violett an den Spitzen der Petalen. Der Schuh ist bräunlich-purpurrot. Petalen und Sepalen sind am Rand behaart (*hirsutissimum*).
Foto: nat. Größe

Paphiopedilum insigne
◑ mittelwarm ❀ Herbst/Frühjahr
Rechts: Diese Art aus dem Himalaya läßt sich sehr leicht pflegen. An dem Blütenstengel sitzen eine, manchmal zwei ca. 4,5 cm große Blüten. Sie variieren farblich von einem reinen Grünlichgelb bis zu einem Bräunlichgelb mit purpurroten Punkten und Streifen auf den Petalen und auf der Dorsalsepale.
Foto: ¾ nat. Größe

Paphiopedilum lowii
◑ mittelwarm ❀ Frühjahr/Sommer
Rechts: Diese Art ähnelt *Paphiopedilum haynaldianum.* Sie bringt drei bis fünf bis zu 15 cm große, von einem sehr langen Stengel getragene Blüten hervor, die eine gelbgrüne Grundfarbe haben und dunkelpurpurrot gefleckt sind. Die Spitzen der Petalen sind lilafarben. Die aus Sarawak stammende Pflanze ist eine der wenigen epiphytisch wachsenden Paphiopedilen.
Foto: ¾ nat. Größe

Paphiopedilum parishii
◑ mittelwarm ❀ Frühjahr/Herbst
Unten: Diese sehr auffällige Art kommt aus Burma und Thailand. Sie wächst oft epiphytisch. Die langen, schmalen Blätter sind glatt und glänzend hellgrün. An dem aufrechten, bis zu 60 cm langen Blütenstengel sitzen vier bis sieben, jeweils etwa 7,5 cm große Blüten. Die purpurbräunlichen Petalen sind sehr lang, hängend und stark gedreht. Nach der Mitte der Blüte hin geht die purpurbraune Färbung in Fleckung über. Der Schuh ist grünlichbraun, die Dorsalsepale grünlichgelb.
Foto: ⅓ nat. Größe

Paphiopedilum purpuratum
◑ mittelwarm ❀ Sommer/Herbst
Unten: Diese aus Hongkong stammende Art hat blaß- und dunkelgrüne marmorierte Blätter und sehr aparte, ca. 7,5 cm große Blüten. Die Grundfarbe der Blüten ist purpur-karminrot. Die nach hinten gebogene Dorsalsepale ist weiß mit purpurroten Streifen.
Foto: ½ nat. Größe

Paphiopedilum rothschildianum
◑ mittelwarm ❀ Sommer
Oben: Diese in Neuguinea beheimatete Art ist eine der auffälligsten Paphiopedilen. Ursprünglich hatte man sie einmal als *Paphiopedilum new-guineaense* klassifiziert. Die geraden, lederartigen Blätter sind glänzend hellgrün und werden bis zu 60 cm lang. Der lange Blütenstengel trägt bis zu fünf Blüten, die bis zu 29 cm groß werden. Petalen und Sepalen erinnern in ihrer Zeichnung an Kartoffelkäfer. Die Grundfarbe variiert meist von Zimtgelb bis Grünlichbraun mit dunkelbraunen Streifen. Die Petalen sind lang und spitz ausgezogen. Der Schuh ist lila-braungefärbt.
Foto: ⅕ nat. Größe

Paphiopedilum spicerianum
◑ mittelwarm ❀ Herbst/Winter
Oben: *Paphiopedilum spicerianum* stammt aus Assam. Die Pflanze hat breite, gewellte Blätter, die oben dunkelgrün und unten purpurfarbig gefleckt sind. Im Herbst und Winter trägt der 30 cm lange Stengel eine bis zwei ca. 7,5 cm große Blüten. Die Dorsalsepale ist nach hinten gebogen, im oberen Teil weißrosa, im unteren olivgrün gefärbt. Die gewellten Petalen sind gelbgrün und violett angehaucht.
Foto: 1⅓ nat. Größe

Paphiopedilum venustum
◑ mittelwarm ❀ Frühjahr
Links: Die Blätter dieser Art sind intensiv grün und grau marmoriert. An dem 15 – 23 cm langen Stengel sitzen eine bis zwei ca. 7,5 cm große Blüten. Petalen und Lippe sind gelbgrün grundiert und mit Rosarot übergossen. Die Petalen sind leicht behaart und dunkelbraun gepunktet. Die Dorsalsepale ist weiß-grün gestreift.
Foto: ½ nat. Größe

Paphiopedilum-Hybriden

Paphiopedilum
Cameo 'Wyld Court' (AM/RHS)
◑ mittelwarm ❀ Winter
Rechts: Diese berühmte „alte" Hybride wird auch heute noch aufgrund ihrer stark gefleckten Blüten, des langen Blütenstengels und der kräftigen Sämlinge zur Hybridzüchtung herangezogen. Die Blüten sind ca. 11 – 13 cm groß. Petalen und Lippe sind rotbraun gefärbt, mit gelbem Rand. Die weiße Dorsalsepale ist kräftig rot gefleckt.
Foto: nat. Größe

Paphiopedilum
Chipmunk 'Vermont' (AM/RHS)
◑ mittelwarm ❀ Winter
Unten: Dieses Bild zeigt deutlich, daß *Paphiopedilum* Chipmunk 'Vermont' (AM/RHS) (Mitte) von beiden Elternpflanzen die braunen Markierungen, von *Paphiopedilum* Dalle (links) die flache, runde Form der Blüte, von *Paphiopedilum* Gitana 'Nobilor' (rechts) den längeren Blütenstengel und die größere Blüte übernommen hat. Die ca. 11 cm großen Einzelblüten sind sattgrün gefärbt und apart schokoladenbraun gezeichnet.
Foto: ½ nat. Größe

Paphiopedilum
Danella 'Chilton' (AM/RHS)
◑ mittelwarm ❀ Winter
Unten: Diese Pflanze zeigt neugezüchtete Farben. Sie liegt auf dem Wege zum gesuchten reinen Orange. Diese hübsche Hybride zeichnet sich ferner durch kräftiges Wachstum und leichte Pflege aus. Auf langen Blütenstengeln sitzt jeweils eine herrlich abgerundete weiß, braun, grün, orange gefärbte Blüte.
Foto: ½ nat. Größe

Paphiopedilum
Honey Gorse 'Sunshine' (AM/RHS)
◑ mittelwarm ❀ Winter
Links: Die erste Pflanze, in der sich die Eigenschaften der grünen und gelben Paphiopedilen vereinigen. Die ca. 10 cm großen Blüten sind dunkelgelbgrün. Noch intensiver gelbgrün gefärbte Hybriden werden augenblicklich entwickelt. Diese Hybride hier ist sehr stabil und haltbar – eine Eigenschaft, die die grünfarbige Gruppe meist nicht aufweist.
Foto: 1½ nat. Größe

Paphiopedilum
Miller's Daughter 'Snow Maiden'
◑ mittelwarm ❀ Winter
Oben: Diese Linie verkörpert den größten Fortschritt auf dem Gebiet der Zucht weißblütiger Hybriden. Miller's Daughter-Hybriden sind unvergleichlich in der Perfektion der Blütengrößen, -formen und -haltbarkeit. Die ca. 13 cm großen Blüten dieser Kreuzung aus *Paphiopedilum* Dusty Miller 'Mary' (AM/RHS, GMM) × *Paphiopedilum* Chantal 'Aloha' sind reinweiß und leicht rosa-bräunlich gesprenkelt.
Foto: ⅓ nat. Größe

Paphiopedilum
Royale 'Downland' (AM/RHS & GMM)
◑ mittelwarm ❀ Winter
Rechts: Diese Hybride ist ein Sämling der berühmten *Paphiopedilum* Paeony 'Regency' (AM/RHS)-Hybrid-Generation. Die 15 cm großen Blüten sitzen auf langen Stengeln und zeigen eine interessante Farbkombination: hellrosa mit Gelbgrün übergossen.
Foto: ¾ nat. Größe

Paphiopedilum
Royalet 'Valentine'
◑ mittelwarm ❀ Winter
Oben: Dies ist ein Beispiel dafür, wie eine Hybride (*Paphiopedilum* Paeony 'Regency' AM/RHS) die Blütenform und -festigkeit einer Elternpflanze (*Paphiopedilum barbatum*) in einer einzigen Generation verbessern kann. Die Blüten, die nicht größer werden als 10 cm, sind rosarot mit dunklerer Aderung.
Foto: ½ nat. Größe

Paphiopedilum
Small World 'Adventure'
◑ mittelwarm ❀ Winter
Rechts: Diese Hybride, die zu Ehren der vier Menschen benannt wurde, die in einem Heißluftballon den Atlantik überquerten, bewährte sich als eine der besten Elternpflanzen (die meisten Nachkommen tragen den Namen 'World' in ihrer Bezeichnung). Die 13 cm großen Blüten haben bernsteinfarbene Petalen und Lippen mit einem mahagonifarbenen Oberton. Die Dorsalsepale ist in der Mitte hellgrün mit dunkelbraunen Flecken, am Rand weiß.
Foto: ⅔ nat. Größe

Paphiopedilum
Silvaro 'Halo' (AM/AOS)
◑ mittelwarm ❀ Winter
Links: Eine in Amerika ausgezeichnete Pflanze, die zu einer kräftig wachsenden Hybridengruppe gehört und sich als produktive Elternpflanze bewährt hat. Die ca. 9 cm großen Blüten sind weiß und zur Mitte hin gelb markiert. Sie öffnen sich im Winter.
Foto: nat. Größe

Paphiopedilum
Vanda M. Pearman 'Downland' (AM/RHS)
◑ mittelwarm ❀ Winter
Oben: Diese Hybride hat man kürzlich aus *Paphiopedilum delenatii* und *Paphiopedilum bellatulum* gezüchtet. Sie vereinigt die gerundete Blütenform von *bellatulum* mit dem längeren Stengel und der zarten Färbung von *delenatii*. Die eindrucksvollen, ca. 7,5 cm großen Blüten öffnen sich im Winter. Sie sind weiß grundiert und mit feinen karminroten Punkten übersät. Der Schuh ist dichter gepunktet.
Foto: ⅔ nat. Größe

Paphiopedilum
Winston Churchill
◑ mittelwarm ❀ Winter
Links: Dies ist eine der berühmtesten modernen Paphiopedilen, die man meist als amerikanische Hybride ansieht, weil US-Züchter die Bestände in den vierziger Jahren aufkauften. Sie wurde jedoch in Großbritannien gezüchtet und hat sich als gute Zuchtpflanze bewährt. Die ca. 13 cm großen Blüten haben rot-gelbe Petalen und Lippen. Die Dorsalsepalen sind weiß mit zur Mitte hin roter Fleckung.
Foto: ¾ nat. Größe

Phalaenopsis

Phalaenopsis-Arten zeichnen sich durch die ihnen eigene Eleganz aus. Einige davon, z. B. *Phalaenopsis schilleriana*, besitzen sehr viele Blüten; ja, es ist nichts Ungewöhnliches, wenn bis zu 70 Blüten an einem einzigen Blütenstengel wachsen. Die auffallendsten Arten bestechen durch ihre graue bis silberne Musterung der tiefgrünen, zungenförmigen Blätter und ihre mehr als 7,5 cm großen rosafarbenen oder weißen Blüten.
In den letzten Jahren hat man verschiedene *Phalaenopsis*-Hybriden gezüchtet, die in großem Ausmaß kultiviert und vor allem als Schnittblumen verwendet werden.

Wildwachsende Phalaenopsis

Die Gattung *Phalaenopsis* ist im Fernen Osten beheimatet. Ihr Verbreitungsgebiet reicht von Assam und Burma bis zu den Molukken, einschließlich der Philippinen. Der Name *Phalaenopsis* stammt aus dem Griechischen (phalaina = Nachtfalter, opsis = erscheinen, aussehen) und wurde von dem holländischen Botaniker BLUME vorgeschlagen, der das erste Exemplar dieser neuen Gattung 1852 fand (*Phalaenopsis amabilis*) und die Pflanze mit tropischen Nachtfaltern verglich. *Phalaenopsis*-Arten leben entweder epiphytisch auf Bäumen an Waldrändern in den asiatischen Tropen (in Höhen bis zu 400 m) oder lithophytisch auf Felsen und moosbedeckten, über das Wasser ragenden Steilufern. Sie wachsen fast ausnahmslos in schattigen und feuchten Lagen. Einige Arten wachsen so nah an der Küste, daß sie sogar hin und wieder von der Gischt des Meerwassers erreicht werden. Allem Anschein nach macht ihnen das salzige Wasser aber gar nichts aus.
Die drei Arten *Phalaenopsis lowii, Phalaenopsis parishii* und *Phalaenopsis esmeralda* werfen in natürlicher Umgebung – sie wachsen in den asiatischen Tropen auf kleinen Büschen und an Kalksteinfelsen – ihre Blätter ab. In Kultur jedoch, wo sie nicht dem drastischen Wechsel der Jahreszeiten unterworfen sind, behalten sie ihre Blätter. Die fleischigen, ziemlich breiten, oft lederartigen Blätter können bis zu 45 cm lang und 7 cm breit werden. In diesen sukkulentenartigen Blättern werden Wasser und Nährstoffe gespeichert. Die meisten *Phalaenopsis*-Arten stammen aus Gebieten, in denen die Temperaturen fast gleich sind – schwankend von 24° C Nachttemperatur bis auf 35° C Tagestemperatur, bei durchschnittlichen Regenmengen von 2030 mm, so daß die Luft fast immer sehr feucht ist. Die Gattung *Phalaenopsis* wächst monopodial und besitzt keine Pseudobulben (was in ihrer natürlichen Umgebung ja auch gar nicht notwendig ist).
Wurzeln werden dagegen sehr viele entwickelt. Sie verankern die Pflanze äußerst fest mit ihrem Untergrund. Bei der Haltung von *Phalaenopsis*-Arten muß man daher beim Umtopfen sehr vorsichtig sein. Die Wurzeln verankern sich so fest

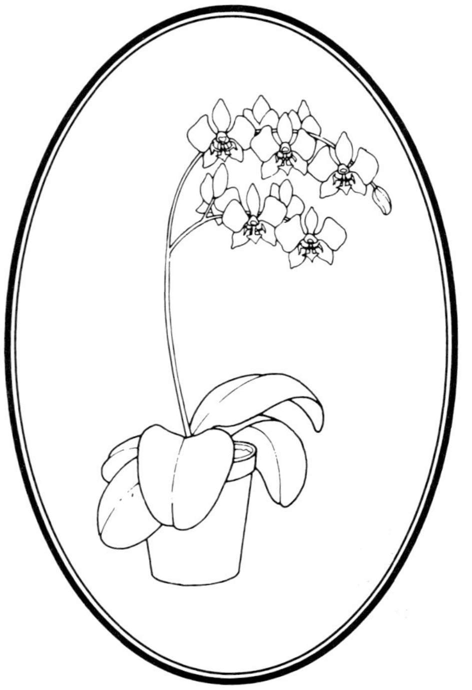

an den Topfwänden, daß sie nur sehr schlecht und meist doch mit Schädigungen entfernt werden können.
Bei *Phalaenopsis schilleriana* und *Phalaenopsis stuartiana* sind die Wurzeln silberfarben, breit und flach und werden ziemlich lang – aber nicht aus dem Bestreben heraus, Nahrung zu suchen, sondern um die Pflanze fest zu verankern.
Nährstoffe werden hauptsächlich der feuchten Atmosphäre entzogen und über Wurzeln und Blätter aufgenommen. Überschüssige Nährstoffe werden in den Blättern gespeichert.
In freier Natur hängen Blätter und Blütenstengel in Kaskaden von den Bäumen herab. In Kultur bindet man die langen Blütenstengel meist fest, so daß sie aufrecht nach oben wachsen.
Die Pflanzen blühen fast ununterbrochen, oft kommen aus dem abgeblühten Blütenstengel wieder neue Blüten hervor. Wenn man die Blütenstengel unmittelbar über dem obersten Knoten abschneidet, wird die Pflanze in kurzer Zeit einen neuen Blütenstengel bilden.
Unter günstigen Bedingungen bilden die Pflanzen Kindel, die sich zu jungen Pflanzen mit eigenem Wurzelwerk entwickeln. In freier Natur sieht man nicht selten riesige Pflanzenbüschel, deren Blütenstengel Kindel hervorgebracht haben, die sich wiederum am Ast verankern und eigene Blütenstengel treiben.
Bei einigen Arten, einschließlich *Phalaenopsis violacea, Phalaenopsis amboinensis* und *Phalaenopsis mariae*, werden die Petalen und Sepalen nach der Befruchtung und Ausbildung der Samenkapsel so dick und grün wie die Blätter und übernehmen vermutlich dann eine ähnliche Aufgabe.

Phalaenopsis in Kultur

In ihrer natürlichen Umgebung sind *Phalaenopsis*-Orchideen hohen Durchschnittstemperaturen, hohen Feuchtigkeitswerten und viel Schatten ausgesetzt. Die Pflanzen gedeihen daher am besten, wenn sie ein Gewächshaus für sich allein haben. Ideal ist ein niedriges Gewächshaus, das ca. 60 cm im Boden eingelassen sein sollte.
Viele Hybriden werden heute auch schon erfolgreich in zentralbeheizten Wohnungen gezogen. Hier handelt es sich allerdings meist um ausgewachsene Pflanzen, die eine Unterschreitung der idealen Feuchtigkeitsverhältnisse eher tolerieren. In der Wohnung kann man zumindest den Wärme- und Schattenbedürfnissen der Pflanze gerecht werden. Durch einen Trog oder eine Wanne mit feuchtem Kies kann unmittelbar um die Pflanze herum Feuchtigkeit erzeugt werden.

Temperatur

Phalaenopsis-Arten beginnen ihr Wachstum gewöhnlich im frühen Frühjahr. Zu dieser Zeit sollten die Nachttemperaturen nicht unter 18° C abfallen, die Tagestemperaturen bei 24 – 27° C liegen. Diese Temperaturen hält man bis in den Spätherbst ein. Dann können die Nachttemperaturen bis auf 15° C abfallen, die Tagestemperaturen auf 18 – 21° C. Wenn die Temperatur in einer Winternacht einmal auf 10° C abfällt, wird dies den Pflanzen nicht sehr schaden, vorausgesetzt, man hat sie nicht zu stark gegossen und die Feuchtigkeit ist nicht zu sehr abgesunken. Gärtner lassen oft die Temperatur absichtlich auf 10° C abfallen, um die Blütenbildung anzuregen.

Belüftung

Phalaenopsis-Arten benötigen genügend Luftbewegung. Allerdings muß man die Lüftung mit großer Vorsicht einsetzen: Im allgemeinen sollte man nur dann lüften, wenn im Sommer die Temperaturen bis über 27° C ansteigen. Zugluft muß unter allen Umständen vermieden werden. Öffnen Sie nie so weit, daß zu viel Feuchtigkeit verlorengeht. Andererseits ist es wichtig, unabhängig von der Jahreszeit stets eine bewegte Atmosphäre einzuhalten, um stehende Luft zu vermeiden. Besonders während der Blühzeit ist eine gute Luftbewegung erforderlich. In den letzten Jahren hat man mit elektrisch betriebenen Ventilatoren ausgezeichnete Erfahrungen gemacht.

Rechts: *Phalaenopsis*-Orchideen sollten zur Wachstumszeit vor zu starker Sonneneinstrahlung geschützt und feucht gehalten werden. Vom Frühjahr bis Spätherbst bieten sie einen herrlichen Anblick.

Schattierung

In den Wintermonaten, in denen die Pflanzen ihre Aktivität auf ein Minimum beschränken, muß man kaum schattieren, es sei denn bei übermäßig sonnigem Wetter. Ab dem frühen Frühjahr ist eine Schattierung unbedingt notwendig. Lattenjalousien, die in einer Höhe von 15 – 23 cm über dem Glas über Metall- oder Holzschienen laufen, haben sich bestens bewährt, da man sie je nach Wetterbedingungen einfach heraufziehen oder herablassen kann. Ein Anstrich ist weniger zufriedenstellend, da er mit der Zeit abgewaschen wird, daher mehrmals aufgetragen werden muß und zwischenzeitlich womöglich schon Verbrennungsschäden an den Pflanzen auftreten können. Sämlinge müssen besonders gut schattiert werden.

Substrate und Eintopfen

Bei der Wahl des Substrates ist es auch hier ratsam, zunächst an die natürlichen Lebensverhältnisse der Pflanzen zu denken, also mehr an die Verankerung der Wurzeln als an das eigentliche Substrat. Tannen- oder Kiefernrinde bieten die notwendigen Voraussetzungen. Im allgemeinen setzt man Pflanzen in blühfähiger Größe in ein Substrat aus 5 – 12 mm starken Rindenstückchen. Für kleine Sämlinge, die gerade aus der Kulturflasche kommen, ist eine feinere Zerkleinerung der Rinde erforderlich. Gegen eine Versauerung des Substrats hilft die Beigabe von etwas Holzkohle.
Das Umtopfen erfolgt gewöhnlich während der Wachstumszeit. Hat das Substrat jedoch stark gelitten, sollte man unabhängig von der Jahreszeit sofort umtopfen. Ausgewachsene Pflanzen benötigen alle zwei Jahre frisches Substrat. Sämlinge müssen während der Wachstumsperiode mindestens zweimal umgetopft werden, bis sie im dritten oder vierten Jahr voll ausgewachsen sind.

Vermehrung und Teilung

Eine Vermehrung bietet sich vornehmlich für echte *Phalaenopsis*-Arten, nicht so sehr für ihre Hybriden an, und beschränkt sich auf Kindel oder neue, aus den Verdickungen am Blütenstiel hervortretende Pflänzchen. Die Kindel werden erst dann von der Mutterpflanze abgeschnitten, wenn sie schon einige Wurzeln gebildet haben.

Bewässerung und Düngung

Während der Wachstumsperiode muß ein sehr hoher Luftfeuchtigkeitswert gehalten werden. Vom frühen Frühjahr bis in den Spätherbst hinein wird es gut sein, zwei- bis dreimal täglich zu sprühen. Im Hochsommer sollte auf jeden Fall am späten Abend noch einmal gesprüht werden. Die Feuchtigkeitsverhältnisse im Gewächshaus bilden das Kriterium, wie oft man gießen muß. Im allgemeinen werden große Pflanzen einmal wöchentlich Was-

Oben: *Phalaenopsis* bildet oft aus den Knoten der Blütenstengel Kindel aus. Sobald ein solches Kindel Wurzeln gebildet hat, kann man es von der Elternpflanze trennen und eintopfen.

Unten: In den Trichtern der Blätter darf nie Wasser stehen, da eine eventuell daraus entstehende Fäule verheerend wirken kann.

ser brauchen, während man kleinere Exemplare in kürzeren Abständen gießen muß. Auch die Substratdichte ist von Bedeutung, je dichter dieses Medium ist, desto mehr Wasser wird es zurückhalten. Die epiphytische Natur von *Phalaenopsis* macht ein Substrat erforderlich, das auf der einen Seite etwas Feuchtigkeit speichert, andererseits aber durchlässig sein sollte. Stauende Nässe muß auf alle Fälle vermieden werden. Zerkleinerte Tannenrinde eignet sich sehr gut als Substrat, da sie den natürlichen Verhältnissen am nächsten kommt.

Da *Phalaenopsis* schnell wachsen, andererseits aber keine Pseudobulben besitzen, in denen sie Nährstoffe speichern können, müssen die Pflanzen öfter leicht gedüngt werden. Man sollte alle 14 Tage dem Gießwasser einen Dünger mit hohem Stickstoffgehalt zugeben.

Schädlinge und Krankheiten

Hauptschädlinge der Gattung *Phalaenopsis* sind Schnecken, vor denen man ständig auf der Hut sein muß. Hin und wieder kommt es vor, daß Fäule auftritt, vor allem wenn Wasser auf dem mittleren Trieb liegenbleibt. Man kann dann nur das befallene Gebiet völlig austrocknen lassen oder abschneiden. Die befallene Pflanze wird auf Dauer verformt bleiben, manchmal aber kommen Sekundärtriebe aus ihrer Basis heraus.

Arten und Hybriden

Auf den folgenden Seiten sind einige der beliebtesten Varietäten abgebildet. *Phalaenopsis* blühen sehr leicht, und selbst wenn man nur eine kleine Sammlung besitzt, können das ganze Jahr über immer einige Arten blühen. Wenn man die Grundbedingungen – Wärme, stets feuchte Luft und viel Schatten – erfüllt, ist die Haltung einfach.

Die zuerst entdeckte Art, *Phalaenopsis amabilis*, hat reinweiße Blüten mit einer rotgefleckten Lippe und einem gelben Schlund. Die Art wurde in der ersten Zeit der Züchtung viel benützt, und sie bildete den Grundstock für alle heutigen hochqualifizierten *Phalaenopsis*-Hybriden.

Obwohl viele der Arten rosafarbene oder weiße Farbtönungen aufweisen, erreicht man durch Hybridisierung und Zuchtwahl immer neue Farben und Kontraste, wie z. B. die lila-weiß-gestreifte Hybride *Phalaenopsis* Hennessy.

Unten: Diese scheinbar abgestorbene Pflanze entwickelt aufgrund guter Pflege einen neuen Trieb.

Phalaenopsis-Arten

Phalaenopsis amboinensis
● warm ❀ Frühjahr-Herbst
Oben: Von dieser Art gibt es zwei Grundformen: Die bekannteste und wohl am häufigsten zu Zuchtzwekken eingesetzte hat blaßgrün grundierte Blüten mit satt dunkelbraunen Streifen. Die zweite Form hat blaß senfgelbe Streifen auf fast cremefarbigem Grund. Die Pflanze wächst kompakt, besitzt ein blaßgelbgrünes Blattwerk und bildet meist gleichzeitig mehrere, gewöhnlich 15 – 30,5 cm lange Blütenstengel aus. Die 2,5 – 5 cm großen Blüten erscheinen einzeln von Frühjahr bis Herbst.
Bei richtiger Pflege gedeiht diese Pflanze gut. Die erste Hybride wurde mit *Phalaenopsis amabilis* gezüchtet und 1927 unter dem Namen *Phalaenopsis deventeriana* registriert.
Foto: 1½ nat. Größe

Phalaenopsis aphrodite
● warm ❀ Herbst
Rechts: Diese Art wurde 1837 auf den Philippinen entdeckt. Man glaubte damals, daß sie mit *Phalaenopsis amabilis* identisch sei. Als man aber im Laufe der Zeit mehr und mehr *Phalaenopsis*-Arten kultivierte und das Wissen über diese Gattung zunahm, erkannte man *Phalaenopsis aphrodite* als eigene Art an. Die dunkelbraunen Blätter glänzen stark. Die hängenden Blütenstengel tragen viele außerordentlich haltbare, ca. 5 cm große Blüten von einem reinen, leuchtenden Weiß, die sich im Spätherbst öffnen. Gute Kulturpflanze.
Foto: 1½ nat. Größe

Phalaenopsis lueddemanniana
● warm ❀ Frühjahr/Sommer
Oben: Eine großzügige blühende Art, die leicht zu halten ist. Sie stellt eine der vielgestaltigsten Arten der Gattung *Phalaenopsis* dar. Die Blätter sind meist hellgrün, breit und lang. Die Blütenstengel, von denen manchmal mehrere gleichzeitig ausgebildet werden, tragen bis zu 20 ca. 2,5 cm große Blüten, die sich von Frühjahr bis Sommer nacheinander öffnen. Sepalen und Petalen sind fast weiß oder gelb und rosa oder tiefpurpur gebändert oder gefleckt. Die kleine Lippe ist meist purpurfarben. Um eine intensivere Färbung zu erzielen, bietet man der Pflanze kühle, schattige Bedingungen, wenn die ersten Knospen erscheinen. An den Blütenstengeln entwickeln sich oft Kindel.
Zwei der bestbekannten Hybriden aus *Phalaenopsis lueddemanniana* sind *Phalaenopsis* Golden Sands und *Phalaenopsis* Cabrillo Star. Wie der Name schon andeutet, handelt es sich bei Golden Sands um eine reingelbe Hybride. Cabrillo Star hat eine große weiße Blüte mit intensiver Rotzeichnung.
Foto: 2× nat. Größe

Phalaenopsis equestris
● warm ❀ Herbst/Winter
Diese Art (über viele Jahre synonym mit *Phalaenopsis rosea*) soll die auf den Philippinen am häufigsten vorkommende Phalaenopsis sein. Sie wurde 1848 von James Veitch in England eingeführt. Die Pflanze wächst verhältnismäßig kompakt und hat lederartige, dunkelgrüne, etwa 15 cm lange und 7,5 cm breite Blätter. An den hängenden Blütenstengeln sitzen viele rosafarbene, ca. 2,5 cm große Blüten mit dunklerer Lippe, die sich nach und nach öffnen.
Aus *Phalaenopsis equestris* züchtete man 1892 die erste künstliche *Phalaenopsis*-Hybride: *Phalaenopsis* Artemis.
Foto: ¾ nat. Größe

Phalaenopsis mannii
● warm ❀ Frühjahr/Sommer
Links: Diese Art wächst in den Höhenlagen von Assam, in denen man auch *Vanda coerulea* findet. Diese unauffällige Art wird nicht sehr groß. Die tiefgelben und kastanienbraun gezeichneten Blüten sitzen an kurzen, verzweigten Stengeln und öffnen sich im Frühjahr und Sommer. Sie sind etwa 5 cm groß. Obwohl *Phalaenopsis manii* eine Warmhauspflanze ist, kann sie Temperaturen bis hinab zu 7° C unbeschadet vertragen. Viele gelbblühende Hybriden gehen auf *Phalaenopsis mannii* zurück.
Foto: 1¼ nat. Größe

Phalaenopsis mariea
○ kühl ❀ Frühjahr/Sommer
Unten: Über diese Art ist wenig bekannt. Die eng mit *Phalaenopsis lueddemanniana* verwandte Pflanze wurde 1878 in sehr schattigen, hohen Lagen entdeckt. Die Pflanze sollte daher im kühlsten Bereich des Gewächshauses stehen!
Die Blüten, die sich im Frühjahr und Sommer öffnen, sind blaßgelb und kastanienbraun gebändert. Sie sind 2,5 – 4 cm groß.
Foto: ½ nat. Größe

Phalaenopsis sanderiana
● warm ❀ Frühjahr
Unten: Früher nahm man an, *Phalaenopsis sanderiana* sei eine natürliche Hybride aus *Phalaenopsis aphrodite* und *Phalaenopsis schilleriana*, aber man fand die angeblichen Elternpflanzen nicht in den gleichen Verbreitungsgebieten, so daß sie zur eigenen Art erhoben wurde. Die Pflanze zeichnet sich durch kräftigen Wuchs und ein glänzend hellgrünes Blattwerk aus. Die rosa übergossenen Blüten erscheinen im Frühjahr, sind ca. 7,5 cm groß und bieten einen wunderschönen Anblick.
Bis 1946 hatte man etwa 17 Hybriden aus dieser Art entwickelt, und man setzt sie auch heute noch für Züchtungen ein.
Foto: ⅔ nat. Größe

Phalaenopsis schilleriana
● warm ❀ Frühjahr
Oben: *Phalaenopsis schilleriana* wurde 1858 in Manila entdeckt, wo sie oft sehr hoch oben in Bäumen wuchs. Mit ihren zahlreichen flachen Wurzeln verankern sich die Pflanzen fest an Ästen und Stämmen. In Kultur wachsen die Wurzeln oft zu beträchtlichen Längen heran und saugen sich an allen erreichbaren festen Unterlagen fest. Man kann sie, ohne sie abzubrechen, kaum entfernen. Ältere Wurzeln nehmen einen schönen Silberglanz an.
Als Schaupflanze ist *Phalaenopsis schilleriana* kaum zu überbieten. Die hübschen, bis zu 45 cm langen Blätter sind dunkelgrün und silbergrau gefleckt. Die 5 – 7,5 cm großen Blüten sind zartrosa gefärbt. Sie wachsen oft in großer Anzahl an den bis zu 90 cm lang werdenden, verzweigten, hängenden Stengeln.
Foto: nat. Größe

Phalaenopsis stuartiana

● warm ❀ Frühjahr

Oben: Diese Art ähnelt *Phalaenopsis schilleriana.* Wenn sie nicht gerade blüht, ist es sehr schwer, sie zu unterscheiden: Das Blattwerk zeigt die gleiche dunkelgrün-silbergraue Färbung, und die Wurzeln sind ebenso flach. Wildwachsende Pflanzen kommen meist nahe am Wasser, oft auch an der Meeresküste, vor. Auch die Wuchsform der Blüten ist ähnlich wie bei *Phalaenopsis schilleriana.* Eigentlich unterscheidet sie nur die Blütenfärbung: Die Petalen sind weiß. Von den unteren Sepalen ist eine Hälfte weiß, die andere Hälfte stark rötlich-purpurfarbig gefleckt. Auch die orangegelbe Lippe ist gefleckt. Der Gesamteindruck der blühenden Pflanze ist sehr apart und auffällig.

Alle bisher gezüchteten Hybriden dieser Art zeigen die charakteristische Fleckung. Bei der Kreuzung mit weißen Hybriden leistet sie mit den orangefarbigen Lippentönungen einen wertvollen Beitrag.

Foto: ¾ nat. Größe

Phalaenopsis violacea

● warm ❀ Sommer

Links: Man teilt diese 1859 entdeckte Art in zwei Gruppen ein: Die eine stammt aus Borneo, die andere aus Malaysia. Es ist nicht gerade leicht, Bedingungen zu schaffen, die diese Pflanzen zum Blühen anregen. Die 7,5 cm großen Blüten der Pflanze aus Borneo, die wie Veilchen duften, werden im Sommer auf einem kurzen, hängenden Stengel gebildet, oft eine nach der anderen. Die Art aus Malaysia hat kleinere, nur ca. 6,5 cm große, jedoch voller geformte Blüten.

Die Pflanzen brauchen viel Schatten und Feuchtigkeit.

Die erste Hybride, *Phalaenopsis violacea* × *Phalaenopsis amabilis,* wurde 1887 von James Veitch als *Phalaenopsis* Harrietiae registriert.

Foto: 2½ × nat. Größe

Phalaenopsis-Hybriden

Phalaenopsis
Barbara Moler
● warm ❀ Frühjahr-Herbst
Rechts: Die Elternpflanzen dieser Hybride sind *Phalaenopsis* Donnie Brandt und *Phalaenopsis* Spica (syn. Yardstick). *Phalaenopsis* Spica ist eine Kreuzung aus *Phalaenopsis fasciata* und *Phalaenopsis lueddemanniana.*
Die Pflanze ist relativ kompakt und hat etwa 30 cm lange, 10 cm breite Blätter. Die bis zu 45 cm langen verzweigten Blütenstengel tragen über viele Monate hinweg ca. 7 cm große, sehr kräftige Blüten. Am häufigsten kommen weiße, stark rosa gefleckte Blüten vor, es gibt aber auch Pflanzen, die man am besten gelbblühend bezeichnet: auf grünlich-gelbem Grund zeigt die Blüte gelb-kastanienbraune Flecken.
Phalaenopsis Barbara Moler hat sich bereits als wichtige Elternpflanze für die Züchtung kräftig gebauter Blüten und zur Erzielung neuer Farben bewährt. *Phalaenopsis* Space Queen zum Beispiel ist ein aus ihr entwickelter Hybridtypus.
Foto: nat. Größe

Phalaenopsis
Hennessy
● warm ❀ das ganze Jahr über
Unten: Diese Hybride ist ein Beispiel für eine weiß-rosa gezeichnete Phalaenopsis. Die Pflanze blüht freigiebig das ganze Jahr über. An den verzweigten Stengeln wachsen zur gleichen Zeit bis zu 30 ca. 9 – 12 cm große Blüten, mit der Grundfarbe weiß bis rosa und mit roten oder rosafarbenen Streifen (bei manchen auch Flecken). Die Farbe der Lippe variiert von Rosa bis Orange.
Foto: ½ nat. Größe

Phalaenopsis
Party Dress
● warm ❀ zu verschiedenen Jahreszeiten
Unten: Diese Hybride trägt an verzweigten Stengeln viele kleine, runde, weiß-rosa Blüten mit tiefrosafarbener bis gelber Lippe.
Foto: ⅔ nat. Größe

Phalaenopsis
Purbeck Sands
● warm ❀ zu verschiedenen Jahreszeiten
Oben: Aus einer Kreuzung der kleinen, gelb blühenden *Phalaenopsis* Golden Louis und der sattrosa blühenden Phalaenopsis Zada erzielte man 5 cm große Blüten in sehr gefälligen Farbtönen von Blaßgelb bis zu Senfgelb und Rosa. Das Blattwerk ist manchmal ziegelrot getönt. Diese kleinen, kompakt wachsenden Pflanzen blühen zu jeder Jahreszeit freigiebig.
Foto: ½ nat. Größe

Phalaenopsis
Space Queen
● warm ❀ zu verschiedenen Jahreszeiten
Links: Diese Hybride ist eine Kreuzung aus *Phalaenopsis* Barbara Moler und *Phalaenopsis* Temple Cloud, mit zauberhaften, sehr festen Blüten, die hellrosa oder weiß gefärbt und mit vielen roten Punkten übersät sind.
Foto: nat. Größe

Phalaenopsis
Temple Cloud
● warm ❀ zu verschiedenen Jahreszeiten
Unten: Diese aus der Kreuzung *Phalaenopsis* Opaline und *Phalaenopsis* Keith Shaffer entstandene Pflanze vereinigt in sich die besten Eigenschaften ihrer Vorfahren. Sie bringt weiße, 11,5 cm große Blüten hervor, die sehr fest gebaut sind. Auch sie hat sich bereits als sehr erfolgreiche Elternpflanze bewährt. Sie blüht zu jeder Jahreszeit.
Foto: ¾ nat. Größe

Vanda

Die etwa 80 immergrünen Arten der Gattung *Vanda* stammen aus dem tropischen Asien. Ihr Verbreitungsgebiet reicht von Indien und China bis Nordaustralien, Neuguinea und den Philippinen.
Vandas wachsen monopodial und leben epiphytisch auf Bäumen. Meist haben sie aufrechte, dicht beblätterte Stämme, ledrige Blätter und fleischige Wurzeln. Man kann zwei Arten unterscheiden: zylinderblättrige und riemenblättrige. Die herrlichen Blüten sitzen an aufrechten Blütenstielen, die seitlich aus den Blattachseln hervorwachsen. Die Blütenform ist bei allen *Vanda*-Arten ähnlich: Sepalen und Petalen sind gleichgroß, abgerundet und ziemlich flach geformt. Die dreilappige Lippe ist an der Basis des Griffels festgeheftet; die Seitenlappen sind je nach Art größer oder kleiner, die Form des Mittellappens, der vielfach fleischig oder mit einem Wulst versehen ist, variiert ebenfalls.

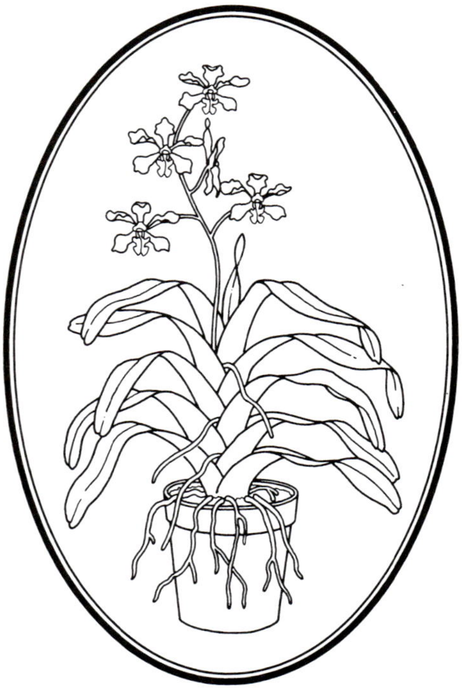

Rechts: Eindrucksvolle *Vanda*-Orchideen (Welt-Orchideenkongreß in Bangkok).

Vanda in Kultur

Vanda-Arten leben ausgesprochen epiphytisch und entwickeln kräftige, bis zu 1,2 m lange Luftwurzeln, in denen sie in Trockenzeiten Wasser und Nährstoffe speichern. Wildwachsende Vandas werden oft bis zu 2,2 m groß, mit einem entsprechend dichten und kräftigen Blattwerk und großen Blüten. Im Gewächshaus werden diese Arten jedoch durchschnittlich nur 1,2 m hoch.
Alle *Vanda*-Arten lieben Licht. Wenn sie genügend davon erhalten, blühen sie manchmal zwei- bis dreimal im Jahr; eine Pflanze kann jährlich bis zu 50 Blüten hervorbringen. Die meisten Arten blühen im Winter, es gibt allerdings auch Vandas, die im Spätsommer oder Frühherbst ihre Blütenpracht entfalten.
Eine gut gehaltene, gesunde Pflanze kann bis zu vier Blütenstengel auf einmal ausbilden, an denen jeweils bis zu 12 Blüten sitzen. Die Blüten halten sich 3 – 4 Wochen an der Pflanze.

Haltungsbedingungen

Da die Vandas stark in die Höhe wachsen, muß man ihnen in dieser Richtung viel Platz anbieten. Die meisten Pflanzen muß man in einem Warmhaus oder bei mittelwarmen Temperaturen halten, da sie tagsüber Licht und Temperaturen um 26° C benötigen. Nachts sollten die Temperaturen kühler sein, etwa bei 15° C. Einige Arten, wie *Vanda coerulea* und *Vanda komballiana,* benötigen allerdings kühlere Tagestemperaturen (ca. 21° C).
Da Vandas in der Sonne gedeihen und helles Licht lieben, ist es günstig, wenn man sie im oberen Bereich des Gewächshauses aufhängt; hier erhalten sie alles verfügbare Licht.
Je höher die Temperatur ansteigt, desto höher muß auch die Luftfeuchtigkeit sein. Es ist daher fast das ganze Jahr hindurch (mit Ausnahme des Winters) wichtig, täglich zu sprühen. Die Pflanzen brauchen eine minimale Luftfeuchtigkeit von 50%; geringere Feuchtigkeit schadet zwar nicht, doch die Pflanzen wachsen dann nicht so gut. Bei höherer Luftfeuchtigkeit riskiert man Pilzinfektionen, vor allem an trüben und kalten Tagen. Ein regelmäßiges Sprühen oder Nebeln – vor allem im Sommer – sorgt für eine hohe und gleichmäßige Feuchtigkeit im Gewächshaus.
Wenn man die Vandas bei bester Gesundheit halten will, muß man für eine gute Luftzirkulation sorgen, denn diese Baumbewohner brauchen eine frische Atmosphäre. Achten Sie auch darauf, daß kein Wasser in den Blattachseln stehenbleibt, sonst könnten die Blätter zu faulen beginnen.

Substrate und Eintopfen

Grobkörnige Tannenrinde hat sich als Pflanzsubstrat für in Behältern gehaltene Vandas bewährt; man kann sie aber auch in Kies oder in Holzkohlebrocken ziehen. Ein gutes Topfsubstrat ist eine Mischung aus Tannenrinde und zerkleinerter Holzkohle (im Verhältnis 1:1). Einige Gärtner kultivieren die Pflanzen erfolgreich in Ziegelbruchstücken, Bimsstein oder sogar in Sand. Das Substrat hängt u. a. davon ab, unter welchen klimatischen Bedingungen sie wachsen. In wärmeren Zonen eignet sich Tannenrinde am besten, während in gemäßigten Zonen die Mischung aus Rinde und Holzkohle am günstigsten ist.
Vandas möchten nicht gestört werden, sie sollten also nur umgetopft werden, wenn es absolut erforderlich ist – etwa alle drei Jahre. Hält man die Pflanze im Tontopf, so wird man diesen beim Umtopfen zerschlagen müssen, da die Wurzeln sich fest an den Tonrand klammern.
Am besten topft man im Frühjahr um, wenn die meisten *Vanda*-Arten zu wachsen beginnen. Man erkennt dies am besten an den grünen Wurzelspitzen.
Man sollte die Pflanzen im Behälter ziemlich hoch einsetzen, so daß nur der untere Teil des Stammes und die Wurzeln im Substrat eingebettet sind. Vandas gedeihen am besten in Holzkörben oder in Tontöpfen, die unten noch zusätzlich Löcher haben – je mehr Luft an die Wurzeln kommt, desto besser gedeihen die Pflanzen. Obwohl es Vandas feucht lieben, darf nie Wasser im Topf stehen; es muß also für eine einwandfreie Drainage gesorgt werden.
Man kann Vandas aber auch an großen Baumstücken halten, was ihrer epiphytischen Lebensweise eher entspricht. Bei dieser Haltung muß man aber dann täglich gießen – also mehr Zeit für die Pflanzen haben als bei der Topfhaltung.

Vegetative Vermehrung

Vanda-Arten bilden zu verschiedenen Zeiten im Jahr – für gewöhnlich aber im Herbst – Ableger aus. Wenn diese ca. 5 – 8 cm hoch sind, trennt man sie mit einem scharfen, sterilen Messer von der Mutterpflanze ab. Um ein Faulen oder eine Infektion zu verhindern, pudert man beide Schnittstellen mit Holzkohlepulver ein. Die Ableger werden in kleine Töpfe mit Tannenrindensubstrat eingetopft. Damit um die Pflanze herum eine maximale Feuchtigkeit herrscht, stülpen wir über jeden Topf eine Plastiktüte, die wir mit vier Holzstäbchen im Abstand von der Pflanze halten. Auf diese Art und Weise hat jeder Topf sein eigenes Mikroklima. Sind die Ableger auf 15 – 18 cm angewachsen, topfen wir sie in einen größeren Topf um. In dieser Größe ist nun keine Plastiktüte mehr erforderlich. Wir sollten aber dennoch darauf achten, daß die Pflanze genügend Luftfeuchtigkeit bekommt. Ältere Vandas, die schon über einen Meter hoch gewachsen sind, teilt man, indem man die Pflanze ca. 30 – 45 cm von oben herab durchschneidet. Die Schnittflächen sollten glatt und sauber sein. Jetzt werden wieder beide Schnittflächen mit Holzkohlepulver bestäubt. Den abgeschnittenen Teil pflanzen wir wie einen normalen Ableger in Tannenrindensubstrat.

Bewässerung und Düngung

Im Frühjahr und Sommer brauchen Vandas viel Feuchtigkeit, vor allem im Hochsommer sollte man die Töpfe reichlich gießen. Achten Sie aber darauf, daß die Pflanzbehälter genügend Ablauflöcher haben und kein Nässestau entsteht. Man sollte Vandas auch so einpflanzen, daß die Luftwurzeln locker herunterhängen können – mit diesen Wurzeln wird noch zusätzlich Luftfeuchtigkeit aufgenommen. Vandas benötigen auch im Winter so viel Wasser wie zu anderen Jahreszeiten, man sollte aber die Pflanzen immer völlig austrocknen lassen, bevor man wieder gießt.
Nach dem Abblühen brauchen die Pflanzen eine Ruheperiode von etwa zwei Wochen. In dieser Zeit sollte man nicht so oft gießen, aber auch das Substrat niemals ganz austrocknen lassen. Mit dem Sprühen setzt man auch in diesen zwei Wochen nicht aus. Im frühen Frühjahr gießt man dann wieder mehr.
Obwohl die meisten Orchideen nicht viele Nährstoffe benötigen, gedeihen Vandas erst gut, wenn man sie im Frühjahr und Sommer mindestens zweimal im Monat düngt.
Ein ausgewogener Dünger sollte ca. 10 Teile Stickstoff, 10 Teile Phosphor und 5 Teile Kalium enthalten.

Schädlinge und Krankheiten

Vanda-Arten werden ausgesprochen selten von Schädlingen und Krankheiten befallen; die Blätter sind zu hart und fest, um von Insekten angebissen zu werden. Abgesehen von den Schnecken, die sich manchmal doch über die harten Blätter hermachen, findet man nur wenige der üblichen Schädlinge.
Manchmal entstehen dunkle, fast schwarze Streifen auf den Blättern. Dies kommt meist daher, daß Wasser zu lange auf den Blättern stehen geblieben ist. In einigen wenigen Fällen kann auch ein Virus für diese Verfärbungen verantwortlich sein. Die etwa 5 cm breiten, dunklen Streifen, die von einer Viruskrankheit herrühren, schädigen die Pflanze nicht, aber sie verunstalten sie natürlich.

Arten und Hybriden

In den letzten Jahrzehnten wurden Vandas für eine unglaublich große Anzahl von Hybridenzüchtungen verwendet. Sie können erfolgreich mit einer großen Zahl von Orchideen gekreuzt werden, die wie sie zu den Sarcanthinae gehören. Kreuzt man *Vanda* mit *Ascocentrum,* so entsteht eine *Ascocenda;* bei einer Kreuzung mit *Renanthera* entsteht *Renantada.*

Vanda sanderana
● warm ❀ Sommer
Oben: Diese prächtige, im Sommer blühende Orchidee wird etwa 60 cm hoch und stammt von den Philippinen. Die Blätter sind 30 – 40 cm lang. Die halbaufrechten Blütenstengel tragen 7 – 20 dicht gedrängt wachsende Blüten. Die ca. 13 cm großen Blüten sind fast flach. Die obere Sepale ist hellrosa bis weiß und leicht rosa übergossen. Die unteren Sepalen sind rund, etwas größer und braungelb mit roter Aderung. Die Petalen sind kleiner als die Sepalen, weiß bis rosafarben mit roten Flecken am Ansatz. Die Lippe ist braungelb und rot gestreift. Diese anpassungsfähige Art, die gegebenenfalls auch kühlere Temperaturen vertragen kann, gedeiht im allgemeinen am besten bei Wärme und viel Sonne.
Foto: ½ nat. Größe

Vanda-Arten

Vanda coerulea
◑ mittelwarm ❀ Herbst/Winter
Oben: Dies ist wohl die prächtigste und unter Sammlern beliebteste *Vanda*-Art. Sie blüht im Herbst und Winter und bringt wunderschöne blaßblaue Blüten hervor. *Vanda coerulea* wächst im Himalaya, in Burma und Thailand bis in Höhen von 1200 – 1800 m. Die Blätter sind lederartig und steif, bis etwa 25 cm lang und 2,5 cm breit. Die bis zu 60 cm langen Blütenstengel wachsen entweder aufrecht oder hängend und tragen 5 – 20 Blüten. Die Blüten können in Farbe, Form und Größe variieren, sind aber meist etwa 10 cm groß und haben blaßblaue Sepalen und Petalen und eine ganze Reihe dunklerer Markierungen. Die Lippe ist purpur-bläulich und weiß markiert. Während die meisten Vandas sich bei großer Wärme wohlfühlen, gedeiht *Vanda coerulea* am besten in einem mittelwarmen Haus bei Temperaturen zwischen 13 – 18° C.
Foto: ½ nat. Größe

Vanda cristata
◑ mittelwarm ❀ Frühjahr-Sommer
Rechts: Diese kräftige Orchidee wird nur ca. 25 cm hoch. Sie kommt aus hochgelegenen Gebieten Nepals und Bhutans. Die riemenförmigen Blätter werden etwa 15 cm lang. Die Blüten sind wachsartig, verbreiten einen angenehmen Duft und erreichen eine Größe von etwa 5 cm. Sepalen und Petalen sind gelb bis gelblichgrün. Die fleischige Lippe ist weiß bis hellgelb und mit braunroten Streifen und Flecken markiert. Diese Orchidee eignet sich auch für Liebhaber, die nur wenig Platz haben. Sie verträgt Nachttemperaturen von 13° C.
Foto: nat. Größe

Vanda sanderana var. **alba**
● warm ❀ Sommer
Links: Diese hübsche, heller getönte Abart von *Vanda sanderana*, die von Sammlern hoch geschätzt wird, bildet gerundete, ca. 12 cm große, kräftig gebaute Blüten aus. Die oberen Sepalen und Petalen sind weiß, die unteren Sepalen hell-senfgelb gefärbt. Die Blüten öffnen sich im Sommer.
Foto: ½ nat. Größe

Vanda suavis var. **tricolor**
● warm ❀ Herbst/Winter
Unten: Diese Orchidee stammt aus Java und Bali. Sie bildet großzügig farbenprächtige Blüten aus, die sich im Herbst und frühen Winter öffnen. Die Stämme sind dicht mit riemenförmigen, gekrümmten Blättern besetzt, die etwa 25 cm lang und 2,5 cm breit werden. Die Blütenstengel wachsen horizontal, sind kürzer als die Blätter und tragen 5 – 10 Blüten, die in Form und Farbe variieren. Charakteristisch sind weißlich-gelbe Sepalen und rotbraun gefleckte Petalen, die meist in der Nähe des Ansatzes hellmagentarot übergossen sind. Die duftenden, wachsartigen Blüten werden etwa 7,5 cm groß.
Vanda suavis var. *tricolor* kann man leicht durch warme, sonnige Bedingungen mit Temperaturen von 25° C zum Blühen bringen.
Foto: nat. Größe

Vanda-Hybriden

Vanda
Jennie Hashimoto 'Starles'
● warm ❀ Sommer
Oben: Diese erst in letzter Zeit erfolgte Kreuzung aus *Vanda sanderana* und *Vanda* Onomea zeigt eine gefällige Blütenform und wird bei Sammlern immer beliebter. Im Sommer können ausgewachsene Pflanzen bis zu 200 Blüten tragen. Die Blüten haben rosafarbene Sepalen und orangerote Petalen. Jennie Hashimoto 'Starles' muß im Warmhaus gehalten werden.
Foto: ⅓ nat. Größe

Vanda
Nelly Morley
◑ mittelwarm/warm ❀ Frühjahr und Herbst
Rechts: Die Orchidee, eine Kreuzung aus *Vanda* Emma Van Deventer und *Vanda sanderana*, bringt viele rosafarbene, abgerundete Blüten hervor. Sie ist bei Sammlern hochgeschätzt, da sie im allgemeinen zweimal im Jahr blüht, und zwar im Frühjahr und Frühherbst. Sie braucht mittelwarme bis warme Bedingungen.
Foto: ¼ nat. Größe

Vanda
Neva Mitchell ×
Vanda
Diane Ogawa
◑ mittelwarm/warm ❀ Sommer/Herbst
Rechts: Diese erst neu gezüchtete Hybride gilt bei Sammlern als vielversprechend und kann sowohl bei mittelwarmen als auch bei warmen Bedingungen kultiviert werden. Man rechnet sie zu den kleineren Arten, da sie nicht höher als 61 cm wird. Die lilafarbenen Blüten erscheinen im Sommer oder Herbst.
Foto: ⅓ nat. Größe

Vanda
Onomea 'Walcrest'
● warm ❀ Sommer
Unten: Onomea 'Walcrest' ist eine Kreuzung aus *Vanda* Rothschildiana und *Vanda sanderana* und hat sich als robuste Pflanze für warme Bedingungen erwiesen. Sie bringt viele rosafarbene, rötlichlila markierte Blüten hervor. Die kräftig wachsende Pflanze blüht gewöhnlich im Sommer, gelegentlich sogar zweimal im Jahr.
Foto: ⅓ nat. Größe

Vanda
Patricia Low 'Lydia' (AM/AOS)
● warm ❀ Sommer
Rechts: Im Gegensatz zu den riemenblättrigen Vandas haben die zylinderblättrigen etwas kleinere Blüten, die in größerem Abstand voneinander auf dem Stengel sitzen. Die cremerosa Blüten von Patricia Low 'Lydia' sind 4 – 5 cm groß und haben eine auffallende gelbrote Lippe. Wie alle zylinderblättrigen Vandas liebt diese Pflanze warme, sonnige Bedingungen, die für die Blütenbildung eine große Rolle spielen.
Foto: ⅔ nat. Größe

Vanda
Rose Davis
◑ mittelwarm ❀ Sommer
Unten: Die Kreuzung aus *Vanda* Rothschildiana und *Vanda coerulea* erbrachte diese wunderschön blaulila blühende Hybride. Die 5 cm großen Blüten ähneln denen von *Vanda* Rothschildiana, sind aber etwas kleiner und nicht so gerundet. Durch den Einfluß von *Vanda coerulea* verträgt die Pflanze etwas kühlere Bedingungen als die meisten anderen Vandas. Man kann sie in einem mittelwarmen Gewächshaus halten. Sie kann zu jeder Jahreszeit Blüten hervorbringen, blüht jedoch meist im Sommer.
Foto: 1½ nat. Größe

Vanda
Rothschildiana
○ kühl ❀ Winter
Oben: Manchmal als eigene Art, meist jedoch als Hybride bezeichnet, ist diese Kreuzung aus *Vanda coerulea* und *Vanda sanderana* eine wahre Pracht. Die Pflanze hat 25 cm lange Blätter und wird bis zu 75 cm groß. Die gebogenen Blütenstengel sind dicht mit 5 – 10 flachen, intensiv blaulila Blüten von fast kristallartiger Beschaffenheit besetzt. Die 12 – 15 cm großen Blüten erblühen im Winter. Diese bemerkenswerte Orchidee gedeiht am besten in einem kühlen Haus. Eine gut eingewöhnte und gut gepflegte Pflanze kann drei oder vier Blütenstengel hervorbringen.
Foto: ⅓ nat. Größe

Vanda
Thonglor
● warm ❀ Sommer
Links: Diese wunderschöne Hybride, die in Thailand, der Heimat der Vandas, gezüchtet wurde, vereinigt in sich die gefragten Merkmale der vollen Form und der reizvollen Färbung. Beide Eigenschaften stammen zumeist von *Vanda sanderana*, einer ihrer Vorfahren. Die gerundeten, 6 – 7,5 cm großen Blüten sind rosa bis malvenfarbig; die unteren Petalen und Sepalen sind auffallend karminrot markiert. Die gewöhnlich im Sommer blühende Pflanze, die aber auch zu anderen Jahreszeiten ihre Blüten hervorbringen kann, gedeiht am besten in einem Warmhaus.
Foto: ½ nat. Größe

Eine Auswahl schöner Arten

Ein Gewächshaus, in dem viele verschiedene Orchideenarten gehalten werden, bedarf zwar einer sorgfältigen Planung (jede einzelne Art hat ja andere Ansprüche), und man muß für die Pflege der Pflanzen auch viel mehr Zeit aufbringen, da jede Pflanze individuell behandelt werden will – aber die Vielfalt und das ständige Erscheinen neuer und andersfarbiger und -förmiger Blüten macht diese Mühen immer wieder wett.

Es gibt Orchideenliebhaber, die sich eine gemischte Sammlung aus reinen Arten und Kultur-Hybriden anlegen. Andere wiederum ziehen es vor, nur reine Arten zu halten

Wofür Sie sich auch entscheiden, fangen Sie in kleinem Rahmen an. Viele Amateure lassen sich – aufgrund der enormen Auswahl und der Schwierigkeit, sich für diese oder jene Pflanze zu entscheiden – dazu verführen, mit vielen Arten auf einmal zu beginnen, ohne dabei aber deren individuelle Bedürfnisse von Anfang an genau bedacht zu haben. Diese Leute sind dann enttäuscht und resignieren schnell, wenn ihnen immer wieder irgendwelche Pflanzen eingehen. Bevor Sie also mit dem Kauf der Pflanzen beginnen, stellen Sie sich folgende Fragen:

1. Kann ich die Pflanze auch in ausgewachsenem Zustand noch unter guten Bedingungen in meinem Gewächshaus unterbringen?

2. Kann ich in meinem Gewächshaus die für die einzelnen Arten erforderlichen Haltungsbedingungen, wie Temperatur, Luftfeuchtigkeit, Licht und Belüftung möglichst optimal erfüllen?

3. Habe ich die Möglichkeit, in meinem Gewächshaus einerseits kühl zu haltende, andererseits wärmeliebende Arten artgerecht unterzubringen?

4. Welche Blüten bringt die gewählte Pflanze hervor? Zu welcher Zeit blüht sie? Habe ich schon eine ähnlich blühende Pflanze in meiner Sammlung? – Wir sollten auch nicht vergessen, daß kleinblütige Arten oft sehr schöne Blüten hervorbringen, und uns nicht nur großblütige Arten halten.

Orchideen kann man über verschiedene Quellen beziehen. Erstens beim Orchideengärtner direkt (Bezugsquellen siehe Seite 199). Diese Quelle ist für den Anfänger am besten, denn es ist immer gut, mit bereits kultivierten Pflanzen zu beginnen, anstatt neuimportierte Pflanzen zu kaufen, die dann direkt vom natürlichen Lebensraum in unser Gewächshaus kommen.

Eine zweite Bezugsquelle sind andere Orchideenliebhaber, die bereits erfolgreich Orchideen halten und hin und wieder Ableger oder Teilpflanzen abgeben. Auf diese Weise kommt der Anfänger oft an seltene oder im Handel schwer zu bekommende Exemplare.

Durch die Orchideengesellschaften wird der Kontakt mit anderen Orchideenliebhabern hergestellt und gefördert; hier bekommt man auch viele nützliche Pflegehinweise und Angaben von Bezugsquellen für Orchideen und Gewächshauszubehör sowie für Fachliteratur.

Eine vierte Möglichkeit ist der Direktimport aus dem Ursprungsland. Diese Möglichkeit sollten jedoch nur die Liebhaber nutzen, die schon einige Erfahrungen auf dem Gebiet der Orchideenhaltung gesammelt haben. Wer sich hierzu entschließt, muß unbedingt zunächst einmal feststellen, ob es sich bei dem ins Auge gefaßten Lieferanten mit Sicherheit um eine zuverlässige Firma handelt.

Im letzten Teil des Buches werden eine Reihe verhältnismäßig einfach zu kultivierender Orchideenarten beschrieben, die zusammen mit den im vorhergehenden Teil des Buches behandelten Arten einen repräsentativen Querschnitt durch die heute kultivierten Orchideen darstellen. Sowohl die Pflanzen als auch ihre Blüten werden in einer dem Laien verständlichen Sprache erklärt, damit auch Anfänger einen unmittelbaren Eindruck von den Formen, Größen und der allgemeinen Wuchsbesonderheit der einzelnen Pflanzen bekommen. Die Beschreibung der Pflegebedingungen ist ganz allgemein gehalten, sollte aber ausreichen, um die grundlegenden Bedürfnisse der einzelnen Arten zu befriedigen.

Links: Die Haltung einer gemischten Sammlung von Orchideen ist lohnend und reizvoll. Bei dieser Vielfalt blüht immer etwas in Ihrem Gewächshaus.

Aeranthes

Die Gattung *Aeranthes* eignet sich für Liebhaber, die das Besondere schätzen. Die ca. 30 Arten dieser Gattung kommen ausschließlich in Madagaskar und auf den umliegenden Inseln vor. *Aeranthes* muß man in einem Warmhaus halten. In den Sommermonaten ist Schattieren erforderlich.
Aeranthes wächst monopodial und bildet schmale, ledrige Blätter, die bis zu 30 cm lang werden. Die Pflanze hat keine Pseudobulben; sie darf daher nie zu trocken werden. Häufiges Wasserversprühen während der Sommermonate kommt ihrem Wohlbefinden entgegen. Die drei hier aufgeführten Arten verbreiten einen süßen, wenn auch nicht allzu starken Duft. Die Pflanzen können zu jeder Jahreszeit blühen.

Aeranthes arachnites
● warm ❀ das ganze Jahr über
Die Blüten dieser Art entwickeln sich nacheinander an dünnen, drahtartigen Stengeln. Nur eine oder zwei Blüten sind gleichzeitig geöffnet. Die einzelnen Blüten haben eine verwickelte Form, sind etwa 4 cm groß und gelb gefärbt. Sie verfärben sich mit der Zeit zu einem Gelbbraun.

Aeranthes grandiflora
● warm ❀ das ganze Jahr über
Diese Art hat ca. 20 cm große Blüten, die einzeln oder zu zweit an kurzen hängenden Stengeln sitzen. *Aeranthes ramosa* sieht ähnlich aus, ihre Blüten werden jedoch nur 10 cm groß.

Aerides

Diese epiphytisch wachsenden Orchideen stammen aus dem tropischen Asien und kommen von Indien bis Japan vor. Es wurden bisher etwa 50 Arten beschrieben. *Aerides* wachsen und blühen im warmen oder mittelwarmen Bereich eines Gewächshauses recht gut. Da sie viele Luftwurzeln bilden, ist eine hohe Luftfeuchtigkeit vorteilhaft.
Die Pflanzen wachsen monopodial und ähneln den riemenblättrigen Vandas. Viele Arten bilden an hängenden, verzweigten Stengeln zylindrische Blütentrauben aus. Viele der wachsartigen Blüten verbreiten einen süßen Duft. Die Blüten halten sich bis zu vier Wochen lang in einwandfreiem Zustand, wenn man die Pflanze während der Blütezeit in eine kühlere Umgebung stellt.
Aerides-Arten hält man am besten – ihrer epiphytischen Lebensweise angepaßt – in Körbchen oder an Rindenstücken bei warmen, feuchten und luftigen Bedingungen.

Aerides fieldingii
● ◑ warm/mittelwarm ❀ Frühjahr/Sommer
An den herabhängenden, sich verzweigenden, oft bis zu 60 cm langen Blütenstielen entwickeln sich im Frühjahr oder Sommer bis zu 30 Blüten. Sie sind etwa 2,5 cm groß, weiß und rosenfarbig-lila übergossen oder gesprenkelt.

Aerides odoratum
● ◑ warm/mittelwarm ❀ Sommer
Diese Art zeichnet sich durch ihr robustes Wachstum aus. Sie ähnelt im Aussehen *Aerides fieldingii.* Die wohlriechenden Blüten sind cremefarben-weiß, die Spitzen der Sepalen und Petalen sind magentarot gefleckt. Die Lippe läuft in einem nach oben gebogenen Sporn aus.

Aerides vandarum
● ◑ warm/mittelwarm ❀ Frühjahr
Diese Art hat sehr schmale, zylindrische Stengel und Blätter, die bis zu 90 cm lang werden können. Die im Frühjahr gebildeten Blüten sind weiß und 7,5 cm breit; sie wachsen einzeln oder in Gruppen bis zu drei Stück an einem Stiel.

Angraecum

Diese epiphytische Gattung kommt nur in bestimmten Teilen Afrikas und in Madagaskar vor und umfaßt etwa 200 Arten. Die einzelnen monopodial wachsenden Arten unterscheiden sich hauptsächlich durch ihre Größe. Ihre Blüten sind stets entweder cremeweiß oder weiß mit grün. Ein weiteres gemeinsames Merkmal besteht darin, daß fast alle ihre Blüten einen langen Sporn besitzen.
Angraecum-Pflanzen werden am besten in Körbchen in einem Warmhaus gehalten. Da sie keine Pseudobulben besitzen, brauchen sie viel Luftfeuchtigkeit und viel Licht. Die kleinwüchsigen Arten sollte man jedoch vor direkter Sonnenbestrahlung schützen. Ein häufiges Sprühen im Frühjahr und Sommer fördert das gesunde und kräftige Wachstum.

Angraecum distichum
● warm ❀ das ganze Jahr über
Diese kleinwüchsige Art bringt kleine weiße, süßduftende Blüten hervor, die nicht größer als 6 mm werden. *Angraecum distichum* ist auch unter dem Namen *Mystacidium distichum* bekannt.
Angraecum humile ist eine andere kleinwüchsige Art, deren sternförmige Blüten nur 3 mm groß werden.

Angraecum eburneum
● warm ❀ Winter
Die dicht beblätterte, kräftige Pflanze bildet an ca. 60 cm langen Blütenstengeln, von denen oft mehrere gleichzeitig erscheinen, 9 – 12 ca. 10 cm große, wohlriechende Blüten aus. Sepalen, Petalen und der lange Sporn sind grünlich-weiß, die Lippe reinweiß.

Angraecum sesquipedale
● warm ❀ Winter
Die bekannteste der großblütigen *Angraecum*-Arten stammt aus Madagaskar. Der

Oben: *Aeranthes arachnites.* Foto: 1¼ nat. Größe

Oben: *Ansellia africana.* Foto: ¾ nat. Größe

Oben: *Angraecum eburneum.* Foto: nat. Größe

Oben: *Aerides fieldingii.* Foto: ¾ nat. Größe

kräftige, bis zu 90 cm hoch werdende Stamm trägt bläulichgrüne, riemenförmige, ledrige Blätter, deren Länge etwa der Pflanzenhöhe entspricht. Die cremeweißen, sternförmigen Blüten, von denen 2 – 4 an der Spitze des Blütenstengels sitzen, sind ca. 15 – 18 cm groß. Ihr auffälligstes Merkmal ist der grünliche Sporn, der bis zu 30 cm lang werden kann.

Ansellia

● warm ✿ Winter/Frühjahr
In manchen Fällen ist es leichter, eine Orchidee zu beschreiben, als ihr einen allgemein gültigen Namen zu geben. Die Arten, die zu der Gattung *Ansellia* gehören, lassen sich sehr schwer definieren, und man ist sogar weithin der Meinung, daß es nur eine einzige, sehr verschiedenartige, epiphytisch oder lithophytisch wachsende Art gebe. Die Gattung ist in weiten Gebieten des tropischen und südlichen Afrikas beheimatet, wobei sich die einzelnen Lebensräume sehr voneinander unterscheiden. Dies ist zweifellos auch der Grund, warum man so verschiedenartige Wuchs- und Blütenformen findet. Die Kulturbedingungen ähneln denjenigen der vandaartigen Orchideen, obwohl man sie sowohl mittelwarm als auch in den empfohlenen Warmhäusern hält. Wichtig ist es, ihnen stets viel Licht zu bieten.

Die Pflanze bildet stielartige, zylindrische Pseudobulben, die sich nach oben hin verdünnen. Sie werden bis zu 60 cm und höher, bei etwa 2,5 cm Durchmesser. Die gerippten Blätter wachsen meist aus dem Oberteil des Stammes. Ein interessantes Merkmal der Pflanze sind die dünnen Wurzeln, die nach oben wachsen, d. h. aus dem Substrat heraus.

Die im Winter oder im Frühjahr gebildeten Blüten besitzen eine hell- bis tiefgelbe Grundfarbe, die entweder rein auftritt oder leicht bis stark hell- oder dunkelbraun gefleckt oder gestreift ist. Die oft verzweigten Blütenstiele tragen bis zu 40 etwa 2,5 – 5 cm große Blüten.

Der gebräuchliche Name für diese Art ist *Ansellia africana,* man nennt sie aber auch *Ansellia confusa, Ansellia gigantea* oder *Ansellia nilotica.*

Barkeria

Manche Systematiker lassen *Barkeria* als eigene Gattung gelten, während andere sie der Gattung *Epidendrum* zurechnen.

Während der Wachstumszeit bevorzugen diese epiphytisch wachsenden Orchideen mittelwarme Temperaturen und ausreichend Licht, Wärme und Luftbewegung. Sie benötigen aber auch eine ausgesprochene Ruhezeit unter viel kühleren Bedingungen. Bis zum Herbst sollten die Pseudobulben voll entwickelt sein; jetzt kommt die Zeit, in der man die Pflanzen

für die Ruheperiode bis zum folgenden Frühjahr kühler hält.
Barkeria entwickelt schlanke Pseudobulben, aus deren Spitze die Blätter und Blütenstengel herauswachsen. Sie bilden eine Anzahl fleischiger Luftwurzeln und können daher gut auf Baumfarn- oder Korkrindenstücken gehalten werden.
Die beiden nachfolgend beschriebenen Arten stammen aus Mittelamerika.

Barkeria skinneri
◑ mittelwarm ❀ Herbst
Dies ist die bekannteste Art dieser Gattung. Die bis zu 60 cm langen Blütenstengel tragen 20 – 30 rosenfarbene bis violette Blüten, deren Lippe oft etwas dunkler gefärbt ist. Die Blüten werden etwa 4 cm groß und halten sich wochenlang.

Barkeria spectabilis
◑ mittelwarm ❀ Winter/Frühjahr
Diese Art entwickelt kürzere Pseudobulben als die vorige, dafür sind die Blüten größer – ca. 5,5 cm. Jeder Blütenstiel trägt 6 – 8 Blüten. Die Grundfarbe ist Rosenrot bis Lila mit breiter weißer Lippe, die an der Spitze magentarot gefärbt ist.

Bifrenaria

Diese kleine Gattung besitzt etwas mehr als ein Dutzend Arten, die alle aus Südamerika, vor allem Brasilien, kommen. Sie gehören bestimmt zu den am leichtesten zu pflegenden Pflanzen und bieten sich für Anfängersammlungen an.
Bifrenarias sind Epiphyten, die man sowohl in einem Topf als auch in unter dem Dach aufgehängten Draht- oder Holzkörben halten kann. Ein offenes, durchlässiges Substrat ist wichtig. Zur Wachstumszeit benötigen diese Orchideen einen mittelwarmen, hellen, gut gelüfteten Standort und eine möglichst hohe Luftfeuchtigkeit. Wenn die neue Bulbe herangereift ist, sollte man eine längere Ruheperiode einhalten, mit niedrigeren Temperaturen, wenig Wasser und nicht zu viel Licht. Im Winter benötigen Sie Mindesttemperaturen von ca. 11° C.
Die meisten Arten haben gedrungene, kantige, gelblichgrüne Pseudobulben, die an ihrer Spitze jeweils ein dunkelgrünes, lederartiges Blatt ausbilden.

Bifrenaria atropurpurea
◑ ○ mittelwarm/kühl ❀ Frühjahr/Sommer
Diese Art trägt an ihrem Blütenstiel, der aus der Basis der Pseudobulben hervorwächst, 3 – 5 etwa 5 cm große Blüten. Sepalen und Petalen sind purpurrot, jeweils mit einem gelben Punkt in der Mitte; die Lippe ist rosa-weiß oder rot gefärbt.

Bifrenaria harrisoniae
◑ ○ mittelwarm/kühl ❀ Frühjahr/Sommer
Bifrenaria harrisoniae trägt an einem kurzen Blütenstiel, 1 – 2 wachsartige, ca. 7,5 cm große Blüten. Die Sepalen sind rötlich, die Petalen cremeweiß. Die Lippe ist mit kurzen, rötlich-purpurroten Härchen bedeckt.

Brassavola

Die 15 bekannten *Brassavola*-Arten leben entweder epiphytisch oder lithophytisch und stammen aus Mittel- oder Südamerika.
Bei vielen Arten sind die Pseudobulben dünn und zylindrisch und ähneln den Stengeln. Die Blätter sind ledrig und ebenfalls zylindrisch bis rund. Man befestigt diese Orchideen am besten an Baumfarn mit nur wenig Substrat und hängt das Ganze unter dem Gewächshausdach auf. Brassavolas bevorzugen mittelwarme bis warme Temperaturen, viel Licht, jedoch keine zu hohe Feuchtigkeit. Während ihrer langen Ruhezeit sollte man sie möglichst trocken halten.

Brassavola cucculata
◑ mittelwarm ❀ das ganze Jahr über
Diese Pflanze besitzt dünne, schilfartige, bis zu 60 cm lange Blätter und hängende Pseudobulben. Die Blüten – selten mehr als eine pro Pseudobulbe – entwickeln sich aus der Blattbasis an einem kurzen Stengel. Petalen und Sepalen sind etwa 10 cm lang und schmal. Die gefranste Lippe ist ebenfalls schmal und spitz ausgezogen. Alle Blütenblätter hängen und lassen die Blüte wie eine grünlichweiße Spinne aussehen.

Brassavola nodosa
◑ mittelwarm ❀ das ganze Jahr über
Diese Art hat eine ähnliche, etwas gedrungenere und kürzere Wuchsform als die vorige. Die Blüten, von denen jeweils 4 – 5 an einem Stengel sitzen, sind bis zu 7,5 cm groß, wenn sie völlig geöffnet sind. Sepalen und Petalen sind cremeweiß und schmal; die Lippe ist breit, weiß und hat am Schlund einige purpurrote Flecken.

Bulbophyllum

Mit 2000 bekannten Arten ist dies die größte Gattung der Orchideenfamilie. *Bulbophyllum* ist in den subtropischen und tropischen Gebieten der Erde weitverbreitet. Sie entwickelt dabei die unterschiedlichsten Wuchsformen, Blütengrößen und -formen. So sind einige Blüten winzig klein, während andere bis zu 10 cm groß werden. Bei den meisten Arten sind die Sepalen die auffälligsten Blütenteile, während die Petalen klein und

Oben: *Brassavola nodosa.* Foto: ⅓ nat. Größe

Oben: *Bifrenaria harrisoniae.* Foto: ⅔ nat. Größe

Oben: *Barkeria spectabilis.* Foto: ¾ nat. Größe

Oben: *Barkeria skinneri.* Foto: 2½ nat. Größe

Oben: *Bulbophyllum umbellatum.* Foto: 3× nat. Größe

unscheinbar sind. Die Blüten werden entweder einzeln oder in einer Traube bzw. Rosette gebildet. Sie entwickeln sich an einem Stengel, der aus der Basis der voll oder teilweise ausgereiften Pseudobulben hervorwächst.
Einige Arten kann man in einem kühlen Gewächshaus halten, die meisten aber verlangen mittelwarme oder warme Temperaturen. Da es sich meist um epiphytisch oder lithophytisch wachsende Pflanzen handelt, wurzeln sie nicht tief und gedeihen am besten in flachen Töpfen oder auf Baumfarn oder Korkrinde. Ein gut durchlässiges Substrat ist wichtig.

Bulbophyllum collettii
◑ mittelwarm ❀ Winter/Frühjahr
In Burma beheimatet, ist dies eine Pflanze für das mittelwarme Gewächshaus. Sie hat rundliche, winklige Pseudobulben, die in einem Abstand an einem kriechenden Rhizom sitzen. Die 4–6 Blüten entwickeln sich an einem Blütenstengel, der schon erscheint, wenn der neue Trieb erst teilweise ausgewachsen ist. Die unteren Sepalen hängen herunter, als seien sie zusammengewachsen. Sie erreichen eine Länge von 13 cm. Die obere Sepale und die Petalen tragen einen Flaum von kurzen, feinen Haaren. Die Grundfarbe ist kastanienbraun mit gelben Streifen.

Bulbophyllum longissimum
◑ mittelwarm ❀ Winter/Frühjahr
Diese Art sieht *Bulbophyllum collettii* ähnlich, hat aber blassere Blüten. Die unteren Sepalen können bis zu 25 cm lang werden.

Bulbophyllum umbellatum
○ kühl ❀ Herbst/Winter
Diese indische Art läßt sich gut in einem kühlen Gewächshaus halten. Sie blüht im Herbst und Winter und entwickelt längliche, kantige Pseudobulben, die etwa 5 cm hoch werden und nur ein einziges Blatt tragen. Die 2 cm großen Blüten wachsen rosettenförmig zu 5–8 an einem einzigen Stiel. Sie sind cremiggelb gefärbt und mit vielen roten Flecken besetzt.

Calanthe

Mit ihren aufrechten Blütenstielen und vielen, lange haltenden Blüten gilt *Calanthe* mit Recht bei vielen Orchideenliebhabern als Favorit. In einem Warmhaus gedeiht sie gut. Sie ist eine günstige Pflanze für Anfänger. Von den 150 Arten, die man kennt, wachsen die meisten am Boden. Die Gattung ist von Südafrika und Asien bis zu den Pazifischen Inseln verbreitet.
Man teilt die Gattung in zwei Hauptgruppen ein: laubwechselnde und immergrüne. Die laubwechselnden Arten bilden ziemlich große, kantige Pseudobulben mit breiten, gerippten Blättern. In der

Wachstumsperiode sollte man diesen Pflanzen viel Wasser geben und sie gut düngen, bis die Blätter in den ersten Wintermonaten gelb werden und abfallen. Nun muß man das Gießen nach und nach einschränken. Nach dem Abblühen sollte man die Pseudobulben in gut durchlässiges Substrat umtopfen.
Immergrüne *Calanthe* gedeihen unter ähnlichen Bedingungen, brauchen aber keine ausgesprochene Ruheperiode.

Calanthe masuca
● warm ❀ Sommer/Herbst
Dies ist der Favorit unter den immergrünen Arten. Sie entwickelt an einem aufrechten Blütenstengel violett-lila Blüten mit dunkelmagentaroter Lippe.

Calanthe vestita
● warm ❀ Winter
Diese laubwechselnde Art bildet im Winter wunderschöne weiße bis tief purpurrote, ca. 5 cm große Blüten aus.

Ceratostylis

Obwohl von dieser Gattung 70 Arten bekannt sind, findet man nur eine in den Sammlungen.

Ceratostylis rubra
◑ mittelwarm ❀ das ganze Jahr über
Diese Pflanze blüht drei- bis viermal im Jahr verschwenderisch. Obwohl die tiefroten Blüten nicht größer als 2,5 cm sind, bilden sie einen schönen Kontrast zu dem dunkelgrünen Blattwerk. Die Blütenstengel sind sehr kurz. In den Philippinen beheimatet, braucht die Pflanze viel Licht und mittelwarme Temperaturen. Im Sommer sollte man öfter sprühen.

Chysis

Die 6 bekannten *Chysis*-Arten, die von Mexiko bis Peru vorkommen, sind größtenteils Epiphyten. In Kultur werfen sie zum Teil ihre Blätter ab. In der Wachstumsperiode brauchen sie viel Wärme und Feuchtigkeit. Sobald sie ihre Blätter abgeworfen haben, beginnt die Ruhezeit. In dieser Zeit hält man die Pflanze kühler und trockener, bis sie im Frühjahr wieder zu wachsen anfängt.
Die Wuchsform und äußere Erscheinung ist bei allen Arten gleich. Wenige, oft große Blätter wachsen aus der Spitze der spindelförmigen, bis zu 45 cm langen Pseudobulben heraus. Die Blätter wachsen entweder horizontal oder sie hängen herab, so daß man die Pflanzen am besten in Körben kultiviert, die man am First des Gewächshauses aufhängt.

Chysis aurea
● warm ❀ Frühjahr/Sommer
Diese Art hat ca. 5 cm große, duftende blaß- bis zitronengelbe Blüten, immer 6 – 8 an einem Stengel. Die Lippe ist rotgefleckt.

Chysis bractescens
● warm ❀ Frühjahr/Sommer
Die bis zu 7,5 cm großen Blüten wachsen ziemlich dicht an einem einzigen, verhältnismäßig kurzen Stiel. Sie sind weiß und werden mit der Zeit cremefarben. Außen ist die Lippe weiß, innen leicht gelb getönt.

Chysis laevis
● warm ❀ Frühjahr
Diese Art ist wohl die farbenprächtigste der Gattung. Aus einem Stiel, der sich schon im frühen Wachstumsstadium des neuen Triebes entwickelt, wachsen 8 – 12 etwa 6,5 cm große Blüten. Sepalen und Petalen sind gelb, das äußere Drittel jedes Segmentes ist orangefarben markiert oder gefärbt. Die Lippe ist gelb und dunkelrot gefleckt.

Coelogyne

Obwohl es sich bei *Coelogyne* um eine große Gattung mit über 100 Arten handelt, findet man sie selten in Sammlungen. In den meisten Fällen sind diese Pflanzen leicht zu pflegen, viele davon gedeihen unter kühlen Bedingungen und brauchen nur während ihres aktiven Wachstumsstadiums eine wärmere Umgebung.
Größer wachsende Arten benötigen im Gewächshaus jedoch sehr viel Platz.

Coelogyne cristata
○ kühl ❀ Winter
Diese Art stammt aus dem Himalayagebiet und kommt dort in Höhen von 1500 – 2500 m vor. Der Blütenstengel tritt aus der Mitte des neuen Triebes hervor. An seinem Ende sitzen bis zu 9 Blüten. Der Schlund der Lippe ist goldgelb gefärbt. Die Blüten halten sich 4 – 5 Wochen lang.

Coelogyne massangeana
○ kühl ❀ Frühjahr
Diese Art entwickelt hängende, 40 – 60 cm lange Blütenstengel mit bis zu 20 Blüten, die cremegelb gefärbt sind und braun markierte Lippen besitzen.

Coelogyne pandurata
○ kühl ❀ Frühjahr
Die Blüten dieser Art können ca. 10 cm groß werden. Sie sind grün mit kohlschwarzen Haaren, die die Lippe teilweise bedecken, und wachsen auf wunderschön gebogenen Stengeln.

Oben: *Ceratostylis rubra*. Foto: 1½ nat. Größe

Oben: *Chysis bractescens*. Foto: ½ nat. Größe

Oben: *Calanthe vestita*. Foto: ⅓ nat. Größe

Oben: *Colax jugosus*. Foto: nat. Größe

Oben: *Coelogyne cristata.* Foto: ⅓ nat. Größe

Oben: *Comparettia macroplectron.* Foto: nat. Größe

Colax

Die drei bekannten *Colax*-Arten wurden früher den Gattungen *Lycaste, Maxillaria* und *Zygopetalum* zugeordnet. Von den in Brasilien beheimateten Arten findet man allerdings nur *Colax jugosus* in den heutigen Sammlungen.

Colax jugosus
◑ mittelwarm ❀ Frühjahr
Diese Art gedeiht gut bei mittelwarmen Temperaturen und viel frischer Luft. Am besten scheint sie in einem Topf mit gut durchlässigem Substrat zu wachsen.
Die Pflanze entwickelt kleine ovale Pseudobulben, die 2,5 – 5 cm hoch werden und sich nach oben hin verjüngen, und zwei dunkelgrüne, ca. 15 – 23 cm lange Blätter. An einem Blütenstengel wachsen zwei oder manchmal auch drei etwa 5 – 8 cm große Blüten. Sepalen und Petalen sind cremeweiß; die Sepalen sind meist einfarbig, während die Petalen mit vielen dunkelpurpurnen Flecken übersät sind. Auch die Lippe ist cremeweiß-purpurn gezeichnet. Die im Frühjahr erscheinenden Blüten halten sich bis zu vier Wochen.

Comparettia

Eine kleine, aber interessante Gattung mit weniger als einem Dutzend Arten, die man meist in der Andenregion Südamerikas findet.
Man sollte sie an der kühlsten Stelle eines mittelwarmen Hauses unterbringen und sie gut vor voller Sonnenbestrahlung schützen. Während der Wachstumszeit sollte man sie nie völlig trocken werden lassen. Zwei- bis dreimal täglich sprühen ist sehr nützlich. Flache Töpfe oder Korkrinde mit Sphagnum-Moos eignen sich gut zur Haltung, denn Comparettias wurzeln nicht tief.

Comparettia coccinea
◑ mittelwarm ❀ Herbst/Winter
Diese Art ähnelt *Comparettia macroplectron* in der Wuchsform. Die Blüten sind ähnlich geformt, aber etwas kleiner. An einem Blütenstengel wachsen 5 – 10 orange- bis scharlachrote Blüten, die bis zu 14 Tage lang halten.

Comparettia macroplectron
◑ mittelwarm ❀ Sommer
Dies ist vielleicht die bekannteste Art. Sie bildet sehr kleine, etwa 2 cm hohe Pseudobulben mit einem oder zwei, bis zu 13 cm langen Blättern. Die Pflanze blüht sehr großzügig. Die herabhängenden, manchmal 30 – 38 cm und länger werdenden Blütenstengel wachsen aus der Basis der Pseudobulben heraus und tragen 5 – 10 Blüten, die ca. 5 cm groß werden. Sepalen und Petalen sind rosarot und oft

mit purpurfarbenen Punkten übersät. Der ca. 5 cm lange Sepalensporn ist weißlich-grünlich gefärbt. Die Lippe ist im Verhältnis zur restlichen Pflanze groß und rosafarben, an der Basis gefleckt, wobei die Fleckung zum Rand hin abnimmt.

Cymbidiella

Von dieser auffallenden Gattung kennt man nur drei Arten, die alle in Madagaskar beheimatet sind. In den heutigen Sammlungen findet man aber nur *Cymbidiella rhodochila.* Früher wurden die *Cymbidiella*-Arten der Gattung *Cymbidium* zugeordnet.
In freier Natur wächst die Pflanze meist epiphytisch auf einer bestimmten Art von Geweihfarn. Diese Orchidee ist nicht leicht zu pflegen: Sie stellt u. a. sehr hohe Ansprüche an die Drainage im Wurzelbereich. *Cymbidiella*-Arten werden im Warmhaus gehalten. Sie brauchen sehr viel Feuchtigkeit und gutes Licht, allerdings keine direkte Sonnenbestrahlung.

Cymbidiella rhodochila
● warm ❀ Winter/Frühjahr
Diese Pflanze hat eine ähnliche Wuchsform wie ein *Cymbidium,* meist sind die Blätter jedoch kürzer. Der 60 – 80 cm hohe Blütenstengel wächst aus der Basis der Pseudobulbe aus. Es werden bis zu 20 Blüten gebildet, die nach und nach aufgehen, drei oder vier auf einmal. Jede Blüte ist etwa 7,5 cm groß und hält sich sehr lange. Sepalen und die leicht helmförmigen Petalen sind gelblichgrün. Die Petalen sind auffällig dunkelgrün bis schwarz gepunktet. Die karminrote Lippe mit den gelben und dunkelgrünen Flekken in der Mitte bildet einen auffälligen Kontrast.

Dendrochilum

Von dieser Gattung, die häufig auch *Platyclinis* genannt wurde, kennt man etwa 150 Arten. Wildwachsende *Dendrochilum* kommen in weiten Teilen Südostasiens vor. Die bei uns kultivierten Pflanzen jedoch stammen meist von den Philippinen, wo sie in großen Büscheln auf Bäumen snd Felsen wachsen.
Obwohl diese Orchideen aus einem warmen Klima stammen, kann man viele von ihnen auch in einem kühlen Gewächshaus halten. Vor Sonneneinstrahlung sollte man sie alle schützen. Zur Wachstumszeit muß man die Wurzeln stets gut feucht – nicht naß – halten. In ihrer Ruhezeit im Winter müssen die Pflanzen trockener gehalten werden.
Dendrochilum-Arten besitzen kleine, ovale Pseudobulben, aus denen ein einziges Blatt hervorwächst. Aus der Mitte des neuen Triebes entwickeln sich dünne, drahtartige Blütenstengel, die zunächst senkrecht nach oben wachsen, später aber bald umbiegen und nach unten hängen. An einem solchen Blütenstengel wachsen manchmal bis zu 80 winzige Blüten heran, so daß sich eine richtige Blütenkette ergibt. Die meisten *Dendrochilum*-Blüten duften angenehm.

Dendrochilum cobbianum
○ kühl ❀ Herbst
Diese Art hat bis zu 1,2 cm große Blüten, die größten der Gattung. Die Grundfarbe der Blüten ist cremeweiß, die Lippe ist leuchtend goldgelb gefärbt.

Dendrochilum filiforme
○ kühl ❀ Frühjahr
Diese zauberhafte Art bildet Blütenketten von bis zu 30 cm Länge. Die einzelnen Blüten sind nicht größer als 6 mm und stehen dichtgedrängt am Blütenstengel. Sie sind gelblich-grün gefärbt und erscheinen im späten Frühjahr.

Dendrochilum glumaceum
○ kühl ❀ Frühjahr
Die Blüten dieser Art ähneln denen von *Dendrochilum cobbianum,* sie öffnen sich jedoch im Frühjahr, sind sternförmig und sitzen dichtgedrängt am Stengel. Die strohgelben Blüten verbreiten einen starken Duft.

Doritis

Mit ihrer einzigen Art hätte man diese Gattung vergessen können, wenn sie nicht sehr oft zur Hybridenzüchtung herangezogen worden wäre.

Doritis pulcherrima
● warm ❀ das ganze Jahr über
Doritis pulcherrima stammt aus Südostasien (Birma, Thailand, Laos, Sumatra) und gedeiht deshalb am besten im Warmhaus.
Wuchsform und Erscheinungsbild ähnelt *Phalaenopsis,* die Pflanze wird jedoch oft höher. Sie bildet drei bis vier Paar steife, grüngraue Blätter, die auf der Oberseite dunkelpurpurrot gesprenkelt sind.
Die Blütenstengel bleiben aufrecht und werden bis zu 60 cm hoch. An ihnen sitzen im oberen Abschnitt 10 – 25 Blüten, von denen jeweils einige auf einmal aufgehen. Die Blüten erscheinen zu jeder Jahreszeit und oft mehr als einmal im Jahr. Da sich immer wieder Blüten öffnen, kann ein einzelner Blütenstengel vier oder fünf Monate lang blühen. Die Blüten sind von unterschiedlichster Größe (2 – 4 cm) und Farbe; die Sepalen und Petalen können blaßrosa, lila oder tief magentarot gefärbt sein. Die Seitenlap-

Oben: *Cymbidiella rhodochila.* Foto: ⅔ nat. Größe

Oben: *Doritis pulcherrima.* Foto: 2¼ nat. Größe

Oben: *Encyclia mariae.* Foto: ⅓ nat. Größe

Oben: *Dendrochilum cobbianum.* Foto: 2× nat. Größe

pen der Lippe sind nach oben gebogen und tief orange- oder magentarot gefärbt.

Encyclia

Es herrschen unterschiedliche Meinungen darüber, ob es sich hier um eine eigene Gattung handelt oder aber um Arten, die man bisher zu *Epidendrum* und *Cattleya* rechnete. Die bis jetzt bekannten Arten stammen aus Mexiko.
Encyclia-Arten hält man in kühlen oder mittelwarmen Gewächshäusern, die man im Sommer gut schattieren muß. Ein gut durchlässiges Substrat wie Tannenrinde eignet sich am besten, denn die Wurzeln sollten nie zu naß werden. In der Tat sterben viele dieser Pflanzen an Überwässerung.

Encyclia citrina
○ kühl ✿ das ganze Jahr über
Diese Art, die man oft auch als *Cattleya citrina* bezeichnet, liebt einen gut schattierten, kühlen Standort. Sie gedeiht am besten, wenn man sie von einem Baumstück oder Korkrinde herabhängen läßt. Die eiförmigen Pseudobulben und die riemenförmigen, hängenden Blätter sind graugrün gefärbt. An den ebenfalls herabhängenden Blütenstengeln sitzt jeweils eine etwa 8 cm große Blüte. Die Blüten sind zitronengelb mit in der Mitte tiefer gelb gefärbter Lippe, die manchmal am Rand yeiß gebändert ist. Sie duften stark und sind sehr dauerhaft.

Encyclia mariae
○ kühl ✿ Sommer
Encyclia mariae wird aufrecht im Topf gehalten. Pseudobulbe und Blätter sind graugrün. An einem dünnen Blütenstengel sitzen 1–5 etwa 5 cm große Blüten. Sepalen und Petalen sind lindgrün, die sehr große Lippe, die den größten Teil der Blüte ausmacht, ist reinweiß.

Epidendrum

Epidendrum ist eine der größten Gattungen: Man kennt über 1000 Arten, die meist aus Mittel- und Südamerika kommen.
Von ihrer Natur her kann man Epidendren in zwei Gruppen einteilen: in solche mit ovalen oder runden Pseudobulben und solche, die schilfartige Stämme bilden. Gemeinsame Merkmale sind ein aus der Spitze der Pseudobulbe hervortretender Blütenstiel und die in kleinen Gruppen nacheinander aufgehenden einzelnen Blüten, deren Lippe weit verwachsen ist.

Die Pflanzen gedeihen am besten in einem kühlen oder mittelwarmen Gewächshaus.

Epidendrum cochleatum
◑ mittelwarm ❀ das ganze Jahr über
Diese epiphytische Art, die sich für die Haltung in einem mittelwarmen Gewächshaus eignet, bildet flache, birnenförmige Pseudobulben, die etwa 18 cm hoch werden. An einem Blütenstengel wachsen bis zu 10 Blüten. Die grünen Sepalen und Petalen sind schmal und gedreht und hängen von der runden, dunkelpurpurroten, fast schwarzen Lippe herab. Meist werden 3 – 4 Blüten gleichzeitig gebildet.

Epidendrum ibaguense
○ ◑ kühl/mittelwarm ❀ das ganze Jahr über
Diese oft auch als *Epidendrum radicans* bezeichnete Art stammt aus Mexiko und gehört zu der schilfstämmigen Gruppe, die erdbewohnend ist. An den 60 – 150 cm langen Stämmen sitzen gerundete Blätter und viele Luftwurzeln. Die 2 – 4 cm großen Blüten sind orange- oder scharlachrot, die Lippe flach und stark gefranst. Die Blüten stehen in „Dolden" zusammen.

Epidendrum polybulbon
◑ mittelwarm ❀ Winter
Diese Art ist von Mexiko bis Honduras verbreitet. Die vielen kleinen, rundlichen Pseudobulben wachsen aus einem kriechenden Rhizom, das unter guten Bedingungen im Gewächshaus oben im Topf eine dicke Masse bildet. Die Pflanze ist kleinwüchsig und wird nur etwa 5 – 7,5 cm hoch. An dem ca. 4 cm langen Blütenstiel sitzt je eine ca. 2,5 cm große Blüte. Die schmalen Sepalen und Petalen sind gelb mit Braun übergossen, die breite, spatenförmige Lippe ist cremig weiß. *Epidendrum polybulbon* gedeiht bei mittelwarmen Temperaturen.

Eria

Obwohl es etwa 550 Arten der Gattung *Eria* gibt, die meist aus Indien oder Malaysia kommen, findet man in den heutigen Sammlungen nicht viele von ihnen.
Einige Arten gedeihen in einem kühlen Gewächshaus, die meisten jedoch lieben mittelwarme oder warme Temperaturen. Einige Arten brauchen Schatten, während andere sich unter voller Beleuchtung wohlfühlen. Die meisten benötigen nach ihrer Wachstumsperiode eine Ruhezeit und blühen leichter, wenn man sie in dieser Zeit kühler hält.

Eria coronaria
◑ ● mittelwarm/warm ❀ Winter/Frühjahr
Bei dieser Art entwickeln sich aus den bis zu 20 cm langen, stammartigen Pseudobulben zwei breite Blätter. Kurze Blütenstengel tragen 3 – 5 herrlich duftende Blüten, die ca. 2,5 – 4 cm groß und cremig weiß gefärbt sind. Die Oberfläche der Lippe ist tief purpurrot und gelb markiert.

Eria javanica
◑ ● mittelwarm/warm ❀ Winter/Frühjahr
Die Pseudobulben werden etwa 7,5 cm hoch und bringen zwei aufrechte Blätter hervor, die 30 – 60 cm lang werden. Der ebenfalls aufrechte Blütenstengel entwickelt sich aus der Spitze der Pseudobulbe und wird ca. 60 cm hoch. An ihm wachsen viele in einem Abstand zueinander stehende, ca. 4 cm große Blüten. Sepalen und Petalen sind weiß-grünlich, zur Mitte hin cremefarben.

Eria rhynchostyloides
◑ ● mittelwarm/warm ❀ Winter/Frühjahr
Diese Art gleicht in der Wuchsform *Eria javanica,* kann aber 4 – 5 Blütenstengel aus einer einzigen Pseudobulbe hervorbringen. Die ca. 20 cm langen, hängenden Blütenstengel tragen viele kleine, rosa-weiße Blüten, die dicht beieinander stehen und zylindrisch angeordnet sind.

Eulophia

Die meisten der 200 bekannten Arten der Gattung *Eulophia* stammen aus dem tropischen und subtropischen Afrika und sind größtenteils Erdorchideen. Man kann sie je nach Wuchs und Form der Blüten grob in zwei Gruppen einteilen:
Die erste Gruppe entwickelt eine breite, birnenförmige Pseudobulbe, aus der ziemlich lange, nach der Wachstumszeit abfallende Blätter herauswachsen. Die Sepalen und Petalen der Blüte sind klein im Verhältnis zur prächtig ausgebildeten Lippe.
Die Pflanzen der zweiten Gruppe entwickeln dünnere, zigarrenförmige Pseudobulben und behalten ihre schmalen Blätter über mehrere Jahre hinweg. Ihre Blüten sind kleiner und gleichmäßiger geformt als die der vorherigen Gruppe.

Eulophia guinensis
● warm ❀ Sommer
Diese Art gehört zu der ersten Gruppe. Nach der Ruhezeit im Winter, in der man die Pflanzen kühl und trocken hält, bringt man die Orchideen in das Warmhaus und bietet ihnen mit Hilfe von Licht und Bewässerung einen Anreiz zu aktivem Wachstum. Noch während der Wachstumszeit erscheint der Blütenstiel. Er wächst bis zu einer Höhe von 60 – 90 cm heran und trägt 6 – 15 Blüten. Die Lippe hat einen Durchmesser von 4 cm, ist spatenförmig ausgebildet und rosarot gefärbt mit dunklerer Aderung. Sepalen und Petalen sind zurückgebogen, kurz und

Oben: *Gomesa crispa.* Foto: 2× nat. Größe

Oben: *Eria javanica.* Foto: nat. Größe

Oben: *Eulophia guinensis.* Foto: nat. Größe

Oben: *Epidendrum ibaguense.* Foto: 4× nat. Größe

Oben: *Huntleya burtii.* Foto: 1¼ nat. Größe

schmal und haben eine mattpurpurne Färbung mit grüner Aderung.

Eulophia paivaeana

● warm ❀ Sommer/Winter

Diese Art gehört zu der zweiten Gruppe und behält ihre Blätter, die denen der Cymbidien ähnlich sehen, zwei bis drei Jahre. Die Pseudobulbe hat eine konische Form, wird etwa 7,5 cm hoch. Aus ihrer Basis wächst der Blütenstengel. Er scheint ständig zu wachsen und bringt in Abständen ca. 2,5 cm große Blüten hervor. Die Sepalen sind grünlich gefärbt und braun abgesetzt, die Petalen und die Lippe sind hellgelb. Diese Pflanze eignet sich für das Warmhaus.

Gomesa

○ ◑ kühl/mittelwarm ❀ Frühjahr/Sommer

Obwohl es von dieser epiphytischen Orchidee etwa 10 im Handel befindliche Arten gibt, findet man nur *Gomesa crispa* häufiger in Sammlungen. Die aus Brasilien stammende Pflanze entwickelt sich bei richtiger Pflege zu einem attraktiven Objekt; allerdings erfordert ihre Haltung besondere Sorgfalt.

Man kann *Gomesa crispa* in einem kühlen oder einem mittelwarmen Gewächshaus halten. Im Sommer braucht die Pflanze etwas Schutz vor direktem Sonnenlicht. Das Wurzelwerk verlangt nach einem gut durchlässigen Substrat; aus diesem Grunde kann man die Pflanzen gut auf einem Baumstück oder auf Korkrinde halten. Bei einer Topfhaltung verwendet man ein grobes Substrat. Im Sommer ist häufigeres Sprühen vorteilhaft.

Die Pflanze bildet Pseudobulben und Blätter, die denen von *Odontoglossum* ähneln, in der Färbung aber blasser sind. Aus einer Pseudobulbe bilden sich oft zwei bis zu 23 cm lange, gebogene Blütenstengel. Die süß duftenden, lindgrünen Blüten sind etwa 1,25 cm groß und bilden dichte Trauben am Stengel. Besonders auffällig ist die gekräuselte Form der Lippe und der Sepalen und Petalen.

Huntleya

Diese Gattung umfaßt vier Arten, von denen aber nur *Huntleya burtii* – auch als *Huntleya meleagris* bekannt – in Sammlungen zu finden ist.

Die Pflanzen kommen aus Costa Rica und Brasilien. *Huntleya burtii* soll angeblich schwierig zu halten sein. Die Mißerfolge ergeben sich oft aber nur aus folgenden Gründen: Viele Liebhaber halten die

Pflanze in zu warmer und zu feuchter Umgebung, so daß Fäulnis auftritt. Zum andern wird der neue Sproß, der sich in einem bestimmten Abstand vom Stamm bildet, irrtümlich für eine komplette Pflanze gehalten, abgeschnitten und separat eingetopft.

Huntleya burtii
◑ mittelwarm ❀ Sommer
Die Pflanze bildet keine Pseudobulben. Die etwa 30 cm langen Blätter entwickeln sich fächerförmig aus dem Mittelstamm. An dem ca. 15 cm langen Stengel wachsen einzelne, etwa 6,5 – 7,5 cm große Blüten. bsepalen und Petalen haben in etwa die gleiche Größe und die gleiche Markierung: an der Basis sind sie grünlichweiß, wechselnd zu gelb und rötlichbraun mit gelben Markierungen. Die untere Hälfte der Lippe ist rötlich-braun und geht nach oben zu allmählich in Weiß über. Die Blüten sind fest und wachsartig und halten sich lange.

Laelia

Man kennt bisher etwa 75 *Laelia*-Arten, von denen die meisten aus Mexiko oder dem nördlichen Teil Südamerikas stammen. Laelien leben epiphytisch.
Die meisten *Laelia*-Arten kann man in einem mittelwarmen Gewächshaus halten, bei mäßiger Beleuchtung und in einem gut durchlässigen Substrat. In der Wachstumszeit benötigen die Pflanzen ausreichend Feuchtigkeit (öfter sprühen!) – die Wurzeln dürfen jedoch nie über längere Zeit naß bleiben.
Die meisten dieser Pflanzen brauchen eine ausgesprochene Ruheperiode, in der man sie möglichst trocken hält.

Laelia anceps
○ kühl ❀ Winter
Dies ist eine Pflanze für das kühle Gewächshaus. Sie hat eckige Pseudobulben, die jeweils ein einzelnes Blatt tragen. An dem aufrecht wachsenden Stengel, der 60 cm oder länger wird, wachsen 2 – 5 etwa 10 cm große Blüten. Sie sind blaß- oder tiefrosa gefärbt; die Lippenfarbe ist dunkler, der Lippenschlund gelb mit lilafarbenen Adern.

Laelia cinnabarina
◑ mittelwarm ❀ Winter/Frühjahr
Diese Art hat dünnere Pseudobulben, die – wie auch die Blätter – dunkler sind als bei den meisten anderen Arten. 5 – 12 orangerote, jeweils etwa 5 cm große Blüten wachsen an einem 23 cm langen Stengel. Sepalen und Petalen sind lang und schmal.

Laelia purpurata
◑ mittelwarm ❀ Winter/Frühjahr
Dies ist die Nationalblume Brasiliens. Die spindelförmigen Pseudobulben werden ca. 45 – 60 cm hoch und tragen ein dickes Blatt. An dem kurzen Stengel sitzen 2 – 6 etwa 13 – 18 cm große Blüten. Petalen und Sepalen sind weiß bis blaßpurpur. Die breite, gefranste Lippe ist weiß und zum Schlund hin tiefpurpurfarben gefleckt.

Lycaste

Zwischen 30 und 40 *Lycaste*-Arten sind bekannt, von denen die meisten aus dem gebirgigen Mittelamerika stammen. Viele Arten sind laubwechselnd und verlieren ihre Blätter im Winter, wenn sie Blüten hervorbringen. Bei allen Arten öffnen sich die Sepalen sehr weit und sind länger als die umgestülpten Petalen, die teilweise geschlossen bleiben.
In ihrer Wachstumszeit benötigt die Pflanze Feuchtigkeit und Wärme. Auf den großen, breiten Blättern darf jedoch nie Wasser stehen, da sie sonst braunfleckig werden. In der Ruheperiode und in der Blütezeit brauchen die Pflanzen unbedingt kühlere und trockenere Bedingungen.

Lycaste aromatica
● warm ❀ Winter/Frühjahr
Wie schon der Name andeutet, verbreitet diese Art einen starken Duft. Die hellen, orangeroten, 5 cm großen Blüten erscheinen oft gleichzeitig mit dem neuen Trieb und wachsen einzeln an einem etwa 15 cm langen Stengel. Aus jeder Pseudobulbe können bis zu 10 Blüten hervorwachsen.

Lycaste deppei
● warm ❀ Winter/Frühjahr
Diese Art bringt weniger, aber größere – bis zu 11,5 cm – Blüten hervor als *Lycaste aromatica.* Die Sepalen sind mittelgrün mit rötlich-braunen Flecken. Die kleineren Petalen sind reinweiß. Die dreilappige Lippe ist gelb mit rötlich-braunen Flecken.

Lycaste virginalis
● warm ❀ Winter/Frühjahr
Die Blüten von *Lycaste virginalis* – auch als *Lycaste skinneri* bekannt – können bis zu 15 cm groß werden. Die Farbe variiert zwischen reinweiß (selten) über blaß- zu dunkelrosa. Die Lippe ist oft karminrot gefleckt. Die wachsartigen Blüten duften stark und halten fast zwei Monate lang.

Masdevallia

Man kennt bis jetzt 300 Arten, die hauptsächlich in höhergelegenen Gebieten von Mexiko, Brasilien und Kolumbien wachsen. Ihr Blütenaufbau unterscheidet sich stark von anderen Orchideen, denn die Sepalen sind im Vergleich zu den Petalen und der Lippe – die man nur bei genauem Hinsehen erkennen kann – sehr viel größer.
Masdevallia-Arten gedeihen am besten in einem kühlen Gewächshaus. Im Sommer benötigen sie viel Schatten und frische Luft. Masdevallien bilden keine Pseudobulben; die dicken Blätter wachsen direkt aus dem kriechenden Rhizom heraus. Man darf diese Pflanzen daher nie ganz austrocknen lassen. Eine gute Drainage an den Wurzeln ist ebenfalls wichtig. Die meisten Arten blühen im Winter und Frühjahr.

Masdevallia chimaera
○ kühl ❀ Winter/Frühjahr
Da diese Art gerne hängt und in das Substrat hineinwächst, ist es günstig, sie in einem Körbchen zu ziehen, damit der Blütenstengel durch die Seiten herauswachsen kann.
Die Blüten öffnen sich eine nach der an-

Oben: *Masdevallia coccinea.* Foto: nat. Größe

deren; jede von ihnen kann zwischen 15 und 30 cm groß werden. Die Sepalen tragen am Ende einen langen Schweif. Die Blüte ist cremefarben und mehr oder weniger rötlich-purpur gefleckt und mit kurzen, purpurfarbenen Haaren bedeckt. Die Lippe ist orange- bis rosafarben und federt, so daß sie auf und ab schwingt, wenn die Blüte bewegt wird.

Masdevallia coccinea
○ kühl ❀ Winter/Frühjahr
Diese Art besitzt 30 cm lange, lanzettförmige Blätter. An dem noch längeren Blütenstengel sitzt eine einzige, 7,5 – 10 cm große Blüte, deren Sepalen sich nach der

Oben: *Lycaste virginalis.* Foto: ⅔ nat. Größe

Oben: *Laelia cinnabarina.* Foto: nat. Größe

Oben: *Masdevallia chimaera.* Foto: ⅔ nat. Größe

Oben: *Maxillaria porphyrostele.* Foto: ⅓ nat. Größe

Spitze hin stark verjüngen. Die Blütenfarbe variiert von lila bis zu einem tiefen Karminrot.

Masdevallia simula
○ kühl ❀ Winter/Frühjahr
Diese Art ist eine echte Zwergorchidee: Sie wird nicht höher als 5 cm. Die Blüten, die sich an das Blattwerk anschmiegen, sind sehr klein (ca. 1 cm groß) und gelblich-grün mit roten Flecken.

Maxillaria

Von dieser vielgestaltigen Gattung kennt man etwa 300 Arten. Sie sind über das ganze tropische Amerika verbreitet und wachsen fast alle epiphytisch.
Die Blüten sind unterschiedlich groß und ähneln denjenigen der Gattung *Lycaste.* Es werden entweder ganze Gruppen von Pseudobulben mit breiten Blättern ausgebildet, die sich aus einem horizontalen Rhizom entwickeln, oder aber es wachsen schmale Pseudobulben mit dünnen, grasartigen Blättern in Abständen aus einem kriechenden Rhizom, das die Tendenz hat, nach oben und damit vom Topf wegzutreiben.

Maxillaria luteo-alba
○ ◑ kühl/mittelwarm ❀ Frühjahr/Sommer
Diese Pflanze erreicht eine Höhe von 38 – 50 cm. Die Blüten sind 7,5 – 10 cm lang. Sepalen und Petalen sind an der Basis weiß, an den Spitzen gelb gefärbt.

Maxillaria porphyrostele
○ ◑ kühl/mittelwarm ❀ Winter/Frühjahr
Die Art kann man sehr leicht unterbringen, da sie nicht zu viel Platz benötigt. Man hält sie am besten in einem Draht- oder Holzkörbchen, da sie zum Wuchern neigt und mit der Zeit nicht nur den Behälter ausfüllt, sondern auch über die Seiten hinunterwächst. Jede der vorderen Pseudobulben kann eine Anzahl von kurzen Blütenstengeln ausbilden, an denen je eine gelbe, ca. 4 cm große Blüte sitzt. Die Spitzen der Sepalen und Petalen sind umgebogen. Die Blüten halten sehr lange.

Maxillaria tenuifolia
○ ◑ kühl/mittelwarm ❀ Frühjahr/Sommer
Bei dieser Art sitzen an einem kletternden Rhizom in Abständen von 2,5 – 5 cm kleine, ovale Pseudobulben. Die 2,5 cm großen Blüten sind dunkel- oder hellrot gefärbt und gelb gesprenkelt. Der starke Duft erinnert an den Geruch von Kokosnüssen.

Miltonia

Die Gattung *Miltonia* umfaßt etwa 20 epiphytische Arten, die in Mittel- und Südamerika beheimatet sind. Die Mehrzahl von ihnen verbreitet einen süßen Duft und blüht das ganze Jahr, oft mehr als einmal. Man kann sie grob in zwei natürliche Gruppen einteilen: Die erste Gruppe umfaßt die aus Brasilien stammenden Pflanzen mit gelblich-grünen Blättern und abgeflachten Pseudobulben, die in einem Abstand an einem kriechenden Rhizom wachsen. Diese Orchideen brauchen mittelwarme Bedingungen und mehr Licht als die Pflanzen der zweiten Gruppe, die in den höheren Gebieten Kolumbiens wachsen. Mit Ausnahme ihres silbergrünen Blattwerks ähneln diese kolumbianischen Miltonias den Odontoglossums.

Miltonia clowesii

◑ mittelwarm ❀ das ganze Jahr über
Diese Art stammt aus Brasilien. Die länglichen Pseudobulben tragen zwei ca. 50 cm lange Blätter. Der Blütenstengel, der bis zu 60 cm lang werden kann, wächst aus der Basis der Pseudobulbe und trägt 6 – 10 Blüten, die etwa 6,5 cm groß werden können. Sepalen und Petalen sind gleich groß, rötlich-braun und gelb gestreift. Die Lippe ist weiß und zum Schlund hin rosa-lila.

Miltonia endresii

● warm ❀ das ganze Jahr über
Diese Art ist ein Vertreter der kolumbianischen Gruppe. Die bis zu 6,5 cm großen Blüten werden von einem leicht gebogenen Stengel getragen. Sie sind sehr flach und weiß, mit einem kleinen purpurroten Fleck an der Basis jeder Sepale und Petale. Die Lippe hat eine gelbe Mitte oder „Maske".

Miltonia spectabilis

◑ mittelwarm ❀ das ganze Jahr über
Eine weitere brasilianische Art, deren Blütenstengel aber nicht länger als 25 cm werden und weniger, etwas größere weiße oder rosa-weiße Blüten mit breiter, flacher, purpurroter Lippe tragen.
Miltonia spectabilis, var. *moreliana,* ist eine Abart dieser Pflanze, die man heute häufiger antrifft als die reine Art. Ihre Blüten sind durchgehend tiefpurpurrot mit einer helleren Stelle an der Lippe.

Oncidium

Dies ist eine der größten und beliebtesten Gattungen, von der man über 750 Arten kennt. Ihr Verbreitungsgebiet erstreckt sich über Mittel-, Süd- und Teile Nordamerikas. Fast alle diese Pflanzen wachsen epiphytisch, da sie aber aus den unterschiedlichsten Lebensräumen kommen, variieren die Haltungsbedingungen von Art zu Art. Stauende Nässe ist für alle Arten schädlich. Ein offenes Substrat – wie grob zerkleinerte Tannenrinde – ist ideal.

Oncidium flexuosum

○ kühl ❀ das ganze Jahr über
Diese Art eignet sich für ein kühles Gewächshaus. Man hält sie am besten auf einem Baumstück oder auf Korkrinde, da sie eine kletternde Wuchsform besitzt. An den dünnen, drahtartigen Blütenstengeln, die 60 – 90 cm lang sind, sitzen kleine, gelb und braun gefärbte Blüten – oft mehr als 100 an einem einzigen Stengel. Dies ist eine der bekanntesten „Anfänger"-Pflanzen.

Oncidium incurvum

○ kühl ❀ Sommer/Herbst
Diese dünnblättrige *Oncidium*-Art stammt aus Mexiko. Man hält die Pflanzen am besten in einem Topf in einem kühlen Gewächshaus. An langen, verzweigten Blütenstielen sitzen 1,5 – 2,5 cm große Blüten. Im Gegensatz zu den anderen *Oncidium*-Blüten, die meist gelb und braun gezeichnet sind, bringt diese Art weiße Blüten mit violettpurpurnen Streifen und Flecken hervor. Sepalen und Petalen sind stark verdreht. Die Orchidee entwikkelt ihren Blütenstengel oft schon viele Monate, bevor die Blüten sich öffnen.

Oncidium longipes

○ ◑ kühl/mittelwarm ❀ Sommer
Diese kleinwüchsige Art eignet sich für ein kleines, kühl oder mittelwarm gehaltenes Gewächshaus. Aus der Basis der jungen Triebe wachsen mehrere Blütenstengel hervor, die 3 – 4 etwa 2,5 cm große Blüten tragen. Die Blüten sind hellgelb und rötlichbraun abgesetzt. Alle Blütenteile sind am Rand gewellt.

Oncidium papilio

◑ mittelwarm ❀ das ganze Jahr über
Diese Art wird populär oft „Schmetterlingsorchidee" genannt, da sie diesem Insekt frappierend ähnlich sieht. Am Ende des schlanken Blütenstengels sitzt eine ca. 13 cm große, herrlich abwechselnd kastanienbraun und gelb gefärbte Blüte. Obere Sepalen und Lippe sind breit und wellig, untere Sepalen und Petalen lang und schmal. Diese Pflanze gedeiht am besten an einem Korkrindenstück, das man am Dachfirst eines mittelwarmen Gewächshauses aufhängt.

Pholidota

Diese Gattung ist mit der Gattung *Coelogyne* verwandt. Die etwa 40 bekannten Arten stammen aus China und Südostasien. Da alle Arten nur kleine Blüten hervorbringen, werden sie oft wenig beachtet und kaum gehalten. Viele Arten

Oben: *Miltonia spectabilis.* Foto: nat. Größe

Oben: *Miltonia clowesii.* Foto: ⅔ nat. Größe

Oben: *Pholidota chinensis.* Foto: ¾ nat. Größe

Oben: *Oncidium papilio.* Foto: 1⅔ nat. Größe

besitzen bräunliche Deckblätter, die die Blütenknospen während der Entwicklung einhüllen. Die Blüten bilden sich in zwei Reihen entlang des gebogenen Blütenstengels und ähneln dem Schwanz einer Klapperschlange.
Die Pflanzen eignen sich am besten zur Haltung in einem mittelwarmen Gewächshaus. In der Wachstumsphase bietet man ihnen genügend Feuchtigkeit, Wärme und viel Licht.

Pholidota chinensis
◑ mittelwarm ❀ Frühjahr/Sommer
Bei dieser Art wachsen kleine, kugelförmige Pseudobulben aus einem kriechenden Rhizom und treiben zwei kurze, aber ziemlich breite Blätter. Der etwa 20 cm lange Blütenstengel wächst aus der Mitte des sich entwickelnden Triebes heraus; sein oberer Abschnitt hängt herab und trägt die 1,25 – 2 cm großen Blüten mit rehbraunen Sepalen und Petalen und reinweißer Lippe. Den schönsten Anblick bietet eine ausgewachsene Pflanze, die viele Blütenstände ausbildet.

Pholidota imbricata
◑ mittelwarm ❀ Frühjahr/Sommer
Diese Art ist größer als *Pholidota chinensis* und besitzt längliche Pseudobulben mit einem einzigen Blatt, das bis zu 30 cm lang wird. Die gelblich-weißen Blüten sind nur etwa 1 cm groß und wachsen dicht gedrängt am Stengel.

Pleione

Die etwa 20 bekannten Arten der Gattung *Pleione* wachsen als Bergorchideen. Sie kommen hier terrestrisch, epiphytisch oder lithophytisch vor. Die aus dem Himalaya stammenden Arten gedeihen gut an einem kühlen, schattigen Standort mit genügender Luftfeuchtigkeit und Lüftung.
Die Pflanze besitzt eine einzige gedrungene, rundliche Pseudobulbe, die mit kleinen Wärzchen besetzt ist. Aus dieser Pseudobulbe, die meist nur 1 – 2 Jahre besteht, wächst ein langes Blatt, das jährlich abfällt. Der neue Trieb entwickelt sich aus der Basis der Pseudobulbe und bringt im frühen Stadium aus seiner Mitte einen Blütenstengel hervor, der 1 – 2 bis zu 10 cm große Blüten trägt. In der Blühzeit sind die Pleionen also mehr oder weniger blattlos. Die Blüten ähneln den Blüten der *Cattleya.*
Wenn die Blüte verwelkt ist, entwickelt sich an der Basis des neuen Triebes eine Pseudobulbe, und die vorherige Bulbe schrumpft zusammen. Die neue Pseudobulbe sollte bis zum Spätherbst vollständig entwickelt sein, wenn die breiten, aber ziemlich kurzen Blätter gelb werden und abfallen. Den Winter über hält man die Pseudobulben kühl und trocken. Im

zeitigen Frühjahr nimmt man sie dann aus ihrem Topf heraus, entfernt alle alten Deckblätter und Wurzeln und topft sie etwa zur Hälfte in feines, gut durchlässiges Substrat ein. Am Anfang sollte man nur sehr wenig Wasser geben. Am besten setzt man mehrere Pseudobulben in einen gemeinsamen Topf.

Pleione formosana
○ kühl ❀ Sommer
Dies ist die am meisten gehaltene Art. Sie hat reinweiße bis blaßrosa und violette Blüten. Wie bei allen Arten ist die breite Lippe gefranst und gelb bis purpurrot gefleckt.
Pleione praecox und *Pleione humilis* eignen sich ebenfalls gut für den Liebhaber, der sich erstmals mit der Pflege dieser Gattung beschäftigt.

Polystachya

Die Mehrzahl der 150 bekannten *Polystachya*-Arten ist im tropischen Afrika beheimatet. Zwar sind die Blüten meist klein, die Pflanzen blühen aber sehr großzügig, und die meisten Arten verbreiten einen starken, süßen Duft.
Polystachya-Arten eignen sich für das mittelwarme Gewächshaus. Da sie in freier Natur epiphytisch leben, benötigen sie ein gut durchlässiges Substrat. Während der Wachstumsphase benötigen die Pflanzen viel Feuchtigkeit an den Wurzeln (jedoch keine Staunässe!). Sie sollten auch vor direkter Sonnenbestrahlung geschützt werden. Diese Orchideen entwikkeln sich am besten, wenn man sie mehrere Jahre lang nicht stört.
bein besonderes Merkmal dieser Gattung sind die Blüten, die dem Anschein nach verkehrt herum an dem Stengel sitzen, so daß die Lippe ganz oben steht und die beiden Sepalen, die sonst den unteren Teil der Blüte bilden, eine Haube über der Lippe formen.

Polystachya luteola
◑ mittelwarm ❀ das ganze Jahr über
Diese Art ist größer als die beiden folgenden. Jede Sproßknolle bildet oft mehr als einen Blütenstengel aus, der viele kleine, gelblich-grüne Blüten trägt.

Polystachya ottoniana
◑ mittelwarm ❀ das ganze Jahr über
Diese Art ähnelt in der Wuchsform *Polystachya pubescens.* Der 7,5 – 10 cm lange Stengel trägt eine einzige Blüte, manchmal auch zwei. Die Blüten sind weiß mit purpurroten Markierungen auf den Sepalen und einem gelben Fleck auf der Lippe.

Polystachya pubescens
◑ mittelwarm ❀ das ganze Jahr über
Diese Art bildet schmale, sich verjüngende Pseudobulben, die etwa 5 cm hoch werden und zwei oder drei kurze Blätter ausbilden. Der Blütenstengel kommt aus der Spitze der Pseudobulbe und trägt 6 – 12 hellgelbe, ca. 1,5 cm große Blüten, deren obere Sepalen und Lippe rot gestreift sind.

Promenaea

Die 12 bekannten *Promenaea*-Arten stammen aus Brasilien.
Die epiphytischen Pflanzen gedeihen am besten unter mittelwarmen Bedingungen. Im Sommer muß man sie gut schattieren. *Promenaea* verträgt keine Staunässe und altes Substrat, man sollte sie am besten jedes Jahr umtopfen.

Promenaea stapelioides
◑ mittelwarm ❀ Sommer
Diese Pflanze entwickelt Trauben kleiner, rundlicher Pseudobulben mit graugrünen Blättern, die nicht viel höher als 10 cm über den Topf herausstehen. Aus jeder der vorderen Pseudobulben wächst ein kurzer Blütenstengel heraus, der 1 – 2 Blüten trägt. Die Blüten sind im Verhältnis zur Pflanzengröße ziemlich groß: Sie können bis zu 5 cm groß werden. Die Sepalen und Petalen sind grün oder grünlich-gelb und dicht mit tiefpurpurfarbenen Streifen und Flecken übersät. Die dreilappige Lippe ist tiefpurpurn, manchmal fast schwarz.

Promenaea xanthina
◑ mittelwarm ❀ Sommer
Diese Art wird auch *Promenaea citrina* genannt. Sie hat die gleiche Wuchsform wie *Promenaea stapelioides.* Die 5 cm großen, stark duftenden Blüten sind zitronengelb, die Lippe ist mit kleinen roten Punkten markiert.

Oben: *Promenaea stapelioides.* Foto: ½ nat. Größe

Oben: *Polystachya pubescens.* Foto: 4× nat. Größe

Oben: *Rhynchostylis retusa.* Foto: ¼ nat. Größe

Oben: *Pleione formosana.* Foto: 1½ nat. Größe

Oben: *Rangaeris amaniensis.* Foto: ¾ nat. Größe

Rangaeris

Von dieser Gattung gibt es nur etwa 6 bekannte Arten. Alle diese Pflanzen sind Epiphyten und kommen aus dem tropischen Afrika. Ihre Wuchsform ähnelt derjenigen der *Vanda*-Orchideen, mit Paaren riemenförmiger Blätter, die aus einem mittleren Stamm herauswachsen. *Rangaeris* hält man in einem Warmhaus und bietet ihnen jederzeit volles Sonnenlicht. Für diese Pflanzen ist es auch von Vorteil, wenn man oft Wasser versprüht, was besonders den dicken, im Sommer wachsenden Luftwurzeln zugute kommt.
Die hier beschriebenen Arten eignen sich gut zur Haltung an Rinden- und Korkstücken.

Rangaeris amaniensis

● warm ❀ Frühjahr/Sommer
Diese sehr schöne Art bringt mehrere Blütenstengel hervor, an denen je 6 – 8 sternförmige, ca. 2,5 cm große Blüten sitzen. Die Blüten sind ganz weiß gefärbt und werden mit zunehmendem Alter cremefarben. Die Lippe ist dreieckig und trägt einen ca. 10 – 13 cm langen Sporn. Die Blüten halten lange.
Rangaeris muscicola sieht *Rangaeris amaniensis* sehr ähnlich, ist aber etwas kleiner.

Rhynchostylis

Zu dieser wohlbekannten Gattung gehören nur 4 epiphytische, monopodial wachsende Arten. *Rhynchostylis* ist in Malaysia und Indonesien verbreitet. Während der Wachstumsperiode im Sommer wollen sie es warm und feucht, aber schattig. In der Ruhezeit im Winter sollten die Pflanzen heller und nicht so warm stehen. Die dichtwachsenden Blüten bilden hängende Blütenstände und sollten daher in hängenden Körbchen gehalten werden. Gut gehaltene Pflanzen blühen mehr als einmal im Jahr.

Rhynchostylis gigantea

● warm ❀ Winter/Frühjahr
Rhynchostylis gigantea hat ziemlich kurze Sprosse und wird kaum höher als 15 cm. Die Blätter sind ca. 30 cm lang. Die Blüten sind etwa 2,5 cm groß und entweder reinweiß, rosa oder rosarot gefärbt.

Rhynchostylis retusa

● warm ❀ Winter/Frühjahr
Diese Art wird bis zu 60 cm hoch und entwickelt einen herabhängenden, ca. 38 – 58 cm langen Blütenstengel, der viele kleine (etwa 2 cm große) Blüten trägt. Die Blüten sind weiß und mehr oder weniger magenta-purpurn gefleckt. Die hakenförmige Lippe ist ganz magentafarben und trägt einen geraden, nach hinten stehenden Sporn.

Sobralia

Diese Gattung umfaßt 30 – 35 wunderschöne Arten, von denen die meisten aus dem tropischen Amerika stammen. Es sind Erdorchideen mit langen, schlanken, schilfartigen Stämmen. Die Blätter stehen zweizeilig am Stamm und sind stark gerippt.
Die Blüten halten sich nur 2 – 3 Tage, öffnen sich aber über einen längeren Zeitraum hinweg nacheinander.
Sobralias lieben Wärme, vollen Sonnenschein und viel frische Luft. In der Wachstumszeit muß man die Wurzeln sehr feucht halten (keine Staunässe!); in der Ruhezeit in den Wintermonaten hält man sie trockener, darf sie allerdings nie ganz austrocknen lassen.

Sobralia leucoxantha
● warm ❀ Frühjahr/Sommer
Diese Art wird nicht ganz so groß wie die folgende. Die 13 – 15 cm großen Blüten sind weiß; die Lippe hat einen orangegelben Schlund und gefranste Kanten.

Sobralia macrantha
● warm ❀ Frühjahr/Sommer
Bei guter Pflege kann die Pflanze eine Maximalhöhe von 2,5 m erreichen, aber oft wachsen auch gut gepflegte Pflanzen nicht höher als 1 m. Die einzelstehenden Blüten sind 13 – 15 cm groß und tief- oder blaß-purpur violett gefärbt. Die Sepalen sind länger und schmäler als die Petalen. Die breite Lippe ist am Rand wellig und im Schlund gelb gefärbt.

Sobralia xantholeuca
● warm ❀ Frühjahr/Sommer
Diese Art wird seltener gehalten als die beiden vorigen. Sie hat etwas größere, schwefelgelbe Blüten mit intensiveren Lippenmarkierungen.

Sophronitis

Von dieser epiphytischen, kleinwüchsigen Orchidee sind nur 6 Arten bekannt, die alle aus Brasilien stammen.
In ihrer natürlichen Umgebung wachsen diese Pflanzen meist in sehr feuchten, schattigen Verhältnissen; sie eignen sich daher für die Haltung in einem kühlen oder mittelwarmen Gewächshaus, das im Sommer stets gut abgedeckt werden muß. Offensichtlich gedeihen sie am besten auf einem Baum- oder Korkrindenstück, man kann sie aber auch in einem Topf ziehen. Eine einwandfreie Drainage im Bereich der Wurzeln ist sehr wichtig. Leider scheinen *Sophronitis*-Arten selbst bei idealen Kulturbedingungen eine Lebensdauer von nur einigen Jahren zu haben, nach deren Ablauf sie sehr rasch eingehen. Manche leben 7 – 8 Jahre, die meisten gehen aber schon innerhalb von 3 – 4 Jahren ein.

Sophronitis cernua
○ ◑ kühl/mittelwarm ❀ Winter/Frühjahr
Diese Art hat ca. 2 cm lange, eiförmige Pseudobulben, die in größeren Abständen an einem kriechenden Rhizom wachsen. An einem kurzen Blütenstiel sitzen 2 – 4 Blüten, die etwa 2,5 cm groß werden und rosenfarbig bis intensiv rot gefärbt sind. Die Lippe hat in der Mitte einen gelben Fleck.

Sophronitis coccinea
syn. **grandiflora**
○ ◑ kühl/mittelwarm ❀ Winter/Frühjahr
Diese kleinwüchsige Art wird nicht höher als 8 cm. Die einzige Blüte, die ca. 6,5 cm groß wird, sitzt auf einem kurzen Blütenstengel, der aus der Spitze der Pseudobulbe herauswächst. Die Petalen sind breiter als die Sepalen. Die Blütenfarbe ist hell scharlachrot. Die tütenförmige Lippe ist gelb-orange mit scharlachroter Aderung.

Oben: *Sophronitis coccinea.* Foto: nat. Größe

Stanhopea

Von dieser faszinierenden Gattung kennt man etwa 25 Arten. Alle wachsen epiphytisch und sind im tropischen Amerika beheimatet.
Stanhopea-Orchideen zeichnen sich durch eigenartige Blühgewohnheiten aus: Der Blütenstengel, der sich aus der Basis der Pseudobulbe heraus entwickelt, wächst direkt nach unten, durch das Substrat hindurch, und bringt die Blüten unter der Pflanze hervor. Aus diesem Grunde muß man diese Orchideen in Draht- oder Holzlattenkörben ziehen oder in speziellen Töpfen, deren Boden und Wände durchlöchert sind, damit die Blüten nicht im Behälter eingeschlossen werden. Leider halten sich diese stark duftenden Blüten nur etwa 3 Tage.
Stanhopeas gehören zu den am leichtesten zu pflegenden Orchideen. Sie brauchen mittelwarme Temperaturen, eine leichte Schattierung und stets feucht gehaltene Wurzeln.

Stanhopea tigrina
◑ mittelwarm ❀ Sommer/Herbst
Diese Art trägt an einem Blütenstengel 2 – 4 über 10 cm große Blüten. Die Grundfarbe ist elfenbeinfarben oder blaßgelb. Sepalen und Petalen sind intensiv purpurfarben gefleckt.

Stanhopea wardii
◑ mittelwarm ❀ Sommer/Herbst
Stanhopea wardii entwickelt aus der Spitze einer ovalen Pseudobulbe ein 30 – 38 cm langes, breites, lederartiges Blatt. Wenn der Blütenstengel unter der Pflanze hervorwächst, bildet er 3 – 9 Blüten aus. Die Knospen entwickeln sich sehr schnell. Die vollgeöffnete Blüte ist ca. 10 cm groß und variiert in ihrer Farbe von blaßzitronenfarben bis orange. Petalen und Sepalen sind bräunlich-purpurfarben gepunktet, die Lippe trägt auf beiden Seiten je einen großen bräunlich-purpurfarbenen Punkt. Die sehr eigenwillige Form und Färbung der Blüte erinnert an ein großes, umherflatterndes Insekt.

Trichopilia

Von den etwa 30 bis jetzt bekannten *Trichopilia*-Arten sind heute nur einige wenige in Kultur.
Die abgeflachten, rundlichen oder länglichen Pseudobulben der relativ niedrig wachsenden Trichopilien tragen nur ein einziges, ledriges Blatt.
Trichopilien halten sich am besten in einem mittelwarmen Gewächshaus. In den Sommermonaten muß man die Pflanzen gut schattieren. In der Wachstumsphase sollte im Gewächshaus eine relativ hohe Luftfeuchtigkeit herrschen. Nach dem Abblühen benötigt die Pflanze eine lange Ruhezeit, in der sie trocken gehalten werden soll.
Da die meisten Arten herabhängende oder freischwebende Blütenstengel tragen, hält man sie am besten in Körbchen oder auf Baum- oder Korkrindenstücken.

Trichopilia fragrans
◑ mittelwarm ❀ Winter/Frühjahr
Als eine der größten *Trichopilia*-Arten entwickelt *Trichopilia fragrans* gebogene, ca. 30 cm lange Blütenstengel mit 2 – 5 etwa 10 cm großen, stark duftenden Blü-

Oben: *Stanhopea wardii.* Foto: ½ nat. Größe

Oben: *Trichopilia tortillis.* Foto: ½ nat. Größe

Oben: *Sobralia macrantha.* Foto: ⅓ nat. Größe

Oben: *Zygopetalum intermedium.* Foto: ½ nat. Größe

ten. Die zugespitzten, am Rande leicht gewellten Sepalen und Petalen sind weißgrünlich gefärbt. Die schneeweiße Lippe trägt am Schlund einen gelben Fleck.

Trichopilia suavis
◑ mittelwarm ❀ Winter/Frühjahr
Diese Art bildet einen kurzen, halbhängenden Blütenstengel aus, der 2 – 5 etwa 10 cm große Blüten trägt. Die Grundfarbe ist weiß bis cremefarben. Die nach vorn gebogenen, grünlich-weißen Sepalen und Petalen sind rotviolett gefleckt. Die breite, am Rand gewellte Lippe ist weiß mit rotvioletten Flecken und im Schlund gelb gefärbt.

Trichopilia tortillis
◑ mittelwarm ❀ Winter/Frühjahr
Diese Pflanze trägt an einem herabhängenden, ca. 5 – 10 cm langen Blütenstengel meist nur eine einzige 13 cm große, wachsartige Blüte. Die schmalen Petalen und Sepalen sind stark verdreht und bräunlich gefärbt mit einem schmalen, gelbgrünen Rand. Die große, trompetenförmige Lippe ist reinweiß mit einigen rosaroten Punkten im Schlund.

Zygopetalum

Zu dieser Gattung gehören 20 Arten, von denen die meisten aus Brasilien stammen. Die meisten von ihnen leben terrestrisch und bilden rundliche Pseudobulben mit langen, aber ziemlich schmalen Blättern. Besonders auffallend ist der Kontrast zwischen der Färbung der Sepalen und Petalen und der Lippe.
Diese Pflanzen brauchen gutes Licht und in der Wachstumsphase viel Feuchtigkeit an den Wurzeln. Luftbewegung um die Pflanze herum und hohe Luftfeuchtigkeit sind sehr wichtig. Man sollte die Pflanze jedoch nie direkt besprühen, da die Blätter sonst stark fleckig werden.

Zygopetalum crinitum
◑ mittelwarm ❀ Winter
Zygopetalum crinitum wird oft als Abart von *Zygopetalum mackayi* angesehen. Die weiße Lippe ist dicht violett gestreift, wobei diese Lippenstreifen auch noch kurz behaart sind.

Zygopetalum intermedium
◑ mittelwarm ❀ Winter
Die Pflanze entwickelt aus den Blattachseln an der Basis der Pseudobulbe einen aufrechten Blütenstengel, der 45 – 60 cm hoch wird. Dieser Stengel trägt 4 – 8 Blüten, jede ca. 7,5 cm groß. Sepalen und Petalen sind gleich groß und hellgrün mit braunen Flecken. Die breite, flache, leicht gekräuselte Lippe ist reinweiß und mit kurzen, purpurfarbenen Längslinien übersät.

Erklärung der Fachausdrücke

Achsel: Winkel zwischen Sproßachse und Blatt
Adventivwurzeln: Wurzeln, die an der Basis abgeschnittener und in feuchte Erde gesteckter Sprosse, Sproßstücke oder Blätter gebildet werden
Allele: einander entsprechende Gene eines Chromosomenpaares
Anthere: Staubbeutel
Antherenkappe: Staubbeutelkappe, die die Pollinien bedeckt
Aphrodisiakum: den Geschlechtstrieb anregendes Mittel
Ausläufer: unter- und oberirdische Seitensprosse, an deren Knoten sich Wurzeln und neue Sprosse entwickeln; durch Absterben der Zwischenstücke bilden sich Tochterpflanzen
Befruchtung: Verschmelzung zweier Keimzellen verschiedenen Geschlechtes
Bestäubung: Übertragung von Blütenstaub auf die empfängnisfähigen Teile der weiblichen Blütenorgane
binäre Nomenklatur: doppelte Namensgebung; jede Pflanze und jedes Tier besitzt einen Gattungs- und einen Artnamen
bisexuell: zweigeschlechtlich
Blütenstand: blütentragender Teil einer Blütenpflanze
Caudicula: Stiel, auf dem die Pollinien sitzen
Chlorophyll: Blattgrün
Chromosomen: verschieden große, meist langgestreckte Kernfäden, auf denen aufgereiht die Gene liegen
diploid: mit einem doppelten Chromosomensatz ausgestattet
dominant: Eigenschaft eines Gens, das die Wirkung seines Allels unterdrückt
dorsal: am Rücken gelegen
endemisch: Vorkommen auf ein relativ eng umschriebenes Gebiet beschränkt
Epidermis: äußerste Zellschicht
Epiphyten: Pflanzen, die nicht im Boden wurzeln, sondern auf einer andern Pflanze wachsen, ohne dieser jedoch Nährstoffe zu entziehen
Fremdbestäubung: Bestäubung einer Pflanze durch eine andere, z. B. mit Hilfe von Insekten, Vögeln oder des Windes
Fruchtknoten: aus Fruchtblättern gebildeter, geschlossener Hohlraum, in dem die Samenanlagen liegen
Fungizide: Stoffe, die schädliche Pilze vernichten sollen
Gattung: systematische, sich aus verwandten Arten zusammensetzende Gruppe
Gene: Erbfaktoren
generisch: die Gattung betreffend
getrenntgeschlechtlich: männliche und weibliche Organe befinden sich auf verschiedenen Blüten
Gewebe: Verband gleichartiger Zellen mit ähnlicher Form und Funktion
Griffel: Verbindungsstück zwischen Narbe und Fruchtknoten
haploid: einfacher Chromosomensatz
Hybriden: Pflanzen, die aus einer Kreuzung genetisch verschiedener Elternpflanzen hervorgegangen sind
Infloreszenz: Blütenstand
Insektizide: Insektenvertilgungsmittel
intergenerisch: bei zwei oder mehr Gattungen auftretend
Internodium: Sproßteil zwischen zwei Knoten
Kallus: Wundgewebe, korkartige Schutzschicht, die eine Schnittfläche überzieht
Kapsel: aus mehreren verwachsenen Fruchtblättern entstehende, trockene Frucht
Klon: Gruppe genetisch gleicher Pflanzen, die durch vegetative Vermehrung eines Individuums entstanden sind
Knolle: Speicherorgan, meist unterirdisch
Knoten: verdickte Stelle des Stengels, an dem die Blätter entspringen
Labellum: Lippe
lateral: seitlich
laubwechselnd: nach der Wachstumszeit die Blätter abwerfend
Lithophyten: Pflanzen, die auf Steinen oder Felsen wachsen
Meristem: Teilungsgewebe
Mimikry: natürliche Tarnung, Anpassung an die Umgebung
monopodial: von der Spitze aus wachsend
Mutation: dauerhafte genetische Veränderung, Abart
Narbe: aufnahmefähige Spitze des Griffels, auf der sich der Pollen absetzt
Nektar: zuckerartige Absonderung der Honigdrüsen
Nomenklatur: Namensgebung
Parasit: Schmarotzer
Pedicellus: Blütenstiel
Petalen: Blütenblätter
Petalum: Kronblatt
Photosynthese: Aufbau organischer Verbindungen (Kohlenhydrate) aus Kohlendioxid der Luft und Wasser bei Vorhandensein von Sonnenenergie (Licht) und Chlorophyll
Pollen: Blütenstaub
Pollinium: Pollenmasse, untereinander verklebte Pollenkörner
Proliferation: Wachstum von Knospen, die normalerweise im Ruhezustand bleiben
Pseudokopulation: Scheinbefruchtung
Resupination: Drehung des Blütenstiels um 180°
Rhizom: Wurzelstock, Erdsproß
Selbstbestäubung: Blüten, die sich durch ihren eigenen Pollen befruchten
Selektion: Auslese
Sepalen: Kelchblätter
6Sporn: hohle, röhrenförmige Verlängerung der Lippe
Staubblatt: männliches Organ einer Blüte, bestehend aus Staubfaden und Staubbeutel
Stigma: Narbe
Sukkulente: wasserspeichernde Pflanze
Symbiose: Zusammenleben verschiedener Organismen zum beiderseitigen Nutzen
sympodial: Wuchsform, bei der jeder neue Sproß aus dem Rhizom des alten Triebes herauswächst und selbst eine komplette Pflanze ist
synonym: gleichbedeutend
6terrestrisch: am Boden wachsend
Transpiration: Wasserverlust durch Verdunstung
Tuber: Knolle
Varietät: systematische Einheit unterhalb der Art, Abkürzung var.
Vegetationszeit: Wachstumszeit
Velamen: Wasserabsorptionsgewebe, das an der Außenseite von Luftwurzeln epiphytisch lebender Orchideen vorkommt
Virus: Krankheitserreger
zweigeschlechtliche Blüten: Blüten, die sowohl männliche als auch weibliche Organe tragen

Literaturangaben

Bechtel, Helmut: Exotische Orchideen. Franckh'sche Verlagshandlung, Stuttgart 1971

Bechtel, Helmut: Orchideen – mein Hobby. Hallwag-Verlag, Stuttgart 1980

Bechtel, Helmut: Orchideen-Atlas, 1981

Bowen, L.: The Art and Craft of Growing Orchids. Batsford London 1976

Danesch, O. und E.: Orchideen Europas. Hallwag-Verlag, Stuttgart 1962

Ebel, F., O. Birnbaum: Schöne und seltsame Welt der Orchideen, Tübingen 1971

Gugenhan, Edgar: Folien und Kleingewächshäuser. Franckh'sche Verlagshandlung, Stuttgart 1981

Haber, Wolfgang: Orchideen im Haus. Steckenpferdbücherei, C. Bertelsmann Verlag, Gütersloh 1966

Hawkes, A. D.: Encyclopedia of Cultivated Orchids. Faber & Faber, London 1965

Hirmer, Max: Wunderwelt Orchideen. Hirmer-Verlag, München 1974

Hofmeister, G., A. Springer: Orchideen im Zimmer und im Garten, Parey-Verlag, Hamburg-Berlin 1960

Hopp, E., W. Noack: Blütenzauber der Orchideen, Safari-Verlag, Berlin 1978

Hunt, F. P., T. Kijima: Zauber der Orchideen, 1980

Matho, Karl: Orchideen der Tropen und Subtropen. Verlag Carl Winter, Heidelberg 1956

Mierswa, Dietrich: Kleingewächshäuser – Folien und Frühbeete. BLV-Verlag München

Nicolai, Gerhard: Das Orchideenbuch. Verlag Schaper, Hannover 1954

Oplt, J., J. Kaplická: Das farbige Buch der Orchideen. Dausien-Verlag, Hanau 1970

The Orchid Stud Book. Hurst & Rolfe, London 1909

Die Orchidee, Beiträge zur Förderung der Orchideenkunde. Deutsche Orchideengesellschaft Sottrum-Verein der Orchideenfreunde der Schweiz, Zürich. Erscheinen alle zwei Monate

Pinske, J.: Der Orchideenbegleiter. Landbuch-Verlag, Hannover 1978

Reinekka, M. A.: A History of the Orchid. University of Miami Press, Florida 1972

Richter, Walter: ... die schönsten aber sind Orchideen. J. Neumann-Neudamm, Melsungen 1962

Richter, W.: Orchideen, pflegen – vermehren – züchten. J. Neumann-Neudamm-Verlag, Melsungen 1974

Rittershausen, B. and W.: Orchids in colour. Blandford Press, Dorset 1979

Rysy, Wolfgang: Orchideen. Tropische Orchideen für Zimmer und Gewächshaus. BLV-Verlag, München 1978

Sander, David: Orchideen und Orchideenpflege. Brücke-Verlag Kurt Schmersow, Hannover

Sanders' Complete List of Orchid Hybrids. Royal Horticultural Society, London 1966 (zu beziehen über: American Orchid Society, Cambridge, Massachusetts)

Schlechter, Rudolf: Die Orchideen. 3. vollständig neubearbeitete Auflage. Lieferungswerk. Parey-Verlag, Hamburg-Berlin ab 1970

Schoser, G.: Orchideen. Falken-Verlag, Niedernhausen 1979

Shuttleworth, F. S., H. S. Zim, G. W. Dillon: Orchideen. Wildwachsende Arten aus aller Welt. Bunte Delphin-Bücherei Nr. 24. Delphin-Verlag, Stuttgart-Zürich 1973

Sundermann, Hans: Europäische mediterrane Orchideen. Brücke-Verlag Kurt Schmersow, Hannover 1970

Thomale, Hans: Die Orchideen. Eugen Ulmer Verlag, Stuttgart 1954

Veitch, J. and Sons: Manual of Orchidaceous Plants. H. M. Pollett, London 1887

Walter, Manfred: Das Kleingewächshaus-Buch. Eugen Ulmer Verlag, Stuttgart 1979

Williams, J. G., A. E. Williams, N. Arlott: Orchideen Europas, BLV-Verlag, München 1979

Register

Halbfett gedruckte Ziffern weisen auf Abbildungen hin.

Oben: *Coelogyne cristata*. Foto: ¾ nat. Größe

Oben: *Cymbidium* Elmwood. Foto: ½ nat. Größe

Bildnachweis

Der Verlag dankt folgenden Fotografen und Organisationen, die freundlicherweise Fotografien für dieses Werk zur Verfügung gestellt haben. Die Abbildungen sind kenntlich gemacht durch die Seitenzahl und die Angabe der Position des Bildes: (U) unten, (O) oben, (M) Mitte, (UL) unten links, (UR) unten rechts, (UM) unten Mitte, (OL) oben links, (OR) oben rechts, (OM) oben Mitte, (ML) Mitte links, (MM) Mitte Mitte, (MR) Mitte rechts.

Fotografen
A – Z Collection: 109 (U)
Alec Bristow: 128 (OM), 131 (OR)
Gloria Cotton: 170 – 1
Eric Crichton: Rückseite, Innenseiten, Titelseite, Impressum, Inhaltsverzeichnis, Vorwort, 12 (ML), 13 (MR), 15 (OR, ML), 16 (O), 24 – 5, 31, 33 – 4, 36, 39 (OM), 45, 49 (M), 50, 53 (O, MR), 54 – 5, 63 (U), 64 – 5 (M), 66 – 7, 68 (OM, M), 70 – 1, 75 (U), 82 – 5, 87 – 9, 92 (U), 93 (U), 94 (O), 95, 98 – 9, 103 – 5 (ML, UL, OR), 106 – 109 (O), 110 – 111, 116 – 25, 128 (L, MR), 129 (OM, L), 130 (O, U), 131 (OL, ML, U), 132 (O, UR), 133 (U), 134 – 5, 137 – 141 (O, UL, UM), 142 – 59, 161, 164 – 9, 172 (OL, U), 173 (U), 176 – 80 (R), 181 (U), 182 – 3 (O), 184 (OR, MR, UM), 185 (O), 186 (U), 187 (OR), 188 (O), 189 (O), 190 – 1 (O, MR), 192 (O), 193 – 4 (O, U), 195 (O), 196 – 7 (ML, MR, U), 200 – 1, 202, 207 © Salamander Books Ltd: 14 (M), 15 (MR), 26 – 7 (L, RHS Lindley Library), 28 – 9 (R, RHS Lindley Library), 30, 32, 41 (O), 46, 49 (O), 51 (OL), 53 (ML), 56 – 7, 59, 60 – 1, 62 (L), 63 (O), 65 (O), 68 (R), 69, 72, 74 – 5 (O), 76 – 81, 90 – 92 (M, OR), 94 (U), 96 – 7, 104, 162 – 3
Derek Fell: 114 – 5
Alan Greatwood: 129 (U), 141 (UR), 180 (OR), 181 (O), 183 (U), 184 (U), 185 (U), 186 (O), 187 (OL), 188 (M, U), 189 (U), 191 (ML, U), 192 ', M), 194 (M), 195 (U), 197 (O, MR)
Jack Kramer: 40 – 1
Mansell Collection: 27 (MR), 29 (OL)
Charles Marden Fitch: 174 (O)
John Mason: 12 (UR), 13 (OL), 20 (U), 38 – 9 (O)
National Monuments Record: 34 (U)
J. R. Oddy: 172 (OR)
Orchid Society of Great Britain: 132 (UM), 133 (M, R)
Alwyn Y. Pepper: 21 (OR)
Herman Pigors: 173 (O), 174 (U), 175 (O, U)
Ratcliffe Orchids: 44
Gerald Rodway 105 (UR), 128 (UR), 130 (MR)
Edward Ross: 12 (O), 14 (MR), 18 – 19, 22 – 23, 39 (M)
B. J. Wallace: 21 (OL)
Peter Ward: 13 (OR), 20 (O)
Tom Wheeler: 58
Joyce Wilson: 42 – 3, 47 (R)

Grafiker

Salamander Books Ltd. besitzt die Rechte an den Zeichnungen auf den Seiten, die hinter dem Namen des Künstlers angegeben sind.
Lydia Malim: 11, 14 – 16, 19, 43, 72 – 4, 76, 81, 83 – 4, 86, 93 – 4, 101 – 2, 112, 126 – 7, 134, 146, 160, 170, 179
Diana MaClean (Linden Artists): 17, 162
Brian Watson (Linden Artists): 35, 38, 48, 52

Danksagung

Salamander Books dankt den folgenden Einzelpersonen und Orchideengärtnereien, die freundlicherweise Pflanzen etc. für die Abbildungen in diesem Buch zur Verfügung gestellt haben:
Eddi Anderson, Derek Cotton, Gloria Cotton, Ben Darby, Alan Day, Alan Greatwood, Josephine Kelleher, David Leigh, Molly Pottinger, Sir Robert und Lady Sainsbury: Die Bucklebury-Sammlung, Eric Young, Brian Williams, Burnham Nurseries Ltd., Keith Andrew Orchids Ltd., Mansel & Hatcher Ltd., Mc Beans Orchids Ltd., Neville Orchids Ltd., Twyford Laboratories Ltd., Vacherot & Lecoufle, Wyld Court Orchids.

Oben: *Oncidium* Cheirophorum. Foto 1 1/2 nat. Größe